轨道交通装备制造业职业技能鉴定指导丛书

变配电室值班电工

中国中车股份有限公司　编写

中国铁道出版社

２０１６年·北 京

图书在版编目(CIP)数据

变配电室值班电工/中国中车股份有限公司编写.—北京:
中国铁道出版社,2016.5
(轨道交通装备制造业职业技能鉴定指导丛书)
ISBN 978-7-113-21712-9

Ⅰ.①变… Ⅱ.①中… Ⅲ.①变电所－配电系统－电工－
职业技能－鉴定－自学参考资料 Ⅳ.①TM63

中国版本图书馆 CIP 数据核字(2016)第 084591 号

书　　名:	轨道交通装备制造业职业技能鉴定指导丛书
	变配电室值班电工
作　　者:	中国中车股份有限公司

策　　划:	江新锡　钱士明　徐　艳	
责任编辑:	冯海燕	编辑部电话:010-51873017
封面设计:	郑春鹏	
责任校对:	焦桂荣	
责任印制:	陆　宁　高春晓	

出版发行: 中国铁道出版社(100054,北京市西城区右安门西街 8 号)
网　　址: http://www.tdpress.com
印　　刷: 三河市航远印刷有限公司
版　　次: 2016 年 5 月第 1 版　2016 年 5 月第 1 次印刷
开　　本: 787 mm×1 092 mm　1/16　印张:13.25　字数:320 千
书　　号: ISBN 978-7-113-21712-9
定　　价: 42.00 元

中国中车职业技能鉴定教材修订、开发编审委员会

主　任：赵光兴

副主任：郭法娥

委　员：（按姓氏笔画为序）

于帮会　王　华　尹成文　孔　军　史治国

朱智勇　刘继斌　闫建华　安忠义　孙　勇

沈立德　张晓海　张海涛　姜　冬　姜海洋

耿　刚　韩志坚　詹余斌

本《丛书》总　编：赵光兴

　　　　副总编：郭法娥　刘继斌

本《丛书》总　审：刘继斌

　　　　副总审：杨永刚　娄树国

编审委员会办公室：

主　任：刘继斌

成　员：杨永刚　娄树国　尹志强　胡大伟

序

在党中央、国务院的正确决策和大力支持下,中国高铁事业迅猛发展。中国已成为全球高铁技术最全、集成能力最强、运营里程最长、运行速度最高的国家。高铁已成为中国外交的金牌名片,成为高端装备"走出去"的大国重器。

中国中车作为高铁事业的积极参与者和主要推动者,在大力推动产品、技术创新的同时,始终站在人才队伍建设的重要战略高度,把高技能人才作为创新资源的重要组成部分,不断加大培养力度。广大技术工人立足本职岗位,用自己的聪明才智,为中国高铁事业的创新、发展做出了杰出贡献,被李克强同志亲切地赞誉为"中国第一代高铁工人"。如今在这支近9.2万人的队伍中,持证率已超过96%,高技能人才占比已超过59%,有6人荣获"中华技能大奖",有50人荣获国务院"政府特殊津贴",有90人荣获"全国技术能手"称号。

高技能人才队伍的发展,得益于国家的政策环境,得益于企业的发展,也得益于扎实的基础工作。自2002年起,中国中车作为国家首批职业技能鉴定试点企业,积极开展工作,编制鉴定教材,在构建企业技能人才评价体系、推动企业高技能人才队伍建设方面取得明显成效。

中国中车承载着振兴国家高端装备制造业的重大使命,承载着中国高铁走向世界的光荣梦想,承载着中国轨道交通装备行业的百年积淀。为适应中国高端装备制造技术的加速发展,推进国家职业技能鉴定工作的不断深入,中国中车组织修订、开发了覆盖所有职业(工种)的新教材。在这次教材修订、开发中,编者基于对多年鉴定工作规律的认识,提出了"核心技能要素"等概念,创造性地开发了《职业技能鉴定技能操作考核框架》。试用表明,该《框架》作为技能人才综合素质评价的新标尺,填补了以往鉴定实操考试中缺乏命题水平评估标准的空白,很好地统一了不同鉴定机构的鉴定标准,大大提高了职业技能鉴定的公平性和公信力,具有广泛的适用性。

  相信《轨道交通装备制造业职业技能鉴定指导丛书》的出版发行，对于推动高技能人才队伍的建设，对于企业贯彻落实国家创新驱动发展战略，成为"中国制造2025"的积极参与者、大力推动者和创新排头兵，对于构建由我国主导的全球轨道交通装备产业新格局，必将发挥积极的作用。

中国中车股份有限公司总裁：

二〇一五年十二月二十八日

前　　言

　　鉴定教材是职业技能鉴定工作的重要基础。2002 年,经原劳动保障部批准,原中国南车和中国北车成为国家职业技能鉴定首批试点中央企业,开始全面开展职业技能鉴定工作。2003 年,根据《国家职业标准》要求,并结合自身实际,我们组织开发了《职业技能鉴定指导丛书》,共涉及车工等 52 个职业(工种)的初、中、高 3 个等级。多年来,这些教材为不断提升技能人才素质、满足企业转型升级的需要发挥了重要作用。

　　随着企业的快速发展和国家职业技能鉴定工作的不断深入,特别是以高速动车组为代表的世界一流产品制造技术的快步发展,现有的职业技能鉴定教材在内容、标准等诸多方面,已明显不适应企业构建新型技能人才评价体系的要求。为此,公司决定修订、开发《轨道交通装备制造业职业技能鉴定指导丛书》。

　　本《丛书》的修订、开发,始终围绕打造世界一流企业的目标,努力遵循"执行国家标准与体现企业实际需要相结合、继承和发展相结合、质量第一、岗位个性服从于职业共性"四项工作原则,以提高中国中车技术工人队伍整体素质为目的,以主要和关键技术职业为重点,依据《国家职业标准》对知识、技能的各项要求,力求通过自主开发、借鉴吸收、创新发展,进一步推动企业职业技能鉴定教材建设,确保职业技能鉴定工作更好地满足企业发展对高技能人才队伍建设工作的迫切需要。

　　本《丛书》修订、开发中,认真总结和梳理了过去 12 年企业鉴定工作的经验以及对鉴定工作规律的认识,本着"紧密结合企业工作实际,完整贯彻落实《国家职业标准》,切实提高职业技能鉴定工作质量"的基本理念,以"核心技能要素"为切入点,探索、开发出了中国中车《职业技能鉴定技能操作考核框架》;对于暂无《国家职业标准》、又无相关行业职业标准的 38 个职业,按照国家有关《技术规程》开发了《中国中车职业标准》。自 2014 年以来近两年的试用表明:该《框架》既完整反映了《国家职业标准》对理论和技能两方面的要求,又适应了企业生产和技术工人队伍建设的需要,突破了以往技能鉴定实作考核缺乏水平评估标准的"瓶颈",统一了不同产品、不同技术含量企业的鉴定标准,提高了鉴定考核的技术含量,提高了职业技能鉴定工作质量和管理水平,保证了职业技能鉴定的公平性和公信力,已经成为职业技能鉴定工作、进而成为生产操作者综合技术素质评价的新标尺。

　　本《丛书》共涉及 99 个职业(工种),覆盖了中国中车开展职业技能鉴定的绝大部分职业(工种)。《丛书》中每一职业(工种)又分为初、中、高 3 个技能等级,并按职业技能鉴定理论、技能考试的内容和形式编写。其中:理论知识部分包括知识要求练习题与答案;技能操作部分包括《技能考核框架》和《样题与分析》。本《丛书》按职业(工种)分册,已按计划出版了第一批 75 个职业(工种)。本次计划出版第二批 24 个职业(工种)。

　　本《丛书》在修订、开发中,仍侧重于相关理论知识和技能要求的应知应会,若要更全面、系统地掌握《国家职业标准》规定的理论与技能要求,还可参考其他相关教材。

　　本《丛书》在修订、开发中得到了所属企业各级领导、技术专家、技能专家和培训、鉴定工作人员的大力支持;人力资源和社会保障部职业能力建设司和职业技能鉴定中心、中国铁道出版社等有关部门也给予了热情关怀和帮助,我们在此一并表示衷心感谢。

　　本《丛书》之《变配电室值班电工》由原长春轨道客车股份有限公司《变配电室值班电工》项目组编写。主编蒋维佳,副主编冯丽萍;主审李铁维,副主审郁思源;参编人员张卉、刘树强、韩达睿、叶超。

　　由于时间及水平所限,本《丛书》难免有错、漏之处,敬请读者批评指正。

中国中车职业技能鉴定教材修订、开发编审委员会

二〇一五年十二月三十日

目　录

变配电室值班电工(职业道德)习题 ·· 1

变配电室值班电工(职业道德)答案 ·· 8

变配电室值班电工(初级工)习题 ·· 9

变配电室值班电工(初级工)答案 ·· 41

变配电室值班电工(中级工)习题 ·· 54

变配电室值班电工(中级工)答案 ·· 94

变配电室值班电工(高级工)习题 ·· 108

变配电室值班电工(高级工)答案 ·· 155

变配电室值班电工(初级工)技能操作考核框架 ································ 170

变配电室值班电工(初级工)技能操作考核样题与分析 ····················· 173

变配电室值班电工(中级工)技能操作考核框架 ································ 181

变配电室值班电工(中级工)技能操作考核样题与分析 ····················· 183

变配电室值班电工(高级工)技能操作考核框架 ································ 192

变配电室值班电工(高级工)技能操作考核样题与分析 ····················· 195

变配电室值班电工(职业道德)习题

一、填 空 题

1. 文明生产是指在遵章守纪的基础上去创造（   ）而又有序的生产环境。

2. 职业道德是人们在一定的职业活动中所遵守的（   ）的总和。

3. 社会主义职业道德的基础和核心是（   ）。

4. 人才合理流动与忠于职守、爱岗敬业的根本目的是（   ）。

5. 维修电工职业道德行为规范的基本要求是能够保证安全供电、确保电气设备（   ）。

6. 电工在电力系统中的主要任务是确保电力系统安全可靠的供电，以保证电能（   ）的使用，发挥每一度电在生产中的作用。

7. 维修电工应具有高尚的职业道德和高超的（   ），才能做好电气维修工作。

8. 职业纪律与职业活动相关的法律、法规是职业活动能够正常进行的（   ）。

9. 职业纪律的普遍适用性是指：在职业纪律面前（   ）。

10. 维修电工实际维修过程中必须严格遵守（   ）。

11. 职业化是一种按照（   ）要求的工作状态。

12. 敬业的特征是（   ）、务实、持久。

13. 从业人员在职业活动中应遵循的内在的道德准则是（   ）。

14. 员工的思想、行动集中起来是（   ）的核心要求。

15. 职业化管理不是靠直觉和灵活应变，而是靠（   ）、制度和标准。

16. 职业活动内在的道德准则是（   ）、审慎、勤勉。

17. 职业化核心层面的是（   ）。

18. 建立员工信用档案体系的根本目的是为企业选人用人提供新的（   ）。

19. 不管职位高低，人人都厉行（   ）。

20. 班组长及所有操作工在生产现场和工作时间内必须穿戴好（   ）。

21. 企业生产管理的依据是（   ）。

22. 文明礼貌的（   ）规范要求员工做到待人和善。

23. 职业道德就是人们在（   ）职业活动中应该遵循的行为规范的总体。

24. 职业道德通过（   ）之间的关系起着增强企业凝聚力的作用。

25. 爱岗敬业的具体要求是提高（   ）技能。

26. （   ）是人事业成功的重要保证。

27. 职业道德对企业起到（   ）作用。

28. 职业道德可以引导劳动者正确认识和处理国家、集体和个人（   ）关系。

29. 道德规范中包括法律内容，法律条文中有道德要求，但是，二者又有一定的区别，从时间方面讲，道德与法律相比产生得（   ）。

30. 具备爱岗敬业职业精神的员工,可以在一定时间工作过程中,建立个人与企业(　　)的关系。

31. 指导实际维修操作时,指导者应头脑清醒,能(　　)安全事故发生。

32. 符合职业道德规范"公道"的基本要求的做法是(　　)。

二、单项选择题

1. 下列叙述正确的是(　　)。

(A)职业虽不同,但职业道德的要求都是一致的

(B)公约和守则是职业道德的具体体现

(C)职业道德不具有连续性

(D)道德是个性,职业道德是共性

2. 下列对质量评述正确的是(　　)。

(A)在国内市场质量是好的,在国际市场上也一定是最好的

(B)今天的好产品,在生产力提高后,也一定是好产品

(C)工艺要求越高,产品质量越精

(D)要质量必然失去数量

3. 掌握必要的职业技能是(　　)。

(A)每个劳动者立足社会的前提　　　　(B)每个劳动者对社会应尽的道德义务

(C)为人民服务的先决条件　　　　　　(D)竞争上岗的唯一条件

4. 分工与协作的关系是(　　)。

(A)分工是相对的,协作是绝对的　　　(B)分工与协作是对立的

(C)二者没有关系　　　　　　　　　　(D)分工是绝对的,协作是相对的

5. 职业道德是促使人们遵守职业纪律的(　　)。

(A)思想基础　　　　(B)工作基础　　　(C)工作动力　　　　(D)理论前提

6. 在履行岗位职责时,(　　)。

(A)靠强制性　　　　　　　　　　　　(B)靠自觉性

(C)当与个人利益发生冲时可以不履行　(D)应强制性与自觉性相结合

7. 下列叙述不正确的是(　　)。

(A)德行的崇高,往往以牺牲德行主体现实幸福为代价

(B)国无德不兴、人无德不立

(C)从业者的职业态度是既为自己,也为别人

(D)社会主义职业道德的灵魂是诚实守信

8. 产业工人的职业道德的要求是(　　)。

(A)精工细作、文明生产　　　　　　　(B)为人师表

(C)廉洁奉公　　　　　　　　　　　　(D)治病救人

9. 下面几种说法中,符合敬业精神要求的是(　　)。

(A)"不爱岗就会下岗,不敬业就会失业"　(B)"当一天和尚撞一天钟"

(C)"给钱就要好好干,否则对不起良心"　(D)"领导要求干啥,咱就干啥"

10. 下列不符合职业道德要求的是(　　)。

(A)检查上道工序、干好本道工序、服务下道工序

(B)主协配合,师徒同心

(C)粗制滥造,野蛮操作

(D)严格执行工艺要求

11. 对待你不喜欢的工作岗位,正确的做法是(　　)。

(A)干一天,算一天　　　　　　　(B)想办法换自己喜欢的工作

(C)做好在岗期间的工作　　　　　(D)脱离岗位,去寻找别的工作

12. 从业人员在职业活动中应遵循的内在的道德准则是(　　)。

(A)爱国、守法、自强　　　　　　(B)求实、严谨、规范

(C)诚心、敬业、公道　　　　　　(D)忠诚、审慎、勤勉

13. 关于职业良心的说法中,正确的是(　　)。

(A)如果公司老板对员工好,那么员工干好本职工作就是有职业良心

(B)公司安排做什么自己就做什么是职业良心的本质

(C)职业良心是从业人员按照职业道德要求尽职尽责地做工作

(D)一辈子不"跳槽"是职业良心的根本表现

14. 关于职业道德,正确的说法是(　　)。

(A)职业道德是从业人员职业资质评价的唯一指标

(B)职业道德是从业人员职业技能提高的决定性因素

(C)职业道德是从业人员在职业活动中应遵循的行为规范

(D)职业道德是从业人员在职业活动中的综合强制要求

15. 下列关于"职业化"的说法中,正确的是(　　)。

(A)职业化具有一定合理性,但它会束缚人的发展

(B)职业化是反对把劳动作为谋生手段的一种劳动观

(C)职业化是提高从业人员个人和企业竞争力的必由之路

(D)职业化与全球职场语言和文化相抵触

16. 我国社会主义思想道德建设的一项战略任务是构建(　　)。

(A)社会主义核心价值体系　　　　(B)公共文化服务体系

(C)社会主义荣辱观理论体系　　　(D)职业道德规范体系

17. 职业道德的规范功能是指(　　)。

(A)岗位责任的总体规定效用　　　(B)规劝作用

(C)爱干什么,就干什么　　　　　(D)自律作用

18. 我国公民道德建设的基本原则是(　　)。

(A)集体主义　　(B)爱国主义　　(C)个人主义　　(D)利己主义

19. 关于职业技能,下列说法正确的是(　　)。

(A)职业技能决定着从业人员的职业前途

(B)职业技能的提高,受职业道德素质的影响

(C)职业技能主要是指从业人员的动手能力

(D)职业技能的形成与先天素质无关

20. 一个人在无人监督的情况下,能够自觉按道德要求行事的修养境界是(　　)。

(A)诚信　　　　　(B)仁义　　　　　(C)反思　　　　　(D)慎独

21.《公民道德建设实施纲要》所提出的职业道德的"五项要求"是(　　)。

(A)爱国守法,明礼诚信,团结友善,勤俭自强,敬业奉献

(B)爱岗敬业,诚实守信,办事公道,服务群众,奉献社会

(C)遵纪守法,文明礼貌,崇尚科学,艰苦朴素,服务人民

(D)热爱集体,以人为本,守土有责,勤劳勇敢,开拓创新

22.关于社会公德与职业道德之间的关系,下列说法正确的是(　　)。

(A)社会公德的建设方式决定了职业道德的建设方式

(B)职业道德只在职业范围内起作用,在社会公德领域不适用

(C)职业道德与社会公德之间相互推动、相互促进

(D)社会公德的任何变化,必然引起职业道德的相应变化

23.下列说法不正确的是(　　)。

(A)职业道德＋一技之长＝经济效益　　(B)一技之长＝经济效益

(C)有一技之长也要虚心向他人学习　　(D)一技之长靠刻苦精神得来

24.对于集体主义,下列理解正确的是(　　)。

(A)坚持集体利益至上,一切以集体利益为转移

(B)在集体认为必要的情况下,牺牲个人利益应是无条件的

(C)集体有责任帮助个人实现个人利益

(D)把员工的思想、行动集中起来是集体主义的核心要求

25."审慎"作为职业活动内在的道德准则之一,其本质要求是(　　)。

(A)选择最佳手段以达到职责最优结果,努力规避风险

(B)小心谨慎地处理每一件事情,说话办事要三思而后行

(C)对所做工作要仔细审查和研究,以免作出错误判断

(D)"审慎"就是要求一方面要耐心细致,另一方面要敢闯敢干

26.诚信的特征是(　　)。

(A)社会性、强制性、自觉性、智慧性　　(B)通识性、智慧性、止损性、资质性

(C)人本性、资质性、历史性、公约性　　(D)通识性、规范性、普遍性、止损性

27.职业道德是一种(　　)的约束机制。

(A)强制性　　　(B)非强制性　　　(C)随意性　　　(D)自发性

28.践行诚信规范、尊重事实的要求是(　　),不为个人利害关系所左右;澄清事实,主持公道;主动担当,不自保推责。

(A)事不关己高高挂起　　　　(B)漠不关心

(C)无所谓　　　　　　　　　(D)坚持原则

三、多项选择题

1.职业道德的特征包括(　　)。

(A)鲜明的行业性　　　　　(B)适用范围的有限性

(C)法律强制性　　　　　　(D)利益相关性

2.社会主义核心价值体系包括(　　)。

（A）马克思主义指导思想

（B）中国特色社会主义共同理想

（C）以爱国主义为核心的民族精神和以改革创新为核心的时代精神

（D）社会主义荣辱观

3. 职业技能的特点包括（　　）。

（A）遗传性　　　　（B）专业性　　　　（C）层次性　　　　（D）综合性

4. 坚守岗位的基本要求是（　　）。

（A）遵守规定　　　（B）履行职责　　　（C）临危不惧　　　（D）相机而动

5. 从业人员做到真诚不欺，要（　　）。

（A）出工出力　　　　　　　　　　（B）不搭"便车"

（C）坦诚相待　　　　　　　　　　（D）宁欺自己，勿骗他人

6. 社会主义职业道德的基本要求是（　　）。

（A）诚实守信　　　　　　　　　　（B）办事公道

（C）服务群众奉献社会　　　　　　（D）爱岗敬业

7. 职业道德对一个组织的意义是（　　）。

（A）直接提高利润率　　　　　　　（B）增强凝聚力

（C）提高竞争力　　　　　　　　　（D）提升组织形象

8. 下列有关职业道德修养的说法，正确的是（　　）。

（A）职业道德修养是职业道德活动的另一重要形式，它与职业道德教育密切相关

（B）职业道德修养是个人主观的道德活动

（C）没有职业道德修养，职业道德教育不可能取得应有的效果

（D）职业道德修养是职业道德认识和职业道德情感的统一

9. 从业人员做到坚持原则要（　　）。

（A）立场坚定不移　　（B）注重情感　　（C）方法适当灵活　　（D）和气为重

10. 执行操作规程的具体要求包括（　　）。

（A）牢记操作规程　　　　　　　　（B）演练操作规程

（C）坚持操作规程　　　　　　　　（D）修改操作规程

11. 中车集团要求员工遵纪守法，做到（　　）。

（A）熟悉日常法律、法规　　　　　（B）遵守法律、法规

（C）运用常用法律、法规　　　　　（D）传播常用法律、法规

12. 从业人员节约资源，要做到（　　）。

（A）强化节约资源意识　　　　　　（B）明确节约资源责任

（C）创新节约资源方法　　　　　　（D）获取节约资源报酬

13. 下列属于《公民道德建设实施纲要》所要提出的职业道德规范的是（　　）。

（A）爱岗敬业　　　（B）以人为本　　　（C）保护环境　　　（D）奉献社会

14. 在职业活动的内在道德准则中，"勤勉"的内在规定性是（　　）。

（A）时时鼓励自己上进，把责任变成内在的自主性要求

（B）不管自己乐意或者不乐意，都要约束甚至强迫自己干好工作

（C）在工作时间内，如手头暂无任务，要积极主动寻找工作

(D)经常加班符合勤勉的要求

15. 新世纪职业发展变化的特点包括(　　)。

(A)职业种类不断增加　　　　　(B)职业种类不断更新

(C)职业内容不断改变　　　　　(D)职业结构不断调整

16. 社会主义核心价值体系包括(　　)。

(A)马克思主义指导思想

(B)中国特色社会主义共同理想

(C)以爱国主义为核心的民族精神和以改革创新为核心的时代精神

(D)社会主义荣辱观

17. 热爱维修电工这个职业,(　　)并为之付出自己所有的精力和智慧。

(A)有事业心　　(B)有责任心　　(C)有爱心　　(D)品德高尚

18. 对工作认真负责,兢兢业业,对所从事的维修工作,必须做到(　　)准确无误,连接紧密可靠,做到滴水不漏、天衣无缝。

(A)测试　　　　(B)接线　　　　(C)连接元件　　(D)实际操作

19. 在(　　),维修工作必须遵守安全操作规程,设置安全措施,保证设备、线路、人员和自身的安全,时刻做到质量在我手中,安全在我心中。

(A)任何时候　　(B)任何地点　　(C)任何情况　　(D)有些时候

20. 运行维护保养必须做到"勤",要防微杜渐,巡视检查,对线路及设备的每一部分、每一参数要(　　),把事故、故障消灭在萌芽状态。

(A)勤检　　　　(B)勤测　　　　(C)勤校　　　　(D)勤查

21. 对用户(　　),进入用户地点维修时必须遵守用户的管理制度,做好质量、工期、环保、安全工作。

(A)诚信为本　　(B)终身负责　　(C)热情耐心　　(D)不卑不亢

22. 纪律是一种行为规范,它要求人们在社会生活中(　　)。

(A)文明礼貌　　(B)遵守秩序　　(C)执行命令　　(D)履行职责

23. 评价从业人员的职业责任感,应从(　　)等方面入手。

(A)能否与同事和睦相处　　　　(B)能否完成自己的工作任务

(C)能否得到领导的表扬　　　　(D)能否为客户服务

24. 凡是自己参与(　　)的较大项目,应建立相应的技术档案,相应记录相关数据和关键部位的内容,做到心中有数,并按周期回访,掌握设备的动态。

(A)维修　　　　(B)安装　　　　(C)调试　　　　(D)验收

25. 勤劳节俭不仅是抵制产生腐败行为的良药,还是(　　)。

(A)个人事业成功的催化剂　　　(B)企业在市场竞争中取胜的秘诀

(C)人生美德　　　　　　　　　(D)维持社会可持续发展的法宝

26. 维修作业中要节约每一米导线、每一颗螺钉、每一个垫片、每一团胶布,严禁大手大脚,杜绝铺张浪费,不得以任何形式将电气设备及其(　　)赠予他人或归为己有。

(A)附件　　　　(B)材料　　　　(C)元件　　　　(D)工具

四、判 断 题

1. 让个人利益服从集体利益就是否定个人利益。（　　　）
2. 忠于职守的含义包括必要时应以身殉职。（　　　）
3. 道德建设属于物质文明建设范畴。（　　　）
4. 厂规、厂纪与国家法律不相符时，职工应首先遵守国家法律。（　　　）
5. 用电人应当按照国家有关规定和当事人的约定及时交付电费。（　　　）
6. 市场经济条件下，首先是讲经济效益，其次才是精工细作。（　　　）
7. 质量与信誉不可分割。（　　　）
8. 维修场地工具料件应摆放有序，位置合适。（　　　）
9. 电气维修能满足生产使用即可。（　　　）
10. 维修过程中产生的废弃物不可乱扔。（　　　）
11. 维修电气故障时不能相互说笑嬉闹。（　　　）
12. 维修时不得在场地地面、设备上写画电路分析故障。（　　　）
13. 场地行走时电工工具不应挎在肩上。（　　　）
14. 我国公民道德建设的基本原则是个人主义。（　　　）
15. 对于集体主义，可以理解为集体有责任帮助个人实现个人利益。（　　　）
16. 职业道德是从业人员在职业活动中应遵循的行为规范。（　　　）
17. 职业选择属于个人权利的范畴，不属于职业道德的范畴。（　　　）
18. 敬业度高的员工虽然工作兴趣较低，但工作态度与其他员工无差别。（　　　）
19. 社会分工和专业化程度的增强，对职业道德提出了更高要求。（　　　）
20. 职业道德是从业人员职业资质评价的唯一指标。（　　　）
21. "员工敬业度"表示只对工作负责，但与员工的忠诚度无关。（　　　）
22. 按照职业道德要求，职业化是指从业人员工作状态的标准化、规范化、制度化。（　　　）
23. 职业道德的稳定性特征说明职业道德是稳定而不变化的。（　　　）
24. 职业道德的规范功能是指岗位责任的总体规定效用。（　　　）
25. 良好的职业道德品质是从业人员成长、成才的重要保障。（　　　）
26. 职业化管理是倡导并要求从一而终的职业生涯状态的管理模式。（　　　）
27. 职业道德总是不断变化、难以捉摸的。（　　　）
28. 从业人员在职业活动中应遵循的内在的道德准则是忠诚、审慎、勤勉。（　　　）
29. 从功利的角度看，诚信虽然注定会损失有形利益，但能赢得无形利益。（　　　）
30. 职业化核心层面的是职业化素养。（　　　）

变配电室值班电工(职业道德)答案

一、填空题

1. 整洁、安全、舒适、优美
2. 行为规范
3. 爱岗敬业
4. 一致的
5. 安全可靠运行
6. 经济合理
7. 技术水平
8. 基本保证
9. 人人平等
10. 电气安全操作规程
11. 职业道德
12. 主动
13. 忠诚、审慎、勤勉
14. 集体主义
15. 职业道德
16. 忠诚
17. 职业化素养
18. 参考依据
19. 节约
20. 劳保用品
21. 生产计划
22. 职业道德
23. 特定
24. 协调职工
25. 职业
26. 职业道德
27. 增强竞争力
28. 利益
29. 早
30. 相互信赖
31. 预防制止
32. 遵守制度一致化

二、单项选择题

1. B
2. C
3. C
4. A
5. A
6. D
7. D
8. A
9. A
10. C
11. C
12. D
13. C
14. C
15. C
16. A
17. A
18. A
19. B
20. D
21. B
22. C
23. B
24. A
25. A
26. B
27. B
28. D

三、多项选择题

1. ABD
2. ABCD
3. BD
4. ABC
5. ABC
6. ABCD
7. BCD
8. ABC
9. AC
10. ABC
11. ABCD
12. ABC
13. AD
14. AC
15. ABCD
16. ABCD
17. AB
18. AB
19. ABC
20. ABCD
21. ABCD
22. BCD
23. BD
24. ABC
25. ABC
26. ABCD

四、判断题

1. ×
2. √
3. ×
4. √
5. √
6. ×
7. √
8. √
9. ×
10. √
11. √
12. √
13. √
14. ×
15. ×
16. √
17. ×
18. ×
19. √
20. ×
21. ×
22. √
23. ×
24. √
25. √
26. ×
27. ×
28. √
29. ×
30. √

变配电室值班电工(初级工)习题

一、填 空 题

1. 继电器的返回系数是返回值与（　　　）之比。

2. 型号为 SFSZ—40000/110 变压器,其中 S 表示（　　　）。

3. 变压器上层油温一般要求不超过 85℃,绕组温升不超过（　　　）℃。

4. 高压断路器的操作机构主要有电磁式、弹簧式和液压式等几种形式,它们都有合闸和（　　　）线圈。

5. 运行中的电气设备绝缘击穿通常分热击穿和（　　　）。

6. 电气图包括系统图和框图、（　　　）、接线图和接线表。

7. 荷载分为永久荷载、可变荷载及（　　　）三类。

8. 锉削是用锉刀对工件表面进行（　　　）的一种方法。

9. 锉刀按用途分普通锉、特种锉、（　　　）。

10. 锉刀的规格用（　　　）和锉刀长度表示。

11. 并联电容器在电力系统中补偿方式有:个别补偿、分散补偿、（　　　）。

12. 直流二次回路接线时,接线端子上除标明原理图编号外,还应标明（　　　）编号。

13. 习惯上规定的（　　　）的定向运动方向作为电流流动的方向。

14. 保障电气工作安全的组织措施是:工作票制度、工作许可制度、工作监护制度、工作间断转移和（　　　）。

15. 高压开关按照它们在电路中的作用可分为断路器、（　　　）、负荷开关,熔断器等类型。

16. SN10—10/300—750 型户内少油断路器的额定电流为 300 A,额定电压为 10 kV,额定断流容量为（　　　）MVA,设计序号为 10。

17. 在直流电路中,某点的电位等于该点与（　　　）之间的电压。

18. 欧姆定律主要说明了电路中电压、电流和（　　　）三者之间的关系。

19. 在电路中连接两条及两条以上分支电路的点叫（　　　）。

20. 用串并联方式组成的电路常叫做（　　　）,数个电阻元件的首、尾端分别连在一起的电路叫做并联电路,数个电阻元件的首尾依次相连的电路叫做串联电路。

21. 钢丝钳的用途是（　　　）或折断金属薄板以及切断金属丝的作用。

22. 钢丝钳的手柄一般可分为（　　　）和铁柄两种。

23. 电路一般由电源、负载、连接导线和（　　　）四部分构成。

24. 几个电阻串联时,通过每个电阻的电流相等,总电压等于各电阻上（　　　）。

25. 几个电阻并联时,每个电阻两端所承受电压相等,电路的总电流等于各电阻（　　　）之和。

26. 在电阻电路中,电流的大小与电阻两端电压的高低成正比,而与电阻的阻值大小成

（　　）比,这就是部分电路的欧姆定律。

27. 变压器在运行中,绕组中电流的热效应所引起的损耗通常称为(　　　)。

28. 一组三个频率相同,振幅相同,相位(　　　)的正弦电势、电压、电流称为对称三相交流电。

29. 正弦交流电的数学表达式为 $i = I_m \sin(\omega t + \phi)$,其中 i 为瞬时值,I_m 为(　　　),ω 为角频率。

30. 正弦交流电的三要素是幅度最大值、频率和(　　　)。

31. 三相异步电动机(　　　)与同步转速的比值叫转差率。

32. 要改变三相鼠笼式异步电动机的旋转方向,只需把接到(　　　)绕组上的任意两根相线对调就可实现。

33. 有一电阻为 3 000 Ω,最大量程为 3 V 的电压表,如果将它的量程扩大为 15 V,则应串联(　　　)Ω 的电阻。

34. 电工常用的仪表除电流表、电压表外,还有钳形电流表、兆欧表、万用表、(　　　)。

35. 电力系统中的变电所有系统枢纽变电所、地区重要变电所和(　　　)变电所三种类型。

36. 扩大直流电流表量程的方法是采用分流器,而扩大交流表的方法通常采用(　　　)。

37. 万用表由表头、测量线路、(　　　)三部分组成。

38. 钳型电流表由(　　　)和电流表组成。

39. 兆欧表也称摇表,是专供测量(　　　)的仪表。

40. 电工作业时常用的工具有(　　　)、钢丝钳、尖嘴钳、电工刀、螺钉旋具、活扳手。

41. 弯管器有三种,即管弯管器、滑轮弯管器、(　　　)弯管器。

42. 裸导线主要有(　　　)、圆铝线、铝绞线、钢芯铝绞线、硬铜绞线、轻型钢芯铝绞线及加强型钢芯铝绞线等。

43. 晶体二极管具有(　　　)导电的特性,即正向电阻小、反向电阻大的特点。

44. 整流二极管串联使用时,应并联均压电阻;并联使用时,应串联(　　　)电阻。

45. 单相全波电阻负载整流电路中,交流电压为 U_0,负载电流为 I_c,二极管承受最大反向电压为(　　　)倍 U_0,通过二极管的平均电流为 $I_c/2$。

46. 在放大电路中,晶体三极管的电流关系为 $I_c = \beta I_b$,$I_e = (　　　)I_b$。

47. 晶体三极管工作在放大区时,集电结应反偏置,发射结应(　　　)。

48. 常用的低压熔断器分为携入式、(　　　)式、无填料封闭式和有填料封闭式四大类。

49. 开关应有明显的开合位置,一般向上为合上,向下为(　　　)。

50. 一台三相电力变压器的接线组是 Yd11 表示一次绕组为星形接法,二次绕组为(　　　)。

51. 母线相序的色别规定 L_1(U)相为黄色,L_2(V)相为绿色,L_3(W)相为(　　　)。

52. 一般情况下,低压电器的静触头接电源,动触头接(　　　)。

53. 常用的接线端子按用途不同分为普通接线端子、可连接线端子和(　　　)接线端子三大类。

54. 电压互感器二次回路导线截面不小于 1.5 mm²,电流互感器二次回路导线截面不小于(　　　)mm²。

55. 变电所的排水主要包括(　　　)、事故排水和所区雨水的排放。

56. 电缆与热力管道热力设备之间的净距,平行时不应小于 2 m,交叉时应不小于(　　)m。

57. 电缆直埋敷设时,农田埋深 1 m,过公路埋深(　　)m,并应穿保护管。

58. 电缆的敷设方式有直接埋地敷设、电缆沟敷设、(　　)敷设、排管敷设、隧道敷设等。

59. 拉线一般分为上把、中把和(　　)三部分。

60. 变电所的功能就是实现电压(　　)的转换,以使各电压等级与电力线路和用户的电压等级相匹配。

61. 架空线路常用绝缘子有针式绝缘子、(　　)绝缘子、蝶式绝缘子和棒式绝缘子。

62. 电力系统中过电压分内部、外部过电压,内部过电压包括操作过电压、谐振过电压、工频过电压,外部过电压包括直击雷过电压、(　　)过电压。

63. 直流接地危害性很大,当发生正极对地时,继电保护有可能产生误动作,负极对地时继电保护有可能产生(　　)。

64. 三相异步电动机星形连接时,线电压是相电压的$\sqrt{3}$倍,线电流与相电流(　　)。

65. 电工测量仪表测出的数据值与被测量的实际值之差叫做绝对误差,该误差与实际值的比值叫(　　)。

66. 接地体可分为自然接地体和(　　)接地体两种。

67. 在直流电路中,负载功率等于负载两端的电压和流过负载的(　　)的乘积。

68. 架空配电线路杆塔定位时,直线杆顺线路方向位移不得超过设计挡距的(　　)。

69. 如果触电者心跳停止,呼吸尚存,应立即对触电者施行(　　)急救。

70. 兆欧表有三个量端钮,分别标有 L、E 和 G 三个字母,若测量电缆的对地绝缘电阻时,其屏蔽层应接(　　)。

71. 在 P 型半导体中空穴是多数载流子,(　　)是少数载流子。

72. 我国规定的安全电压是 36 V、24 V、(　　)V。

73. 电容器的容抗大小与交流电的频率成(　　)关系,线圈的感抗大小与交流电的频率成正比关系。

74. 手锯的锯削运动有(　　)和直线移动两种形式。

75. 钻孔是用钻头在材料或工件上(　　)的加工方法。

76. 把电流表改装为电压表必须串联一个电阻,把电压表改装成电流表必须并联一个电阻,前者是起分压作用,后者是起(　　)作用。

77. 几个电容器串联时,其等效电容量的倒数等于每个电容器电容量的(　　),电容量较小的所承受的电压较高。

78. 电容器容量的大小仅与电容器的本身结构性质有关,对于给定的电容器,其大小与电量和(　　)的比值无关。

79. 在电路的任一节点处,流入或流出节点的电流的(　　)恒等于零。

80. 某线圈通过电流后,其磁动势等于电流与线圈(　　)的乘积,单位磁路长度上的磁势叫磁场强度。

81. 电流互感器副边额定电流一般为(　　)A。

82. 母线的作用有汇聚、分配、(　　)。

83. 上、下布置的交流母线为(　　)排列。

84. 母线一般可分为硬母线、（　　）两大类。

85. 单相照明电路中,每一回路负载电流一般不应超过 15 A,灯数（包括插座）不宜超过（　　）个。

86. 日光灯主要由镇流器、灯管和启动器组成,镇流器的作用是降压和（　　）。

87. 在三相四线制的供电线路中,相线与（　　）之间的电压叫做相电压,相线与相线之间的电压叫线电压。

88. 配电盘按安装形式分为（　　）和暗装。

89. 錾子的热处理包括（　　）和回火两个过程。

90. 錾削时握持錾子的方法有正握、反握和（　　）三种姿势。

91. 钳工常用的錾子有扁錾、（　　）和油槽錾三种。

92. 在交流电路中,电容性负载的电流在相位上（　　）电压的电角度在 0°～90°。

93. 可控硅管由三个 PN 结组成,其单相导通角在（　　）之间。

94. RLC 串联电路产生谐振的条件是感抗与（　　）相等。谐振时总电压和总电流同相。

95. 电压互感器副边额定电压一般为（　　）V。

96. 配电盘按控制对象分为照明配电盘和（　　）配电盘。

97. 测量误差有系统误差、偶然误差、（　　）。

98. 单相全波电阻负载整流电路中,交流电压为 U,负载电流为 I_{fz},二极管承受最大反向电压为 $2\sqrt{2}$ V,通过二极管的平均电流为（　　）I_{fz}。

99. 錾削是用手锤敲击（　　）对工件进行加工的一种方法。

100. 錾削所用的工具主要是（　　）和手锤。

101. 电工测量仪表工作时,测量机构能够产生转动力矩、反作用力矩、（　　）力矩。

102. 复杂电路的计算方法很多,但计算依据就是两条定律,即（　　）定律、基尔霍夫定律。

103. 交流电路中功率因数 $\cos\Phi = R/Z = U_R/U = P/S$,工程上常采用（　　）的方法来提高工厂变配电线路的功率因数。

104. 电路通常有通路、开路和（　　）。

105. 一般锯削的速度以每分钟来回运锯（　　）次为宜。

106. 电流流过的路径称为（　　）。

107. 对于同一种材料粗细均匀的导体,在一定温度下,它的电阻与导体的长度成正比与横截面积成（　　）。

108. 两个或两个以上电阻依次相连中间无分支的连接方式叫电阻的（　　）。

109. 全电路欧姆定律的数学表达式是（　　）。

110. 焦耳-楞次定律的内容是:电流流过导体产生的热量与电流强度的平方、（　　）及通电时间成比例。

111. 固体电介质的击穿大致可分为电击穿、热击穿和（　　）击穿三种形式。

112. 对口焊接的母线,宜有（　　）的坡口,1.5～2 mm 的钝口,管形母线应采用氩弧焊焊接。

113. 焦耳-楞次定律数学表达式为 $Q=$（　　）。

114. 当导体在磁场中作切割磁力线运动,或线圈中的磁通发生变化时,在导体或线圈中都会产生电动势，这种现象称为（　　　）。

115. 楞次定律指出由（　　　）产生的磁场总是阻碍原磁场的变化。

116. 由三根相线和一根零线所组成的供电网络称为三相四线制电网。三相电动势达到最大值的先后次序为相序。第一、第二、第三相线及中线的文字符号分别为 L_1、L_2、L_3 和（　　　）。

117. 变压器的工作原理实质上是：吸收电源能量，通过电磁转换以另一个电压等级而输出电能的，它起的只是（　　　）的作用。

118. 断线钳是专供剪断（　　　）的金属丝、线材及电线电缆的工具。

119. 断线钳的钳柄有铁柄、（　　　）柄和绝缘柄三种。

120. 绕线式异步电动机有转子绕组（　　　）和转子绕组串联频敏变阻器两种启动方法。

121. 接触器由触头系统、电磁系统、（　　　）及传动机构、弹簧等基本部分组成。

122. 电气控制线路是由动力电路、控制电路、信号电路和（　　　）组成。

123. 电动机的联动控制，可以使各台电动机按一定顺序启动停止，符合工艺规程，保证（　　　）。

124. 用万用表测得正常晶体二极管的阻值较小时，红表笔与之相接的那个电极是二极管的负极，黑表笔与之相接的那个电极是（　　　）。

125. 单相桥式整流电路中，负载两端电压平均值是变压器次级电压 U 的 0.9 倍，二极管承受的反向电压最大值为（　　　）U。

126. 用万用表测某电阻时，标度尺上的读数为 $8.6\ \Omega$，转换开关放在 $R \times 100$ 挡上，被测电阻为（　　　）Ω。

127. 架空线路的电杆，按其作用不同可分为直线杆、耐张杆、转角杆、终端杆和（　　　）五种。

128. 电流互感器将接有仪表和继电器的低压二次系统与高压一次系统隔离，利用电流互感器可以获得保护装置和仪表所需的（　　　）。

129. 常用的二次接线端子按用途不同分为普通接线端子、连接端子和（　　　）接线端子。

130. 根据电杆的受力情况来装设拉线，通常拉线与电杆的夹角为 $45°$，如果受地形限制时可适当减少，但不能小于（　　　）。

131. 变配电所的继电保护装置系统主要由传感部分、（　　　）、操作电源、执行机构、二次回路五个部分组成。

132. 钻头的种类很多，有麻花钻、扁钻、扩孔钻、（　　　）等。

133. 钳工常用的钻床有台式钻床、立式钻床、（　　　）。

134. 变配电所倒闸操作的基本原则是：送电时先合隔离开关，再合（　　　）。

135. 变压器并联运行必须同时满足连接组别必须相同；变比必须相同；（　　　）。

136. 变压器并联运行的变压器容量之比不能超过（　　　）。

137. 变压器油在变压器中起着冷却和（　　　）作用。

138. 在三相四线制供电系统中，不允许在中性线上装设开关和（　　　）。

139. 接地线应用多股软裸线，其截面应符合短路电流的要求，但不得小于（　　　）mm^2。

140. 为保证操作人员的安全和保护测量仪表，电流互感器的（　　　）一端应与铁芯同时接地。

141. 法定计量单位规定无功功率的单位是( )。

142. 10 kV 配电线路与公路交叉时最小垂直距离,在最大尺度时不应小于( )m。

143. 架空电气线路严禁跨越爆炸危险场所,两者之间最小水平距离为杆塔高度的( )倍。

144. 管径 25 mm,壁厚 3 mm 的金属管,明敷时固定点的距离为( )mm。

145. 在一般的配电屏上,( )灯表示运行。

146. 电压互感器的误差有角误差和( )。

147. 如果线路上有人停电作业,应在线路开关和刀闸操作手柄上悬挂"( )"的标志牌。

148. 变电站通信设备应具有两条独立的通信电源供电,事故电源供电时间应不小于( )h。

149. 将电流互感器的二次线圈串联使用主要目的是满足测量所需的( )。

150. 用万用表 $R \times 100$ 欧姆挡测量一只晶体管各极间正、反向电阻,都呈现很小的阻值,则这只晶体管两个 PN 结都被( )。

151. 钢丝钳的规格以全长表示,有 150 mm、175 mm、( )mm 三种。

152. 万用表是多用途仪表,在使用时应首先确认被测量的( )和幅度。

153. 仪表准确度越高,其基本误差就越小,测量误差也就( )。

154. 变电站自动化系统在功能逻辑上宜由站控层、间隔层、( )层组成。

二、单项选择题

1. 电容器在充电过程中,其( )。
(A)充电电流不能发生变化　　　　(B)两端电压不能发生突变
(C)储存能量发生突变　　　　(D)储存电场发生突变

2. 当发生误操作时,所产生强烈的电弧都可能引起电弧灼伤,会使皮肤发红起泡、组织烧焦坏死的是下列( )电伤。
(A)电灼伤　　(B)电烙印　　(C)皮肤金属化　　(D)电击

3. 设备对地电压在( )以上者称为高压。
(A)250 V　　(B)1 000 V　　(C)10 000 V　　(D)500 V

4. 当带电体有接地故障时,有故障电流流入大地,电流在接地点周围土壤中产生电压降。人在接地点周围,两脚之间出现跨步电压,由此电压引起的电击事故是( )。
(A)单相电击　　(B)两相电击　　(C)跨步电压电击　　(D)接触电压电击

5. 变压器一次侧所加电压一般规定不应超过额定值的( )。
(A)105%　　(B)108%　　(C)110%　　(D)100%

6. 电力变压器运行中温度计失灵,应( )。
(A)立即停电检修　　　　(B)照常继续运行
(C)立即贴装水银温度计监视器身温度　　(D)向上级有关领导汇报

7. 电力变压器的主要基本结构由( )构成。
(A)铁芯和绕组　　(B)铁芯和油箱　　(C)绕组和油箱　　(D)铁芯

8. 电力拖动电器原理图识读步骤的第一步是( )。

(A)看用电器　　　　　　　　　　(B)看电源

(C)看电气控制元件　　　　　　　(D)看辅助电器

9. 电力变压器按冷却介质可分为(　　)。

(A)油浸式　　　　　　　　　　　(B)油浸式和干式两种

(C)干式　　　　　　　　　　　　(D)特种变压器

10. 在不同环境条件下,下列属于我国规定的安全电压的是(　　)。

(A)交流 220 V　　(B)交流 110 V　　(C)交流 55 V　　(D)交流 24 V

11. 绑扎用的绑扎线应选用与导线相同金属的单股线,其直径不应小于(　　)。

(A)1.5 mm　　　(B)2 mm　　　　(C)2.5 mm　　　(D)3.5 mm

12. 下列选项中,代表全户内变电站的是(　　)。

(A)110—A1—2　　(B)110—A2—3　　(C)220—A3—3　　(D)220—C3—2

13. 照明灯具安装在户内时,高度不得低于(　　),当低于此高度时应加防护措施。

(A)3 m　　　　　(B)2.5 m　　　　(C)2 m　　　　　(D)4 m

14. 照明灯的扳把开关安装高度,一般距地面(　　)。

(A)1 m　　　　　(B)1.2～1.4 m　　(C)1.8 m　　　　(D)1.7 m

15. 某电动机型号为 Y—112M—4,其中 4 的含义是(　　)。

(A)异步电动机　　(B)中心高度　　(C)磁极数　　　(D)磁极对数

16. 直流母线涂漆颜色正极涂为(　　)。

(A)红色　　　　　(B)赭色　　　　(C)黄色　　　　(D)黑色

17. 当一个磁体被截成三段后,共有(　　)磁极。

(A)2 个　　　　　(B)3 个　　　　(C)4 个　　　　(D)6 个

18. 当锉削量较大时,采用(　　)方法效率较快。

(A)顺锉　　　　　(B)交叉锉　　　(C)推锉　　　　(D)逆锉

19. 相同材料但焊法位置不同时,选用焊接电流也不同,下列焊法中选用电流最小的是(　　)。

(A)平焊　　　　　(B)横焊　　　　(C)立焊　　　　(D)仰焊

20. 指示仪表和数字仪表宜装在(　　)的高度。

(A)0.3～1.0 m　　(B)0.6～1.5 m　　(C)0.8～2.0 m　　(D)0.9 m

21. 10 kV 以下带电设备与操作人员正常活动的范围的最小安全距离为(　　)。

(A)0.35 m　　　　(B)0.4 m　　　　(C)0.7 m　　　　(D)0.9 m

22. 变电所室外环境应整洁,开关场地平整无积水、杂草、垃圾、散失器材,有整洁的(　　)。

(A)路线　　　　　(B)交通信号　　(C)线路指示　　(D)巡回道路

23. 单项工程设计质量评价中权重系数最高的是(　　)。

(A)初步设计　　　(B)施工图设计　(C)竣工图设计　(D)设计变更

24. 员工发现事故隐患或不安全因素,必须立即向现场安全生产管理人员或(　　)报告,接到报告的人员必须及时予以处理。

(A)值班调度　　　(B)生产部门　　(C)保卫部门　　(D)单位负责人

25. 工厂用防爆型电器的类型标志是(　　)。

（A）KB　　　　　　　（B）A　　　　　　　（C）B　　　　　　　（D）F

26．氯丁橡胶绝缘电线的型号是（　　　）。

（A）BX,BLX　　　　（B）BV,BLV　　　　（C）BXF,BLXF　　　（D）BXF

27．铝绞线的型号是 LJ,轻型钢芯铝绞线的型号是（　　　）,铝合金绞线的型号是 HLJ。

（A）HLJ　　　　　　（B）LJ　　　　　　　（C）TJ　　　　　　（D）LGJQ

28．由接触电压引起的电击是（　　　）。

（A）单相电击　　　　（B）两相电击　　　　（C）跨步电压电击　　（D）接触电压电击

29．大气过电压的幅值取决于雷电参数和防雷措施,与电网额定电压（　　　）。

（A）有关　　　　　　　　　　　　　　　（B）视实际情况确定

（C）无直接关系　　　　　　　　　　　　（D）根据电网额定电压确定

30．按经济电流密度选择导线截面积时,经济电流密度取值越小,所选导线截面积（　　　）。

（A）越小　　　　　　（B）越大　　　　　　（C）不变　　　　　　（D）均可

31．电缆铜芯比铝芯导电性能好,导线截面相同时铜芯电缆的电阻只占铝芯电缆的（　　　）。

（A）40%　　　　　　（B）50%　　　　　　（C）60%　　　　　　（D）80%

32．油浸纸绝缘三芯铅包电缆允许的最小弯曲半径是（　　　）的电缆外径。

（A）5 倍　　　　　　（B）10 倍　　　　　（C）15 倍　　　　　（D）20 倍

33．正常情况下全站停电操作时,应当（　　　）。

（A）先拉开电容器的开关,后拉开各路出线的开关

（B）先合上各路出线的开关,后合上电容器线的开关

（C）合上各路出线的开关的同时,合上电容器线的开关

（D）根据实际情况操作

34．母线加工后,截面的减小值对于铜母线不应超过原截面的（　　　）,铝母线不应超过原截面的 5%。

（A）2%　　　　　　（B）3%　　　　　　（C）2.5%　　　　　（D）5%

35．新装和大修后的低压线路和设备的绝缘电阻不应小于（　　　）。

（A）0.1 MΩ　　　　（B）0.3 MΩ　　　　（C）0.5 MΩ　　　　（D）1.5 MΩ

36．在正常情况下,绝缘材料也会逐渐（　　　）而降低绝缘性能。

（A）磨损　　　　　　（B）老化　　　　　　（C）腐蚀　　　　　　（D）脱落

37．万用表使用完毕,应将其转换开关转至电压的（　　　）挡。

（A）最高　　　　　　（B）最低　　　　　　（C）任意　　　　　　（D）适中

38．要测量 380 V 交流电动机绝缘电阻,应选用额定电压为（　　　）的兆欧表。

（A）250 V　　　　　（B）500 V　　　　　（C）1 000 V　　　　（D）1 500 V

39．起重机械必须严格执行（　　　）等相关制度。

（A）"八不吊"　　　　（B）"五不吊"　　　　（C）"十不吊"　　　　（D）"三不吊"

40．对绕组为 Y,yn0 联结的变压器二次电路,测有功电能时,需用（　　　）。

（A）三相三线有功电能表　　　　　　　　（B）三相四线有功电能表

（C）单相有功电度表　　　　　　　　　　（D）三相有功电度表

41. 测量电压的电压表内阻应该是(　　)。
(A)越小越好　　　(B)适中　　　(C)越大越好　　　(D)均可

42. 电动系电压表中定圈和动圈与附加电阻是(　　)。
(A)相互并联的　　　(B)相互串联的　　　(C)相互混联　　　(D)串并联均可

43. 线路高频阻抗器的作用是(　　)。
(A)通低频,阻高频　　　　　　(B)通高频,阻高频
(C)通低频,阻低频　　　　　　(D)通高频,阻低频

44. 兆欧表有三个测量端钮,分别标有 L、E 和 G 三个字母,若测量电缆的对地绝缘电阻,其屏蔽层应接(　　)。
(A)L 端钮　　　(B)E 端钮　　　(C)G 端钮　　　(D)K 端钮

45. 钳形电流表使用时应先用较大量程,然后再视被测电流的大小变换量程。切换量程时应(　　)。
(A)直接转动量程开关　　　　　(B)先将钳口打开,再转动量程开关
(C)转动量程开关　　　　　　　(D)钳口打开

46. 一般钳形表实际上是由一个电流互感器和一个交流(　　)的组合体。
(A)电压表　　　(B)电流表　　　(C)频率表　　　(D)功率表

47. 对 10 kV 变配电所,应选用准确度为 1 级的有功电能表,对应所选的电压和电流互感器的准确度为(　　)。
(A)0.2 级　　　(B)0.5 级　　　(C)1 级　　　(D)2 级

48. 常用的功率表大多为(　　)仪表。
(A)磁电系　　　(B)电磁系　　　(C)电动系　　　(D)整流系

49. 一感性负载,功率为 800 W,电压 220 V,功率因数为 0.8,应选配功率表量程为(　　)。
(A)额定电压 150 V,电流 10 A　　　(B)额定电压 300 V,电流 5 A
(C)额定电压 400 V,电流 5 A　　　(D)额定电压 500 V,电流 5 A

50. 为防止高温场所人员中暑,应多饮(　　)。
(A)纯净水　　　(B)汽水　　　(C)饮料　　　(D)淡盐水

51. 如果功率表的接线是正确的,但发现指针反转,这表明负载向外输出功率,这时应将(　　)。
(A)电压端钮换接　　　　　　　(B)电流端钮换接
(C)电压端钮电流端钮全换接　　　(D)任意端

52. 机房地线每半年检测一次,接地电阻应小于(　　)。
(A)4 Ω　　　(B)8 Ω　　　(C)10 Ω　　　(D)15 Ω

53. 一个功率表其电压量程为 500 V,电流量程为 5 A,标尺满度时为 100 格,则该表的功率常数为(　　)。
(A)12.5 W/格　　　(B)25 W/格　　　(C)50 W/格　　　(D)30 W/格

54. 为满足负载对供电电压的要求,一般高压配电线路允许电压损失不超过额定电压 5%,低压不超过(　　)。
(A)5%　　　(B)4%～5%　　　(C)2%～3%　　　(D)5%～6%

55. 并联补偿电容器在电网轻负荷时,允许电网电压升高达 $1.20U_e$,最大持续时间不超

过（　　　　）。

(A)1 min　　　　　(B)5 min　　　　　(C)30 min　　　　　(D)40 min

56. 装有电容器储能装置的变电站,储能电容器是用于（　　　　）。

(A)断路器跳闸　　　(B)事故信号　　　(C)事故照明灯　　　(D)信号指示

57. 电能质量包括电压质量与（　　　　）质量两部分。

(A)频率　　　　　(B)电流　　　　　(C)功率　　　　　(D)波形

58. 一般接地体顶面埋设深度最少为（　　　　）。

(A)0.5 m　　　　　(B)0.6 m　　　　　(C)0.7 m　　　　　(D)0.8 m

59. 由建筑物引到地面和接地体相连的引线,在离地（　　　　）m 以内,必须用保护管。

(A)2.5　　　　　(B)1.7　　　　　(C)1.5　　　　　(D)3

60. 电流对人体的伤害有两种类型:即电伤和（　　　　）。

(A)轻伤　　　　　(B)重伤　　　　　(C)伤残　　　　　(D)电击

61. 变配电所检修变压器和油断路器时,禁止使用喷灯。其他部位使用明火时与带电部分的距离,10 kV 及以下电压不小于 1.5 m,10 kV 以上不小于（　　　　）。

(A)1.5 m　　　　　(B)2 m　　　　　(C)3 m　　　　　(D)4 m

62. 常用 10 kV 高压绝缘棒棒身全长为（　　　　）。

(A)2 m　　　　　(B)3 m　　　　　(C)3.5 m　　　　　(D)4 m

63. 室外雨天使用高压绝缘棒,为隔阻水流和保持一定的干燥表面,需加适量的防雨罩,防雨罩安装在绝缘棒的中部,额定电压 10 kV 及以下的,装设防雨罩不少于 2 只,额定电压 35 kV 的不少于（　　　　）。

(A)2 只　　　　　(B)3 只　　　　　(C)4 只　　　　　(D)5 只

64. 变电所进行倒闸操作,停电的基本原则是（　　　　）。

(A)先断开断路器、再断开负荷侧隔离开关、最后断开电源侧隔离开关

(B)先断开断路器、再断开电源侧隔离开关、最后断开负荷侧隔离开关

(C)先断开负荷侧隔离开关、再断开电源侧隔离开关、最后断开断路器

(D)先断开断路器、再断开负荷侧隔离开关、最后断开负荷侧隔离开关

65. 变电所"两票三制"中的"两票"是指操作票和（　　　　）。

(A)执行票　　　　(B)申请票　　　　(C)命令票　　　　(D)工作票

66. 处理事故时,各设备的值班人员必须坚守岗位,尽力设法保持所负责设备（　　　　）。

(A)维持运行　　　(B)继续运行　　　(C)退出运行　　　(D)停止运行

67. 运行人员可根据设备运行情况,预计的工作、天气变化情况组织进行（　　　　）。

(A)反事故预想　　　(B)反事故演习　　　(C)运行分析　　　(D)安全活动

68. 隔离开关的主要作用是（　　　　）。

(A)断开负荷电路　　　　　　　　(B)断开无负荷电路

(C)断开短路电流　　　　　　　　(D)断开任意电路

69. 当操作隔离开关的动闸刀未完全离开静触座时,同时发现是带有负荷的,此时应（　　　　）。

(A)继续拉闸　　　(B)停在原地　　　(C)立即合上　　　(D)向上级汇报

70. 在变电所送电操作中,对于户外横装单极高压隔离开关,应先闭合迎风侧边相刀开

关,再闭合( )，最后闭合中间相刀开关。

    (A)中间相刀开关　　　　　　　　　(B)迎风侧边相刀开关

    (C)背风侧边相刀开关　　　　　　　(D)任意相刀开关

71. 当操作隔离开关的动闸刀已全部离开静触座,却发现是带负荷断开隔离开关,这时应( )。

    (A)立即重新闭合　　　　　　　　　(B)应一拉到底,不许重新闭合

    (C)停在原地　　　　　　　　　　　(D)向上级汇报

72. 高压负荷开关广泛用于电力变压器的保护和控制,是因为( )。

    (A)有灭弧装置　　　　　　　　　　(B)在断开时有明显可见的断开间隙

    (C)有高压熔断器作短路保护　　　　(D)有保护作用

73. 一般高压负荷开关在断开20次负荷电流后,应进行全面检修。户外跌落式熔断器在连续断开额定断流容量( )后即应更换熔丝管。

    (A)3 次　　　　　(B)10 次　　　　　(C)20 次　　　　　(D)30 次

74. 有低压并联电容器组的变电所,全部停电时的操作顺序是( )。

    (A)先断开电容器组的开关,后断开各路出线开关

    (B)先断开各路出线开关,后断开电容器组的开关

    (C)先断开各路出线开关,后将电容器组接地

    (D)电容器组先接地,后断开各路出线开关

75. 断路器降压运行时,其遮断容量会( )。

    (A)相应增加　　　(B)相应降低　　　(C)不变　　　　　(D)不一定

76. 断路器液压机构中的压力表指示的是( )。

    (A)氮气压力　　　(B)液体压力　　　(C)空气压力　　　(D)氢气压力

77. 10 kV 大容量变电站需要频繁操作时,多使用( )。

    (A)少油断路器　　　　　　　　　　(B)真空断路器

    (C)六氟化硫断路器　　　　　　　　(D)多油断路器

78. 高压熔断器的熔体是( )材料的。

    (A)铅锡合金　　　　　　　　　　　(B)锌

    (C)银或铜丝焊有小锡球　　　　　　(D)铜铝合金

79. 选择 100 kVA 以上电力变压器一、二次侧的熔断器熔体额定电流时,按( )式来选用。I_e是额定电流。

    (A)$(1.1\sim1.5)I_e$　　(B)$(1.5\sim2)I_e$　　(C)$3I_e$　　　　　(D)$4I_e$

80. 为保证同一线路上熔断器上、下级的选择性要求,一般应保证在同一故障电流下,从熔断器的安秒特性曲线上查得的上一级熔体熔断时间比下一级熔体熔断时间大( )。

    (A)1 倍　　　　　(B)2 倍　　　　　(C)3 倍　　　　　(D)4 倍

81. 下列哪项不属于变电站监控系统的安全监视功能( )。

    (A)事故及参数越限告警　　　　　　(B)事故追忆

    (C)SOE 事件顺序记录　　　　　　　(D)断路器自动同期

82. 电磁操作机构,合闸线圈动作电压不低于额定电压的( )。

    (A)75%　　　　　(B)85%　　　　　(C)80%　　　　　(D)90%

83. 装设临时接地线时应先装（　　），拆接地线时相反。
　（A）三相线路端　　　（B）接地端　　　　（C）接零端　　　　（D）K 端

84. 高压设备发生接地时,室内接地故障点周围（　　）内不得接近,室外 8 m 以内不得接近,进入上述范围的人员必须穿绝缘靴,接触设备外壳和架构时,应戴绝缘手套。
　（A）2 m　　　　（B）4 m　　　　（C）6 m　　　　（D）8 m

85. 携带式电气设备的接地线应用截面不小于（　　）的铜绞线。
　（A）1 mm²　　　（B）1.5 mm²　　　（C）2 mm²　　　（D）3 mm²

86. 变压器铁芯采用相互绝缘的薄硅钢片制造,主要目的是为了降低（　　）。
　（A）杂散损耗　　　（B）铜耗　　　　（C）涡流损耗　　　（D）磁滞损耗

87. 在拖运变压器时,设备的倾斜不得超过（　　）。
　（A）15°　　　　（B）30°　　　　（C）45°　　　　（D）60°

88. 在安装变压器时,应沿瓦斯继电器方向有（　　）升高坡度。
　（A）1%　　　　（B）1%～1.5%　　　（C）3%　　　　（D）2%

89. 变压器停电操作,一般应先停低压侧、再停中压侧、最后停（　　）。
　（A）母线侧　　　（B）中压侧　　　（C）低压侧　　　（D）高压侧

90. 变压器运行中,温度最高的部位是（　　）。
　（A）铁芯　　　　（B）绕组　　　　（C）上层绝缘油　　　（D）下层绝缘油

91.《电力变压器运行规程》规定运行中的风冷却油浸电力变压器上层油温不超过（　　）。
　（A）95℃　　　　（B）85℃　　　　（C）75℃　　　（D）100℃

92. 夏季运行中的电力变压器油位保持在油标指示器的 3/4 处,冬季在（　　）处。
　（A）1/4　　　　（B）1/2　　　　（C）3/4　　　（D）1/5

93. 变压器器身检查时,当空气的相对湿度不超过 65% 时,器身露在空气中的时间不得超过（　　）。
　（A）10 h　　　　（B）12 h　　　　（C）16 h　　　（D）20 h

94. 电压互感器的一次绕组的匝数（　　）二次绕组的匝数。
　（A）远大于　　　（B）略大于　　　（C）等于　　　（D）小于

95. 当电流互感器一次电流是从 L₁ 端流入,L₂ 端流出时,其二次侧的（　　）端应接地。
　（A）K₁　　　　（B）K₂　　　　（C）G　　　　（D）E

96. 当避雷器瓷质裂纹造成放电时,应设法将（　　）避雷器停用,以免造成事故扩大。
　（A）三相　　　（B）故障相　　　（C）两相　　　（D）部分

97. 电力变压器调整电压的方法是在其某一侧绕组上设置分接,改变（　　）从而达到改变电压比的有级调整电压的方法。
　（A）电压　　　（B）电流　　　（C）绕组　　　（D）绕组的匝数

98. 盘、柜单独或成列安装时,其垂直度的允许偏差为每米（　　）。
　（A）1.5 mm　　　（B）2 mm　　　（C）2.5 mm　　　（D）3 mm

99. 盘、柜内的配线应采用其截面不小于 1.5 mm²,电压不低于（　　）的铜芯绝缘导线。
　（A）250 V　　　（B）400 V　　　（C）500 V　　　（D）600 V

100. 倒闸操作票在执行中,每一步操作完毕后,由（　　）在操作票上打一个"√"符号,操作人和监护人到现场检查操作的正确性,然后再执行下一步操作任务。

(A)操作人　　　　　(B)监护人　　　　　(C)班长　　　　　(D)值班长

101. 变配电所倒闸操作票是由主管部门负责人或值班调度员发布命令或通知,由正值班员(监护人)接受命令并做好记录,经复述并与副值班员(操作人)仔细核对图样(或模拟盘)和现场实际设备后,由(　　)填写操作票,由正值班员(监护人)负责严格审查后确定的。

(A)正值班员(监护人)　　　　　(B)副值班员(操作人)

(C)主管部门负责人或调度员　　　　　(D)值班长

102. 接受倒闸操作命令时(　　)。

(A)要有监护人和操作人在场,由监护人接受

(B)只要监护人在场,操作人也可以接受

(C)由变电站(所)长接受

(D)要有监护人和操作人在场,由操作人接受

103. 雷雨天气,需要巡视室外高压设备时,应(　　)。

(A)穿绝缘靴,并不得靠近避雷器和避雷针

(B)无任何安全措施,可单独巡视

(C)穿绝缘靴,可靠近任何设备

(D)穿绝缘靴,但可靠近避雷器和避雷针

104. 两根绝缘电线(或电缆)穿于同一根管时,管内径不应小于两根导线(或电缆)外径之和的(　　)。

(A)1.25 倍　　　　　(B)1.35 倍　　　　　(C)1.45 倍　　　　　(D)1.65 倍

105. 隔离开关在结构上没有特殊的(　　),不允许用它带负载进行拉闸或合闸操作。

(A)铁芯　　　　　(B)中性点　　　　　(C)灭弧装置　　　　　(D)绕组

106. 下列电流类型中,人体被电击后危及生命的电流是(　　)。

(A)感知电流　　　　　(B)摆脱电流　　　　　(C)致命电流　　　　　(D)检测电流

107. 隔离开关和断路器合闸时的操作顺序是(　　)。

(A)先用断路器将负荷电路切断,再断开隔离开关

(B)先将隔离开关合闸,再用断路器将负荷电路接通

(C)隔离开关合闸的同时,用断路器将负荷电路接通

(D)以上都是错误的

108. 隔离开关和断路器分闸时的操作顺序是(　　)。

(A)先用断路器将负荷电路切断,再断开隔离开关

(B)先将隔离开关合闸,再用断路器将负荷电路接通

(C)隔离开关合闸的同时,用断路器将负荷电路接通

(D)以上都是错误的

109. 导线过楼板时,应穿钢管保护,钢管长度应从高于楼板(　　)处引至楼板下出口为止。

(A)2 m　　　　　(B)3 m　　　　　(C)1.8 m　　　　　(D)4 m

110. 钢管穿线时,管内导线的总面积(包括绝缘层),不得超过管子的有效截面积的(　　)。

(A)40%　　　　　(B)50%　　　　　(C)60%　　　　　(D)80%

111. 处理电容器故障时,虽然电容器组已通过放电电阻自行放电,但仍会有部分残余电荷存在,修理时必须进行(　　)放电。

(A)长时间　　　(B)人工　　　(C)永久性　　　(D)短时间

112. 使用万用表带电测量时,严禁带电情况下测量(　　)。

(A)功率　　　(B)电流　　　(C)电压　　　(D)电阻

113. 重复接地的作用是降低漏电设备外壳的对地电压,减轻(　　)断线时的危险。

(A)地线　　　(B)相线　　　(C)零线　　　(D)设备

114. 一般情况下,电缆根数为(　　)时可以建隧道,电缆敷设在电缆隧道内。

(A)6 条以上　　　(B)20 条以上　　　(C)30 条以上　　　(D)40 根以上

115. 配电线路横担安装好后,其端部上下倾斜不应超过(　　)。

(A)10 mm　　　(B)20 mm　　　(C)50 mm　　　(D)60 mm

116. 纸绝缘电缆的电缆纸的表面耐电压强度只有垂直于电缆纸方向的耐电压强度的(　　),因而使得统包型电缆的工作电压不能太高,被限制在 10 kV。

(A)0.1 倍　　　(B)0.5 倍　　　(C)0.8 倍　　　(D)0.9 倍

117. 送电线路上采用的绝缘子,用作(　　)导线,使之与杆塔绝缘,保障线路安全可靠地传输电力。

(A)支持　　　(B)悬挂　　　(C)支持或悬挂　　　(D)悬垂

118. 一般情况下,当电缆根数较少,且敷设距离较长时,宜采用(　　)法。

(A)直埋敷设　　　(B)电缆沟敷设　　　(C)电缆隧道敷设　　　(D)电缆排管敷设

119. 直埋电缆敷设时,电缆上、下均应铺不小于 100 mm 厚的砂子,并铺保护板或砖,其覆盖宽度应超过电缆直径两侧(　　)。

(A)25 mm　　　(B)50 mm　　　(C)100 mm　　　(D)150 mm

120. 电缆埋入非农田地下的深度不应小于(　　)。

(A)0.6 m　　　(B)0.7 m　　　(C)0.8 m　　　(D)1 m

121. 测量两个零件相配合表面间隙的量具是(　　)。

(A)塞尺　　　(B)角尺　　　(C)千分尺　　　(D)钢尺

122. 电缆管的排水坡度不应小于(　　)。

(A)0.1%　　　(B)0.5%　　　(C)1%　　　(D)2%

123. 电压互感器的变比误差与(　　)无关。

(A)励磁电流　　　(B)二次负载大小
(C)一次负载功率因数　　　(D)一次电压波动

124. 直埋电缆与热力管道交叉时,应大于或等于最小允许距离,否则在接近交叉点前 1 m 范围内,要采用隔热层处理,使周围土壤的温升在(　　)以下。

(A)5℃　　　(B)10℃　　　(C)15℃　　　(D)24℃

125. 高压油浸纸绝缘电缆的预防性试验项目,主要是耐压试验,试验电压是(　　)。

(A)直流　　　(B)交流　　　(C)交直流均可　　　(D)500 V

126. 电压互感器在运行中,为避免很大的短路电流而烧坏互感器,所以要求(　　)。

(A)严禁二次线圈短路　　　(B)严禁过负荷
(C)严禁二次线圈开路　　　(D)严禁超频率

127. 架空线路分为高压架空线和低压架空线路两种。高于（　　）的是高压架空线路,反之为低压架空线路。

(A)1 kV　　　　　(B)10 kV　　　　　(C)500 V　　　　　(D)250 V

128. 35 kV 以下架空线路多用（　　）。

(A)铁塔　　　　　(B)钢筋混凝土杆　　(C)木杆　　　　　(D)竹竿

129. 下列电流类型中,能使人体感觉到,但不遭受伤害的电流是（　　）。

(A)感知电流　　　(B)摆脱电流　　　(C)致命电流　　　(D)检测电流

130. 电工钳、电工刀、螺钉旋具属于（　　）。

(A)电工基本安全用具　　　　　(B)电工辅助安全用具

(C)电工基本工具　　　　　　　(D)一般防护安全用具

131. 1 kV 及以下架空线路通过居民区时,导线与地面的距离在导线最大弛度时,应不小于（　　）。

(A)5 m　　　　　(B)6 m　　　　　(C)7 m　　　　　(D)8 m

132. 下列电流类型中,人体电击后能够自主摆脱,会有疼痛、心率障碍感的电流是（　　）。

(A)感知电流　　　(B)摆脱电流　　　(C)致命电流　　　(D)检测电流

133. 架空电力线路严禁跨越爆炸危险场所,两者之间最小水平距离为杆塔高度的（　　）。

(A)1 倍　　　　　(B)1.5 倍　　　　(C)3 倍　　　　　(D)3.5 倍

134. 架空线路同一挡距内同一导线上的接头不得超过（　　）。

(A)1 个　　　　　(B)2 个　　　　　(C)3 个　　　　　(D)4 个

135. 避雷针一般采用（　　）接地。

(A)单独　　　　　(B)共用　　　　　(C)间接　　　　　(D)均可

136. 安全带是登杆作业的保护用品,使用时系在（　　）。

(A)腰间　　　　　(B)臀部　　　　　(C)腿部　　　　　(D)胸部

137. 如果触电者心跳停止而呼吸尚存,应立即对其施行（　　）急救。

(A)仰卧压胸法　　　　　　　　(B)俯卧压背法

(C)胸外心脏按压法　　　　　　(D)口对口呼吸法

138. 电工操作前,必须检查工具、测量仪器和绝缘用具是否灵敏可靠,应（　　）失灵的测量仪表和绝缘不良的工具。

(A)禁止使用　　　　　　　　　(B)谨慎使用

(C)视工作急需,暂时使用　　　(D)使用

139. 如果线路上有人工作,停电作业时应在线路开关和刀闸操作手柄上悬挂（　　）的标志牌。

(A)止步、高压危险　　　　　　(B)禁止合闸、线路有人工作

(C)在此工作　　　　　　　　　(D)不需挂牌

140. 快热式电烙铁持续通电时间不可超过（　　）。

(A)2 min　　　　(B)5 min　　　　(C)10 min　　　　(D)20 min

141. 喷灯使用前应先加油,油量为储油罐的（　　）。

(A)1/2　　　　　(B)3/4　　　　　(C)1/3　　　　　(D)1/5

142. 弯管器是由一个铁弯头和一段铁管组成,它可以弯直径为( )的铁管。
(A)50 mm 以下 (B)100 mm 以下 (C)120 mm (D)150 mm

143. 为了避免靠梯翻倒,靠梯梯脚与墙之间的距离不应小于( )。
(A)梯长为 1/4 (B)梯长的 1/2 (C)梯长的 1/3 (D)梯长的 2/5

144. 相位表通常采用( )仪表。
(A)磁电系 (B)电磁系 (C)电动系 (D)滞动系

145. 保护接地的主要作用是( )和减少流经人身的电流。
(A)防止人身触电 (B)减少接地电流 (C)降低接地电压 (D)短路保护

146. 交联聚乙烯绝缘电缆的长期运行温度是( )。
(A)70℃ (B)90℃ (C)110℃ (D)120℃

147. 纸绝缘电缆金属护层(铅护套或铝护套)的主要作用是( )。
(A)防尘 (B)防水 (C)防机械损伤 (D)防腐蚀

148. 下列电缆绝缘材料中,最怕水和潮气的是油浸纸绝缘,运行温度最低的是聚乙烯绝缘(PE),介质损耗大,不宜用于高电压等级的是( )。
(A)油浸纸绝缘 (B)聚氯乙烯绝缘(PVC)
(C)聚乙烯绝缘(PE) (D)交联聚乙烯绝缘(XLPE)

149. 法律地位和法律效力最高的是( )。
(A)宪法 (B)法律 (C)行政法规 (D)地方性法规

150. 具有良好导电性的是( )电刷,且载流量大。
(A)石墨 (B)电化石墨 (C)金属石墨 (D)非金属

151. 蓄电池在浮充电状态时,电解液面的正常位置是( )。
(A)高于电池下方的红线 (B)低于电池上方的红线
(C)处于电池红线处 (D)以上答案均可

152. 下列不属于三大法律制裁的是( )。
(A)行政制裁 (B)劳动教养 (C)刑事制裁 (D)民事制裁

153. 从业人员在作业过程中,应当严格遵守本单位的安全生产规章制度和( ),服从管理,正确佩戴和使用劳动防护用品。
(A)安全规程 (B)操作规程 (C)作业规程 (D)规章制度

154. 定期检查电缆和电气设备的绝缘,并按规定做( )实验。
(A)阶段性 (B)现场 (C)预防性 (D)试探性

155. 扩孔时,因切削深度较小,切削角度可取( )值,使切削省力。
(A)很大 (B)较大 (C)很小 (D)较小

三、多项选择题

1. 发电厂将燃料的热能、水流的( )或核能等转换为电能。
(A)动能 (B)太阳能 (C)位能 (D)风能

2. 电力网按其在电力系统中的作用不同,分为( )。
(A)变电网 (B)输电网 (C)发电网 (D)配电网

3. 中压配电网包括( )电压等级。

(A)35 kV　　　　(B)10 kV　　　　(C)6 kV
(D)3 kV　　　　(E)500 V

4. 电力生产具有(　　)在同一时间内完成的特点。
(A)变电　　(B)发电　　(C)供电　　(D)用电

5. 电力负荷是指用电设备或用电单位所消耗的(　　)。
(A)电能　　(B)电功率　　(C)容量　　(D)电流

6. 电力网负荷由(　　)组成。
(A)用电负荷　　(B)电路损失负荷　　(C)高峰负荷　　(D)供电负荷

7. 按发生时间不同负荷可分为(　　)。
(A)高峰负荷　　(B)用电负荷　　(C)低谷负荷　　(D)平均负荷

8. 电气主接线的基本要求有(　　)
(A)保证必要的供电可靠性和电能质量　　(B)具有一定的灵活性和方便性
(C)具有经济性　　(D)具有发展和扩建的可能性

9. 一般防护安全用具有(　　)。
(A)携带型接地线　　(B)临时遮栏提示牌
(C)安全牌　　(D)近电报警器

10. 遮栏分为(　　)三种。
(A)栅遮栏　　(B)临时遮栏　　(C)绝缘挡板　　(D)绝缘罩

11. 标示牌按用途可分为(　　)。
(A)禁止　　(B)允许　　(C)请勿　　(D)警告

12. 电流对人体的伤害可以分为两种类型,即(　　)。
(A)击倒　　(B)电伤　　(C)电击　　(D)触电

13. 电伤是指由于电流的热效应、化学效应和机械效应对人体的外表造成的局部伤害,如(　　)等。
(A)电灼伤　　(B)电烙印　　(C)皮肤金属化　　(D)电过敏

14. 电灼伤一般分为(　　)两种。
(A)接触灼伤　　(B)电烙印　　(C)皮肤金属化　　(D)电弧灼伤

15. 皮肤金属化是由于高温电弧使周围金属(　　)并飞溅渗透到皮肤表面形成的伤害。
(A)导电　　(B)熔化　　(C)过热　　(D)蒸发

16. 电击是指电流流过人体内部,造成人体内部器官的伤害。电击使人致死的原因:(　　)。
(A)流过心脏的电流过大、持续时间过长　　(B)电流大,使人产生窒息
(C)流过心脏的电流过小、持续时间过短　　(D)电流小,使人产生窒息

17. 按电流通过人体时的生理机能反应和对人体的伤害程度,可将电流分为以下几类:(　　)。
(A)感知电流　　(B)摆脱电流　　(C)致命电流　　(D)接触电流

18. 感知电流通过人体时,人体有(　　)的感觉。
(A)疼痛　　(B)酥麻　　(C)灼热　　(D)挤压

19. 电气安全用具按其基本作用可分为(　　)两大类。

(A)特殊安全用具　　　　　　　　　(B)保护安全用具

(C)绝缘安全用具　　　　　　　　　(D)一般防护安全用具

20．绝缘安全用具是用来防止工作人员直接电击的安全用具。它分为（　　　）两种。

(A)基本安全用具　　　　　　　　　(B)特殊安全用具

(C)辅助安全用具　　　　　　　　　(D)保护安全用具

21．根据变电站在电网中的（　　　）等可分为不同的类型。

(A)作用　　　　　　(B)位置　　　　　　(C)控制方式　　　　　(D)布置方式

22．高压断路器按不同灭弧介质有（　　　）。

(A)油断路器　　　　(B)真空断路器　　　(C)六氟化硫断路器　(D)空气开关

23．变压器的铁芯是磁路部分，由（　　　）两部分组成。

(A)绕组　　　　　　(B)铁芯柱　　　　　(C)铁轭　　　　　　(D)散热器

24．保证安全的组织措施主要有（　　　）。

(A)工作票制度　　　　　　　　　　(B)工作许可制度

(C)工作监护制度　　　　　　　　　(D)工作间断、转移和终结制度

25．电气设备上工作的安全技术措施有（　　　）。

(A)停电　　　　　　　　　　　　　(B)验电

(C)装设接地线　　　　　　　　　　(D)悬挂警告牌和装设遮栏

26．人体触电的种类有（　　　）。

(A)单相触电　　　　(B)两相触电　　　　(C)跨步电压触电　　(D)接触电压触电

27．下列用于扑灭一般电气火灾的灭火器材有（　　　）。

(A)七氟丙烷　　　　(B)二氧化碳　　　　(C)泡沫　　　　　　(D)四氯化碳

28．静电的危害主要包括（　　　）。

(A)引起爆炸和火灾　(B)静电电击　　　　(C)妨碍生产　　　　(D)引起大电流

29．防止静电措施主要包括（　　　）。

(A)静电控制法　　　(B)自然泄漏法　　　(C)静电中和法　　　(D)静电接地

30．电力变压器一般应装设的保护有（　　　）。

(A)瓦斯保护、差动保护或电流速断保护　(B)过电流保护、过负荷保护

(C)温度保护　　　　　　　　　　　(D)接地保护、低电压保护

31．在工业企业中，备用电源的自动投入装置一般有（　　　）基本形式。

(A)明备用　　　　　(B)暗备用　　　　　(C)旁路备用　　　　(D)发电机备用

32．目前硅橡胶的主要用途为（　　　）。

(A)电缆附件　　　　(B)密封　　　　　　(C)电气防护　　　　(D)绝缘子

33．拨打急救电话时，应说清（　　　）。

(A)受伤的人数　　　(B)患者的伤情　　　(C)地点　　　　　　(D)患者的姓名

34．导线截面积的选择原则是（　　　）。

(A)发热条件　　　　(B)经济电流密度　　(C)机械强度　　　　(D)允许电压损耗

35．敷设电缆线路的基本要求是（　　　）。

(A)满足供配电及控制的需要　　　　(B)运行安全

(C)线路走向经济合理　　　　　　　(D)使电缆长度最短，转向为直角

36. 电缆线路发生故障的主要原因有(　　)。
(A)电缆受外力引起机械损伤　　　　　　(B)绝缘老化
(C)因腐蚀使保护层损坏　　　　　　(D)因雷击、过载或其他过电压使电缆击穿

37. 冷缩材料使用时应(　　)。
(A)核对材料电压等级与实际需要相符　　　(B)按工艺产品说明进行操作
(C)使用部位必须进行清洁处理　　　　(D)使用时没有特殊要求

38. 6 kV 三相异步电动机一相电源断线时,另外两相(　　)。
(A)电流减小　　　　(B)电压降低　　　　(C)电流升高　　　　(D)电压升高

39. 变配电所平面布置图包括(　　)布置图。
(A)电气平面　　　　(B)土建平面　　　　(C)电气断面　　　　(D)电气剖面

40. 过电流保护必须满足下列要求:(　　)。
(A)选择性　　　　(B)速动性　　　　(C)可靠性　　　　(D)单一性

41. 电气设备维修的一般质量要求有(　　)。
(A)采取的步骤和方法必须正确、切实可行
(B)不得损坏完好器件,不得随意更换器件及更改线路
(C)电气设备的保护性能必须满足要求
(D)绝缘电阻合格,通电运行能满足电路的各种功能

42. 提高设备功率因数的方法有(　　)。
(A)提高设备的负荷法　　　　　　(B)提高自然功率法
(C)提高电源的利用率法　　　　　　(D)无功补偿法

43. 变压器运行中发生异常声响的可能原因有(　　)。
(A)因过负荷引起　　　　　　(B)内部接触不良放电打火
(C)个别零件松动　　　　　　(D)系统无接地或短路

44. 变压器在电力系统中的主要作用是(　　)。
(A)变换电压　　　　　　(B)增加线路损耗
(C)提高功率因数　　　　　　(D)提高送电经济性

45. 由(　　)组成的整体称为电力系统。
(A)发电　　　　　　(B)输电　　　　　　(C)变电
(D)配电　　　　　　(E)用电

46. 大型电力系统主要在技术、经济上具有(　　)优点。
(A)提高供电可靠性　　　(B)减少系统的备用容量　　　(C)降低系统的高峰负荷
(D)提高供电质量　　　(E)便于利用大型动力资源

47. 变电所是连接电力系统的中间环节,用以(　　)。
(A)汇集电源　　　　(B)升降电压　　　　(C)分配电力　　　　(D)统计数据

48. 变电所通常由(　　)和相应的设施以及辅助生产建筑物等组成。
(A)节能装置　　　　　　(B)高低压配电装置
(C)主变压器　　　　　　(D)主控制室

49. 变电所根据其在系统中的位置、性质、作用及控制方式等,可以分为(　　)。
(A)升压变电所　　　　(B)降压变电所　　　　(C)枢纽变电所

(D)地区变电所   (E)终端变电所

50. 电压质量分为(   )。

(A)电压允许偏差   (B)电压允许波动与闪边

(C)公用电网谐波   (D)三相电压允许不平衡度

51. 供电可靠性是指供电企业某一统计期内对用户停电的(   ),可以直接反应供电企业持续向用电单位的供电能力。

(A)时间   (B)次数   (C)原因   (D)范围

52. 电力变压器按冷却介质可分为(   )

(A)特种变压器   (B)油浸式变压器   (C)单相变压器   (D)干式变压器

53. 发电厂的发电机输出电压由于受发电机绝缘水平限制,通常为(   ),最高不超过20 kV。

(A)6.3 kV   (B)5.4 kV   (C)8.6 kV   (D)10.5 kV

54. 铁芯的结构一般分为(   )两类。

(A)芯式   (B)壳式   (C)立式   (D)卧式

55. 变压器的铁芯采用硅钢片叠制而成。硅钢片有(   )两种。

(A)冷轧   (B)热轧   (C)软轧   (D)硬轧

56. 国产冷轧硅钢片的厚度为(   )等几种。

(A)0.27 mm   (B)0.30 mm   (C)0.35 mm

(D)0.40 mm   (E)0.45 mm

57. 绕组是变压器的电路部分,一般用绝缘纸包的(   )绕制而成。

(A)铁线   (B)铝线   (C)铜线   (D)钢线

58. 当变压器容量在 50 MVA 及以上时,则采用(   )两种冷却方式。

(A)强迫油循环水冷却   (B)强迫油循环风冷却

(C)油浸式自然空气冷却   (D)强迫油循环导向冷却

59. 变压器调压方式通常分为(   )两种方式。

(A)无励磁调压   (B)励磁调压   (C)有载调压   (D)无载调压

60. 对触电人员进行救护的心肺复苏法是(   )。

(A)通畅气道   (B)口对口人工呼吸   (C)胸外挤压   (D)打强心针

61. 互感器分(   )两大类。

(A)电压互感器   (B)电流互感器   (C)频率互感器   (D)电容互感器

62. 走出可能产生跨步电压的区域应采用的正确方法是(   )。

(A)单脚跳出   (B)双脚并拢跳出   (C)大步跨出   (D)爬出

63. 电压互感器的准确等级通常分为(   )等级。

(A)0.2   (B)0.5   (C)1.0   (D)3.0

64. 电压互感器的容量是指其二次绕组允许接入的负载功率,分(   )两种。

(A)平均容量   (B)最大容量   (C)额定容量   (D)最小容量

65. 个别电流互感器在运行中损坏需要更换时,应选择电压等级与电网额定电压相同(   )的电流互感器,并测试合格。

(A)变比相同   (B)准确级相同   (C)极性正常   (D)伏安特性相近

66. 3～35 kV常用的高压电器有（　　　）。
(A)断路器　　　　　(B)隔离开关　　　　　(C)负荷开关
(D)熔断器　　　　　(E)电容器

67. 高压电器广泛地应用在发电厂、变电所中，它们（　　　）的运行，对电力系统是极其重要的。
(A)间断　　　(B)安全　　　(C)可靠　　　(D)正常

68. 电力系统中相与相之间或相与地之间通过（　　　）连接而形成的非正常状态称为短路。
(A)金属导体　　(B)较大阻抗　　(C)电弧　　(D)较小阻抗

69. 三相电力系统中短路的基本类型有（　　　）。
(A)三相短路　　(B)两相短路　　(C)两相接地短路　　(D)单相短路

70. 触头间介质击穿电压的大小与触头之间的（　　　）等因素有关。
(A)电流　　(B)温度　　(C)离子浓度　　(D)距离

71. 高压断路器按灭弧原理或灭弧介质可分为（　　　）。
(A)油断路器　　　　　(B)真空断路器
(C)六氟化硫断路器　　　　　(D)二氧化碳断路器

72. 油断路器可分为（　　　）。
(A)多油断路器　　　　　(B)真空断路器
(C)六氟化硫断路器　　　　　(D)少油断路器

73. 真空断路器的（　　　）触头安装在真空灭弧室内。
(A)动　　(B)安全　　(C)静　　(D)真空

74. 电磁操动机构的缺点是（　　　）。
(A)合闸功率大　　　　　(B)需要配备大容量的直流合闸电源
(C)机构笨重　　　　　(D)机构耗材多

75. 隔离开关不允许带负载进行（　　　）。
(A)拉闸　　　　　(B)合闸
(C)观察开关闭合情况　　　　　(D)触摸分合闸按钮

76. 隔离开关的主要作用是（　　　）。
(A)给变压器供电　　　　　(B)隔离电源
(C)倒闸操作　　　　　(D)拉、合无电流或小电流电路

77. 高压负荷开关是高压电路中用于在额定电压下（　　　）负荷电流的专用电器。
(A)变换　　(B)接通　　(C)断开　　(D)控制

78. 负荷开关按使用场所分为（　　　）。
(A)户内式　　(B)户外式　　(C)真空式　　(D)压气式

79. 高压熔断器按工作特性可分为（　　　）。
(A)有限流作用　　(B)无限流作用　　(C)户内式　　(D)户外式

80. 架空导线是架空电力线路的主要组成部件，其作用是（　　　）。
(A)传输电流　　(B)固定杆塔　　(C)输送电功率　　(D)连接作用

81. 架空导线的材料有（　　　）等。

(A)铜　　　　　　　(B)铝　　　　　　　(C)铁

(D)钢　　　　　　　(E)铝合金

82. 常用绝缘子的种类有(　　)。

(A)针式绝缘子　　　　　(B)柱式绝缘子　　　　(C)瓷横担绝缘子

(D)悬式绝缘子　　　　　(E)棒式绝缘子　　　　(F)蝶式绝缘子

83. 横担按材质的不同可分为(　　)。

(A)复合材料横担　　(B)木横担　　　　(C)铁横担　　　　(D)瓷横担

84. 6~10 kV 电力线路的继电保护比较简单,只有(　　)两种方式。

(A)过电压保护　　(B)过电流保护　　(C)电流速断　　(D)电压速断

85. 基本安全用具是指那些绝缘强度能长期承受设备的工作电压,并且在该电压等级产生内部过电压时能保证工作人员安全的工具。例如(　　)。

(A)绝缘杆　　　　(B)绝缘夹钳　　　(C)验电器　　　(D)绝缘手套

86. 辅助安全用具是指那些主要用来进一步加强基本安全用具绝缘强度的工具。例如(　　)。

(A)绝缘杆　　　　(B)绝缘手套　　　(C)绝缘靴　　　(D)绝缘垫

87. 以下属于劳动保护内容的是(　　)。

(A)劳动安全卫生　　　　　　　　(B)工时与休假

(C)女职工与未成年人劳动的特殊保护　　(D)治安处罚条例

88. 下列情况属于违章作业的是(　　)。

(A)任意拆除设备上的照明设施　　　(B)随意拆除设备上的安全保护装置

(C)特种作业持证者独立进行操作　　(D)未经许可开动、关停、移动机器

89. 以下属于安全用电做法的是(　　)。

(A)车间内不乱接电线和使用电器

(B)作业完毕后拉闸断电,锁好开关箱、配电箱

(C)配电箱、开关箱留出足够两人同时操作的空间和通道

(D)配电箱、开关箱存放物品

90. 以下属于安全生产规章制度的是(　　)。

(A)严禁在禁火区域吸烟、动火

(B)严禁在上岗前和工作时间饮酒

(C)严禁擅自移动或拆除安全装置和安全标志

(D)可以触摸与己无关的设备、设施

(E)严禁在工作时间串岗、离岗、睡岗或嬉戏打闹

91. 下列对疏散指示标志设置要求,描述正确的有(　　)。

(A)应急照明灯和灯光疏散指示标志应在其外面加设玻璃或其他不燃烧透明材料制成的保护罩

(B)疏散通道出口处的疏散指示标志应设在门框边缘或门的上部

(C)疏散通道中,疏散指示标志(包括灯光式)宜设在通道两侧及拐弯处的墙面上

(D)疏散指示标志应为绿色

92. 目前常用绝缘材料分为(　　)几类。

(A)无机绝缘材料　　(B)有机绝缘材料　　(C)混合绝缘材料　　(D)耐热绝缘材料

93. 电气原理图阅读的方法和步骤有( )。
(A)先机后电、先主后辅 　　(B)化整为零
(C)集零为整、通观全局 　　(D)总结特点

94. 电气控制系统图分为( )三类。
(A)电气原理图 　　(B)电气元件布置图
(C)电气安装接线图 　　(D)电气结构图

95. 电气控制线路检修的方法有( )几种。
(A)直观检查法、测量电压法 　　(B)测量电阻法、置换元件法
(C)对比法、逐步接入法 　　(D)强迫逼合法、短接法

四、判 断 题

1. 供配电回路停送电时须约定时间进行。( )

2. 设备大修后不必进行质量验收。( )

3. 新电气元件不必进行质量检测。( )

4. 电气工程竣工验收时,只要能满足生产即可接收。( )

5. 维修质量差往往是故障或事故的源泉。( )

6. 维修设备时,弄乱的电气布线一定要及时理顺。( )

7. 配线时,线管内导线接头多几个没关系,不用重新换线。( )

8. 用电人应当按照国家有关规定和当事人的约定及时交付电费。( )

9. 因自然灾害等原因断电,未及时抢修,造成用电人损失的,供电单位不应当承担损害赔偿责任。( )

10. 当事人没有约定或者约定不明确的,供电设施的产权分界处为履行地点。( )

11. 电工对单位管理人员违章指挥、强令冒险作业,无权拒绝执行。( )

12. 电路中某点的电位是该点对参考点的电压,随参考点的改变而改变。( )

13. 直流耐压 220 V 的电容器,也可以接到 220 V 的交流电路中使用。( )

14. 正弦交流电流的瞬时值表达为 $I = I_m \sin(\omega t - 30°)$。( )

15. 三相对称负载作星形连接时,可取消中线。( )

16. 凡负载作三角形连接时,线电流必定是相电流的 $\sqrt{3}$ 倍。( )

17. 三相对称负载不论星形连接还是作三角形连接,其有功功率均为: $P = \sqrt{3} U_{线} I_{线} \cos\Phi$。
( )

18. 三相对称负载作三角形连接时的功率为作星形连接时的功率的 3 倍。( )

19. 自耦变压器有较好的调压性能,可用来作为车间安全电源变压器。( )

20. 硅稳压二极管只有工作在正向导通状态,才能起到稳压的作用。( )

21. 硅二极管的正向压降为 0.3 V,锗二极管的正向压降为 0.7 V。( )

22. 在变压器次级电压相同的情况下,单相桥式整流电路输出的直流电压和电流都比单相半波整流电路高一倍。( )

23. 多层横担应装设在同一侧,低压在上、高压在下。( )

24. 由于地形限制,电杆无法装设拉线时,可以用撑杆代替拉线。( )

25. 室内配线的电线管与煤气管,乙炔管或氧气管之间的水平距离或交叉距离不得小于

100 mm。（　　　）

26. 隔离开关不仅能隔离电源,还能断开负荷电流和短路电流。（　　　）

27. 10 kV 以下横担安装距杆顶不得低于 250 mm。（　　　）

28. 在实际工作中一般采用改变电枢两端的电压极性来改变直流电动机的转向。（　　　）

29. 我国规定的安全电压的额定值等级为 42 V、36 V、24 V、12 V、6 V,但 42 V 和 36 V 并非绝对安全。（　　　）

30. 一般电工仪表的准确度越高,价格越贵,维修越困难。（　　　）

31. 准确度为 1.5 级的仪表,测量的基本误差为 ±3%。（　　　）

32. 要测量较高频率电压或电流,可选用静电系或电子系仪表。（　　　）

33. 根据被测量大小,选择仪表适当的量程,要能使被测量为仪表量程的 1/2～2/3 以上为好。（　　　）

34. 交、直流两用电压表常采用电动系类型仪表。（　　　）

35. 电压互感器二次绕组不允许开路,电流互感器二次绕组不允许短路。（　　　）

36. 电流表接入电路时,应在断电下进行。（　　　）

37. 电动系电流表由定圈和动圈串联起来接入电路,可通过接入电抗和电容与动圈匹配,使仪表工作在较宽的频率范围。（　　　）

38. 钳形电流表可做成既能测交流电流,也能测量直流电流。（　　　）

39. 使用万用表测量电阻,每换一次欧姆挡都要把指针调零一次。（　　　）

40. 使用万用表测量电阻,不许带电进行测量。（　　　）

41. 用兆欧表测绝缘物的绝缘电阻时,若其表面漏电严重,影响不易除去时,需用"保护"或"屏蔽"接线柱适当接线,消除表面漏电影响。（　　　）

42. 兆欧表摇测速度规定为 120 r/min,可以有 ±20% 的变化,最多不应超过 ±25%。（　　　）

43. 绝缘电阻值随摇测时间的长短而不同,一般采用 1 min 后的读数。但遇到电容量特别大的被测绝缘物时,应等到兆欧表指针稳定不变时再读数。（　　　）

44. 测量交流电路的有功电能时,因是交流电,故其电压线圈、电流线圈的各两个端可任意接在线路上。（　　　）

45. 用两只单相电能表测量三相三线有功负载电能时,出现有一个表反转,这肯定是接线错误。（　　　）

46. 电能表要根据说明书上的接线图或电能表上的接线图把进线和出线电压与电流线圈的极性依次对号进行接线。（　　　）

47. 测量交直流功率的仪表大多采用磁电系结构。（　　　）

48. 电动系功率表的电流线圈接反会造成指针反偏转,但若同时把电压线圈也反接,则可正常运行。（　　　）

49. 电动系电流表的固定绕组用来产生磁场,常与可动绕组串联起来接入电路中,可做成交直流两用表,准确度可达 0.1～0.05 级,适合于实验室使用或作交流标准表用。（　　　）

50. 使用万用表时,根据测量对象首先选择好种类,再选择好量程。如测量电压时,如果误把种类旋钮选为测量电阻,进行测量时可能把表头损坏或烧损表内元件。（　　　）

51. 不可用万用表欧姆挡直接测量微安表、检流计或标准电池的内阻。（　　　）

52. 选用电动式功率表时,电压、电流量程都要与负载电压、电流相适应。电流量程要能

通过负载电流,电压量程要能承受负载电压。(　　)

53. 采用"功率表电压绕组后接"的电路,适用于负载电阻远比功率表电流绕组电阻大得多的情况,这时功率表的功率消耗对测量结果影响较小。(　　)

54. 低功率因数表可以用来测量功率因数较低的交流电路功率,也可以用来测量交直流电路中的小功率。(　　)

55. 电烙铁的保护接线端可以接线,也可以不接线。(　　)

56. 喷灯的燃烧温度可达 900℃ 以上,常用来对大截面铜导线及铜排的搪锡、加热和焊接电缆铅包层等。(　　)

57. 手动油压接钳可以用来压接截面为 16～240 mm² 的铜铝导线。(　　)

58. 装接地线时,应先装三相线路端,然后装接地端;拆时相反,先拆接地线端,后拆三相线路端。(　　)

59. 移动式电气设备及线路,极易遭到拉、磨、压、碰撞、振动而损坏,有较大的触电危险性,必须采取安全措施来预防。(　　)

60. 交流电流表和电压表所指示的都是有效值。(　　)

61. 在人字梯上作业时,应将防滑拉绳连接好,两腿必须跨接在梯凳内,不宜采用骑马站立方式,不准两人同梯工作。(　　)

62. 冲击钻装上普通麻花钻头就能在混凝土墙上钻孔。(　　)

63. 绝缘手套有微小漏气可继续使用。(　　)

64. 绝缘靴也可作耐酸、碱、耐油靴使用。(　　)

65. 绝缘手套一般作为使用绝缘棒进行高压带电操作的辅助安全工具。(　　)

66. 绝缘手套和绝缘靴每半年进行一次预防性试验。(　　)

67. 铜有良好的导电、导热性能,机械强度高,但在温度较高时易被氧化,熔化时间短,宜作快速熔体,保护晶体管。(　　)

68. 绝缘材料主要作用是隔离带电的或不同电位的导体,使电流按指定的方向流动。在某些场合下,绝缘材料往往还起机械支撑、保护导体和防电晕、灭弧等作用。(　　)

69. 一般铜、铝的导线载流量之比为 1:0.76,在实际使用中如果用铜导线代替铝导线,可以将截面积减少一级。(　　)

70. LGJ 型钢芯铝绞线,线芯是钢线,用来增强导线的机械强度,导线的外围是铝线,用以通过电流。这种导线用于 10～35 kV 及以下架空线路上。(　　)

71. 铝导线连接时,不能像铜导线那样用缠绕法或绞接法,只是因为铝导线机械强度差。(　　)

72. 架空线路一般多采用多股绞合的裸导线,但在厂区内为了安全多用绝缘导线。(　　)

73. 导线的安全载流量,在不同环境温度下,应有不同数值,环境温度越高,安全载流量越大。(　　)

74. 运行中的电气设备有运行、热备用、冷备用三种不同的运行状态。(　　)

75. 后备保护是当主保护或断路器拒动时用来切除故障的保护。(　　)

76. 高压开关柜在变配电所中,只能起接收和分配电能的作用。(　　)

77. 接地线在每次装设以前应经过详细检查。(　　)

78. 电动机电流速断保护的定值应大于电动机的最大自启动电流。（　　　）

79. 变压器的接线组别是表示高低压绕组之间相位关系的一种方法。（　　　）

80. 接地线可以用缠绕的方法进行接地或短路。（　　　）

81. 10 kV 继电保护做传动试验时，有时出现烧毁出口继电器触点的现象，这是由于继电器触点断弧容量小造成的。（　　　）

82. 不是用钢笔或圆珠笔填写的而且字迹潦草或票面模糊不清，并有涂改者，为不合格的操作票。（　　　）

83. 油断路器和空气断路器都是利用电弧本身能量来熄灭电弧的。（　　　）

84. 操作人填写好操作票后，只要自己审核即可。（　　　）

85. 轻瓦斯动作，作用于信号，重瓦斯动作，作用于跳闸。（　　　）

86. 新安装的变压器差动保护在变压器充电时，应将差动保护停用，瓦斯保护投入运行，待测试差动保护极性正确后再投入运行。（　　　）

87. 合格的验电器是指铭牌电压与被试线路电压等级相符，已按规定周期试验合格的，即可认为是合格验电器。（　　　）

88. 清扫运行中的设备和二次回路时，应认真仔细，并使用绝缘工具（毛刷、吹风设备等），特别注意防止振动、防止误碰。（　　　）

89. 操作票应填写设备的双重名称，即设备名称和编号。（　　　）

90. 在发生人身触电时，可不经许可立即断开关断路器。（　　　）

91. 过电流保护可以独立使用。（　　　）

92. 在空载投入变压器或外部故障切除后恢复供电等情况下，有可能产生很大的励磁涌流。（　　　）

93. 电流互感器完全星形接线，在单相和两相短路时，零导线中有不平衡电流存在。（　　　）

94. 隔离开关无灭弧装置，故不能带负荷拉闸。（　　　）

95. 变电所停电时，先拉隔离开关，后切断断路器。（　　　）

96. 变电所送电时，先闭合隔离开关，再闭合断路器。（　　　）

97. 运行中的设备的保护跳闸出口压板投入时，必须先测量压板两端无电压后 5 min 内投入即可，且须填入操作票内。（　　　）

98. 高压隔离开关在运行中，若发现绝缘子表面严重放电或绝缘子破裂，应立即将高压隔离开关分断，退出运行。（　　　）

99. 高压负荷开关与隔离开关主要不同点，是负荷开关有灭弧装置。（　　　）

100. 当高压隔离开关主触点接触不良时，会有较大的电流通过消弧角，引起两个消弧角发热甚至熔焊在一起。（　　　）

101. 高压负荷开关有灭弧装置，可以断开短路电流。（　　　）

102. 隔离开关可以接通和断开 10 kV 容量为 320 kVA 的满载变压器。（　　　）

103. RN 系列高压熔断器作为高压线路、变压器和电压互感器的短路保护，也兼过载保护功能。（　　　）

104. RW 型跌落式熔断器也可以切断大容量负载电流。（　　　）

105. 更换熔断器的管内石英砂时，石英砂颗粒大小都一样。（　　　）

106. 电压互感器的一、二次侧均应装设熔断器,但作为高压电容器放电用的电压互感器例外。(　　)

107. 对强迫油循环水冷或风冷的变压器,上层油温不易经常超过 75℃。(　　)

108. 油浸式电力变压器运行时,气体保护的投入:轻气体接信号,重气体接跳闸。(　　)

109. 无载调压变压器,在变换分接头开关后,应测量各相绕组直流电阻,每相直流电阻差值不大于三相中最小值的 10% 为合格。(　　)

110. 高压断路器具有相当完善的灭弧结构,故既可分合负载电流,也能切断短路电路。它与继电保护配合,具有控制和保护的双重功能。(　　)

111. 对电动操作机构的高压断路器,在运行正常时也可用手动合闸送电。(　　)

112. 通常并联电容器组在切断电路后,通过电压互感器或放电灯泡自行放电,故变电所停电后不必再进行人工放电而可以进行检修工作。(　　)

113. 电容器组每次拉闸之后都必须经过放电,待电荷消失后方可再合闸。(　　)

114. 镉镍蓄电池组出厂时是充满电的。(　　)

115. 蓄电池组在使用一段时间后,发现有的蓄电池电压已很低,多数电池电压仍较高,则可继续使用。(　　)

116. 电流互感器两相星形接线,只用来作为相间短路保护。(　　)

117. 电磁型过电流继电器是瞬时运作的,常用于线路和设备的过电流保护或速断保护。(　　)

118. 信号继电器在继电保护装置中起指示信号作用,便于值班人员迅速找出故障回路,分析故障原因。(　　)

119. 电磁型继电器的电源既可以是交流操作电源,也可以是直流操作电源。(　　)

120. 感应型过流继电器的动作时限与流过的电流平方成正比。(　　)

121. 气体(瓦斯)保护既能反映变压器油箱内部的各种类型的故障,也能反映油箱外部的一些故障。(　　)

122. 无论变压器内部发生轻微故障或严重故障,气体继电器都可使断路器跳闸。(　　)

123. 电流互感器工作时其二次侧接近于短路状态。(　　)

124. 电流互感器的一次电流取决于二次电流,二次电流大,一次电流也变大。(　　)

125. 用于改善功率因数的并联补偿电容器,按规定不允许在 1.1 倍额定电压下长期工作。(　　)

126. 与断路器并联的旁路隔离开关,当断路器在合闸位置时,可接通和断开断路器的旁路隔离开关。(　　)

127. 单极隔离开关,断开一相刀闸时即发现是带负荷断开,此时,对另两相刀闸应迅速操作断开。(　　)

128. 隔离开关运行温度不应超过 70℃,可选用示温片或变色漆进行监视。(　　)

129. 高压熔断器内熔体熔断,须更换时,通常可在电路停电后进行,也可以带电更换,但应按带电作业操作。(　　)

130. 更换高压熔断器熔体,可用焊有锡或铅球的铜或银丝,也可用铅锡合金或锌制的熔体。(　　)

131. 在一经合闸即可送电到工作地点的断路器(开关)和隔离开关(刀闸)的操作把手上,

均应悬挂"禁止合闸,有人工作!"的标示牌。(　　　)

132. 真空断路器适用于 35 kV 及以下的户内变电所、工矿企业中要求频繁操作的场合和故障较多的配电系统,特别适合于断开容性负载电流。其运行维护简单、噪声小。(　　　)

133. 运行中的油断路器,当油标无油时,应停止运行,并禁止带负荷给断路器停电。(　　　)

134. 并联电容器组允许在 1.1 倍额定电压下长期运行,允许超过电容器额定电流的 30% 长期运行。(　　　)

135. 蓄电池室的门窗应严密,防止阳光直射到电池上,应采用磨砂玻璃或普通玻璃刷白漆。(　　　)

136. 感应型过流继电器兼有电磁型电流继电器、时间继电器、信号继电器和中间继电器的功能。它不仅能实现带时限的过电流保护,而且可以实现电流速断保护。(　　　)

137. 小容量变流装置中,一般用快速熔断器,其熔丝额定电流 I_e 应不大于 $1.57I_{VT}$,I_{VT} 为晶闸管元件额定通态电流。(　　　)

138. 一般仪表屏、控制屏可采用斜照型工厂灯、圆球型工厂灯或荧光灯等照明。(　　　)

139. 变配电所值班人员必须熟知有关规章制度,经过专门的技术培训,并经考试合格后持证上岗。(　　　)

140. 巡视配电装置,进入高压室后应将门关好。(　　　)

141. 对于仅是单一的操作、事故处理操作、拉开接地刀闸和拆除仅有的一组接地线的操作,可不必填写操作票,但应记入操作记录本。(　　　)

142. 对开关的操作手柄上加锁、挂或拆指示牌也必须写入操作票。(　　　)

143. 运行电气设备操作必须由两人执行,由工级较低的人担任监护,工级较高者进行操作。(　　　)

144. 变配电所倒闸操作票是根据操作目的、允许拉合范围、顺序、挂接地线的地点等在操作之前提前写出来,经审核后,让操作者有一个充分思考、预审时间。这是防止误操作发生事故的重要措施。(　　　)

145. 变配电所操作中,接挂或拆卸地线、验电及装拆电压互感器回路的熔断器等项目可不填写操作票。(　　　)

146. 测量绝缘时,必须将被测设备从各方面断开,验明无电压,确实证明设备无人工作后,方可进行。在测量中禁止他人接近设备。在测量绝缘前后,必须将被试设备对地放电。(　　　)

147. 每张操作票只能填写出一个操作目的的有关操作任务。(　　　)

148. 操作票填写后,经核对无误后,填写发令时间,监护人和操作人签字后操作票生效。(　　　)

149. 变电所停电操作,在电路切断后的"验电"工作,可不填入操作票。(　　　)

150. 现场抢救触电人员,按压吹气 1 min 后,应采用"看"、"听"、"试"方法在 5~7 s 内完成对触电人员呼吸是否恢复的再判定。(　　　)

151. 抢救触电伤员中,用兴奋呼吸中枢的可拉明、洛贝林,或使心脏复跳的肾上腺素等强心针剂可代替人工呼吸和胸外心脏挤压两种急救措施。(　　　)

152. 电源从厂内总降压变配电所引入的厂内二次变配电所,变压器容量在 500 kVA 以

下的,可以不设专人值班,只安排巡视检查。(　　　)

153. 不论高、低压设备带电与否,值班人员不准单独移开或越过遮拦及警戒线,对设备进行操作或巡视。(　　　)

154. 电气设备停电后,在没有断开电源开关和采取安全措施以前,不得触及设备或进入设备的遮拦内,以免发生人身触电事故。(　　　)

155. 无论哪种起锯,锯条与工件的夹角要适合,一般为 20°左右。(　　　)

五、简 答 题

1. 使用电压互感器应注意什么?

2. 使用电流互感器应注意什么?

3. 用电压表测量电压时应注意什么?

4. 兆欧表摇测绝缘电阻后应注意什么?

5. 低压验电器有何用途?

6. 什么是携带型接地线?

7. 对于不同尺寸、不同材料的工件应如何选择锯条?

8. 在变配电所中,二次接线的定义是什么? 二次回路怎样分类?

9. 简述用压接管压接线法连接多股铝线的方法。

10. 铜、铝导线连接应注意什么?

11. 电力线路导线(电缆)截面的选择应根据哪些条件?

12. 变配电所主接线有哪几种? 铁路企业变配电所一般采用哪种?

13. 简答明敷设导线的施工步骤。

14. 简述暗管敷设导线的施工步骤。

15. 架空线路由哪几部分组成?

16. 我国电力系统中性点的运行方式主要有哪三种? 我国 10～35 kV 电网中普遍采用何种运行方式?

17. 三相变压器 YN 连接的含义是什么?

18. 电缆的绝缘应具备哪些性能?

19. 交联聚乙烯电缆的绝缘层内外均有一层半导电层,它的作用是什么?

20. 简述变配电所开关柜的用途。

21. 巡视检查电缆终端头和中间接头时应注意哪些内容?

22. 试述纸绝缘电缆的优点。

23. 当高压电力电缆、低压电力电缆和控制电缆同沟敷设时,这三种电缆应怎样布置排列?

24. 多芯交联聚乙烯绝缘电缆的允许弯曲半径是多少? 多芯油浸纸绝缘电缆(铅包)的允许弯曲半径是多少?

25. 1 kV 及以下低压电缆终端头和中间接头安装工作的重点是什么?

26. 高压隔离开关在电路中的用途是什么?

27. 测量高电压和大电流为什么使用互感器?

28. 一个 10 kV 电流互感器,有两组二次绕组,铭牌上标以 0.5/3 是什么意思?

29. 工矿企业中为什么采用并联补偿电容器？

30. 对高压油断路器的运行维护应注意什么？

31. 并联电容器组的运行检查应注意什么？

32. 电流互感器二次开路应如何处理？

33. 为什么电压互感器二次侧不允许短路？

34. 户外高压跌落式熔断器的停电操作顺序有什么要求？

35. 简答对在低压侧装设刀开关、断路器的配电变压器停电操作。

36. 变配电所值班巡视工作的任务是什么？

37. 单相桥式整流电路中，如果接反一个二极管，会产生什么结果？如果有一个二极管内部已断路，结果如何？

38. 什么是功率因数？

39. 供电系统对继电保护装置有哪些基本要求？

40. 说明下列型号所表示的意义：SN10—10/300—750 型。

41. 继电保护在电力系统中的作用是什么？

42. 高压断路器按其结构及灭弧方式可分为哪几类？

43. 简述变压器的概念。

44. 什么是继电保护？

45. 变配电所常用仪表有哪些？

46. 什么叫变配电所一次系统模拟图？

47. 试述纸绝缘电缆的缺点。

48. 说明下列型号所表示的意义：DW5—10G/200—50 型。

49. 提高功率因数的意义是什么？

50. 简答对在低压侧装设刀开关、断路器的配电变压器送电操作。

51. 户外高压跌落式熔断器的送电操作顺序有什么要求？

52. 变电站在电网中的作用是什么？

53. 简述高压断路器在电网运行中的作用。

54. 简述高压断路器在电网故障时的作用。

55. 变电运行中防止误操作的"五防"内容是什么？

56. 对设备巡视检查的作用是什么？

57. 变压器运行中哪些现象属于事故状态？

58. 变压器内部故障时会发生哪些异常声响？

59. 避雷器出现哪些情况时应停电处理？

60. 断路器在什么情况下需进行特殊巡视？

61. 倒闸操作的基本要求是什么？

62. 正确执行倒闸操作的关键是什么？

63. 哪些操作应戴绝缘手套或穿绝缘靴？何时应禁止倒闸操作？

64. 如何装设和拆除接地线？

65. 什么情况下应切断操作电源？

66. 二次回路异常时如何处理？

67. 选择电力变压器容量大小的原则是什么?

68. 什么是二次接线原理图?

69. 简述变压器检修周期。

70. 低压配电屏由哪些主要部件组成?

六、综 合 题

1. 试述如何施放电缆?

2. 电器设备常用接地方式有哪些? 有什么作用?

3. 电力系统对继电保护装置的基本要求是什么?

4. 如回路中无断路器时,允许使用隔离开关进行哪些操作?

5. 试述运行中的变压器在什么情况下应停止运行。

6. 电力系统中为什么不允许带负荷拉隔离开关?

7. 变压器的三个基本计算公式是什么?

8. 变压器大修有哪些内容?

9. 某万用表"Ω"挡的中心电阻值:$R \times 1$ 为 10 Ω,$R \times 10$ 为 100 Ω,$R \times 100$ 为 1 000 Ω,$R \times 1$ k 为 10 kΩ,若被测电阻分别为 10~20 Ω、10~20 kΩ,800~900 Ω 时各应选择哪一挡来测量?

10. 什么故障会使 35 kV 及以下电压互感器的一、二次侧熔断器熔断?

11. 什么叫变配电主线路? 什么叫二次回路?

12. 供电系统对继电保护装置有哪些基本要求?

13. 手工抄表操作步骤和注意事项有哪些?

14. 一台单相变压器的初级电压 $U_1 = 3\ 300$ V,变比 $n = 15$,试求次级电压 U_2。当次级电流 $I_2 = 60$ A 时,初级电流 I_1 为多少?

15. 已知某照明变压器容量为 10 kVA,电压为 10 000/220 V,若在其副边接 220 V、100 W 的白炽灯 80 盏,试求此时原副边的电流各为多少?

16. 一台容量为 50 kVA 的三相变压器,当变压器满载运行,负载功率因数为 0.8 时,变压器输出功率是多少?

17. 设某工厂有一台 320 kVA 的三相变压器,该厂原有负载为 210 kW,平均功率因数为 $\cos\Phi = 0.69$(感性),问此变压器能否满足要求?

18. 试述变配电室主要电工仪表的作用。

19. 变压器运行中有哪些损耗? 与哪些因素有关?

20. 选用一个额定电压为 300 V,额定电流 5 A,有 150 分格的功率表测量时,读得功率表偏转 60 分格,问该负载消耗多少功率?

21. 试述避雷器是如何保护电气设备的。

22. 什么是晶闸管? 它有几个电极? 内部有几个 PN 结?

23. 我国常用导线标称截面有哪些等级? 铝芯绝缘导线载流量的估算口决是什么?

24. 试画出三相四线制有功电能表接电流互感器接线图。

25. 高压断路器的分合闸缓冲器的作用是什么?

26. 某三相变压器二次侧的电压是 6 000 V,电流是 20 A,已知功率因数 $\cos\Phi = 0.866$,问这台变压器的有功功率、无功功率和视在功率各是多少？

27. 对设备巡视检查的作用是什么？

28. 变压器运行中哪些现象属于事故状态？

29. 试述六氟化硫断路器维护、检修的原则。

30. 什么是工伤保险？

31. 直流系统在变电站起什么作用？

32. 变电所备用电源自投的启动方式一般有哪些？

33. 异常运行及事故处理的基本方法有哪些？

34. 论述隔离开关及其作用。

35. 对高压断路器有什么基本要求？

变配电室值班电工(初级工)答案

一、填 空 题

1. 动作值	2. 三相	3. 55	4. 跳闸
5. 电击穿	6. 电路图	7. 偶然载荷	8. 切削加工
9. 什锦锉	10. 锉纹号	11. 集中补偿	12. 接线图
13. 正电荷	14. 终结制度	15. 隔离开关	16. 750
17. 参考点	18. 电阻	19. 节点	20. 混联电路
21. 夹持	22. 绝缘柄	23. 控制设备	24. 电压降总和
25. 支路电流	26. 反	27. 铜耗	28. 互差120°
29. 最大值	30. 初相角	31. 转速差	32. 定子
33. 12 000	34. 电能表	35. 一般	36. 电流互感器
37. 转换开关	38. 电流互感器	39. 绝缘电阻	40. 验电笔
41. 液压	42. 圆铜线	43. 单向	44. 均流
45. 2	46. $1+\beta$	47. 正偏置	48. 螺旋
49. 断开	50. 三角形接法	51. 红色	52. 负载
53. 试验	54. 2.5	55. 生活污水	56. 0.5
57. 1	58. 沿墙	59. 下把	60. 升、降
61. 悬式	62. 感应雷	63. 拒动作	64. 相等
65. 相对误差	66. 人工	67. 电流	68. 5%
69. 胸外心脏挤压法	70. G端钮	71. 电子	72. 12
73. 反比	74. 上下摆动	75. 钻削孔眼	76. 分流
77. 倒数和	78. 电势差	79. 代数和	80. 匝数
81. 5	82. 传送电能	83. 由上至下	84. 软母线
85. 25	86. 限流	87. 中性线	88. 明装
89. 淬火	90. 立握	91. 狭錾	92. 超前
93. 0~180°	94. 容抗	95. 100	96. 动力
97. 疏忽误差	98. 1/2	99. 錾子	100. 錾子
101. 阻尼	102. 欧姆	103. 并联补偿电容器	104. 短路
105. 20~40	106. 电路	107. 反比	108. 串联
109. $I=E/(R+r)$	110. 导体电阻	111. 电化学	112. 35°~40°
113. I^2Rt	114. 电磁感应	115. 感生电流	116. N
117. 能量传递	118. 较粗	119. 管	120. 串电阻
121. 灭弧装置	122. 保护电路	123. 安全生产	124. 正极

125. 1.41 126. 860 127. 分支杆 128. 二次电流
129. 试验 130. 30° 131. 继电保护装置 132. 中心钻
133. 摇臂钻床 134. 断路器 135. 短路电压相等 136. 3∶1
137. 绝缘 138. 熔丝 139. 25 140. 副线圈
141. var 142. 7 143. 1.5 144. 2 000
145. 红 146. 电压误差 147. 禁止合闸，线路有人工作
148. 4 149. 准确等级 150. 击穿 151. 200
152. 性质 153. 越小 154. 过程

二、单项选择题

1. B 2. A 3. A 4. C 5. A 6. C 7. A 8. A 9. B
10. D 11. B 12. B 13. B 14. B 15. C 16. B 17. D 18. B
19. D 20. C 21. A 22. D 23. A 24. D 25. C 26. C 27. D
28. D 29. C 30. B 31. C 32. C 33. A 34. B 35. C 36. B
37. A 38. B 39. C 40. B 41. C 42. B 43. A 44. C 45. B
46. B 47. B 48. C 49. B 50. D 51. B 52. A 53. B 54. B
55. B 56. A 57. A 58. B 59. B 60. D 61. C 62. A 63. C
64. A 65. D 66. B 67. A 68. B 69. C 70. C 71. B 72. C
73. A 74. A 75. B 76. B 77. B 78. C 79. B 80. C 81. D
82. C 83. B 84. B 85. B 86. C 87. A 88. B 89. C 90. B
91. B 92. A 93. C 94. A 95. B 96. A 97. D 98. A 99. B
100. B 101. B 102. A 103. A 104. B 105. C 106. C 107. B 108. A
109. A 110. A 111. B 112. D 113. C 114. B 115. B 116. A 117. C
118. A 119. B 120. B 121. A 122. A 123. C 124. B 125. A 126. A
127. A 128. B 129. A 130. C 131. B 132. B 133. B 134. A 135. A
136. B 137. C 138. A 139. B 140. A 141. B 142. A 143. B 144. C
145. C 146. B 147. B 148. B 149. A 150. B 151. B 152. B 153. B
154. C 155. B

三、多项选择题

1. AC 2. BD 3. ABCD 4. BCD 5. BD 6. ABD 7. ACD
8. ABCD 9. ABCD 10. ACD 11. ABD 12. BC 13. ABC 14. AD
15. BD 16. AB 17. ABC 18. BC 19. CD 20. AC 21. ABCD
22. ABC 23. BC 24. ABCD 25. ABCD 26. ABC 27. ABD 28. ABC
29. ABCD 30. ABC 31. AB 32. ABCD 33. ABC 34. ABCD 35. ABC
36. ABCD 37. ABC 38. BC 39. AB 40. ABC 41. ABCD 42. BD
43. ABC 44. AD 45. ABCDE 46. ABCDE 47. ABC 48. BCD 49. ABCDE
50. ABCD 51. AB 52. BD 53. AD 54. AB 55. AB 56. ABC
57. BC 58. AB 59. AC 60. ABC 61. AB 62. AB 63. ABCD

64. BC	65. ABCD	66. ABCDE	67. BC	68. ACD	69. ABCD	70. BCD
71. ABC	72. AD	73. AC	74. ABCD	75. AB	76. BCD	77. BC
78. AB	79. AB	80. AC	81. ABDE	82. ABCDEF	83. BCD	84. BC
85. ABC	86. BCD	87. ABC	88. ABD	89. ABC	90. ABCE	91. ABCD
92. ABC	93. ABCD	94. ABC	95. ABCD			

四、判 断 题

1. ×	2. ×	3. ×	4. ×	5. √	6. √	7. ×	8. √	9. ×
10. √	11. ×	12. √	13. ×	14. ×	15. √	16. ×	17. √	18. √
19. ×	20. ×	21. √	22. √	23. ×	24. √	25. √	26. ×	27. ×
28. √	29. √	30. √	31. ×	32. √	33. √	34. ×	35. ×	36. √
37. √	38. √	39. √	40. √	41. √	42. √	43. √	44. ×	45. ×
46. √	47. ×	48. ×	49. √	50. √	51. √	52. √	53. √	54. √
55. ×	56. √	57. √	58. ×	59. √	60. √	61. √	62. √	63. ×
64. ×	65. √	66. √	67. ×	68. √	69. √	70. √	71. ×	72. √
73. ×	74. ×	75. √	76. √	77. √	78. √	79. √	80. √	81. ×
82. √	83. ×	84. √	85. √	86. √	87. √	88. √	89. √	90. √
91. √	92. √	93. √	94. √	95. ×	96. √	97. ×	98. √	99. √
100. √	101. ×	102. ×	103. √	104. ×	105. √	106. √	107. √	108. √
109. ×	110. √	111. √	112. √	113. √	114. √	115. ×	116. √	117. √
118. √	119. √	120. √	121. √	122. ×	123. √	124. √	125. √	126. √
127. ×	128. √	129. √	130. √	131. √	132. √	133. √	134. √	135. √
136. √	137. √	138. √	139. √	140. √	141. √	142. ×	143. ×	144. √
145. ×	146. √	147. √	148. √	149. ×	150. √	151. √	152. √	153. √
154. √	155. ×							

五、简 答 题

1. 答:二次侧不允许短路(1分),一次绕组和二次绕组都应接熔断器(1分),应按要求的极性连接(1分),二次绕组的一端及铁芯、外壳要可靠接地(1分),不允许把电压线圈串联在电路中使用(1分)。

2. 答:二次侧不得开路,不能加装熔断器(1分),电流互感器二次绕组的一端与铁芯、外壳要可靠接地(1分),应按要求的极性连接(1分),准确度等级要符合使用要求(1分),不允许把电流表接在保护级的线圈上(1分)。

3. 答:接线应正确(1分),必须并联在被测电路(1分),选用适当量程,最好使其指针在满度值的 $1/2\sim2/3$ 区域(1分),不可用电压表直接测量高压(1分),若带外附,其外附分压器的准确度应与仪表的准确度相符(1分)。

4. 答:在测量结束和被测物没有放电以前,不可用手去触及被测物的测量部分和进行拆除导线工作(1分),对储能设备和线路测量后,应防止储能设备及线路的放电(3分),将上述储能设备及线路对地短路放电(1分)。

5. 答：区分相线和中性线或零线(1分)，区分交流电或直流电(1分)，判断电压的高低(1分)，数字显示验电笔可显示被试带电体的电压数值，还可应用"感应断点测试"功能，用来判断绝缘导线是否断线(2分)。

6. 答：携带型接地线是用来防止在已停电的设备或线路上工作时，突然来电所带来的危险(2分)，或由于邻近高压线路而产生的感应电压的危险(2分)，是保证工作人员生命安全的防护用具(1分)。

7. 答：粗齿锯条适用于软材料(1.5分)和较大尺寸工件(1分)锯割；细齿锯条适用于硬材料和小尺寸工件(1.5分)以及薄壁钢管(1分)的锯割。

8. 答：在变配电所中，用于监视测量仪表、控制操作信号、继电保护及自动装置等全部低压回路，统称为二次接线(3分)。按电源性质和用途可分为：电流回路、电压回路、控制回路、信号回路(2分)。

9. 答：(1)选用合适的铝压接管(1分)。(2)用钢丝刷刷净铝线表面氧化层及压接管内壁氧化膜，均匀涂上一层中性凡士林(2分)。(3)把两根导线芯线相对插入套管，注意区分圆形与椭圆形套管(1分)。(4)进行压接(1分)。

10. 答：铜铝导线在接触处容易发生电化学腐蚀(1分)，因此铜铝导线的连接应使用铜铝接头(1分)，或铜铝压接管(1分)，铜铝母线连接时，可采用将铜母线镀锡再与铝母线连接的方法(2分)。

11. 答：(1)发热条件，即通过导线的工作电流应小于安全电流(1分)。(2)线路电压损失不超过允许值(1分)。(3)对高压线路，根据经济电流密度来选择(1分)。(4)根据机械强度条件来校验，防止断线(1分)。以上四条必须全都满足(1分)。

12. 答：单母线方式(分段、不分段)；单母线加旁路线方式；双母线方式(分段、不分段、加旁路线)(3分)。铁路企业变配电所一般采用单母线方式(2分)。

13. 答：(1)确定灯具等的位置(0.5分)。(2)确定导线敷设的路径(0.5分)。(3)配合土建打孔眼，预埋木榫、接线盒等(1分)。(4)装设绝缘支持物，明管线路在管内穿入带线(1分)。(5)敷设导线(1分)。(6)做好导线连接、分支、封端及与设备电器的连接(1分)。

14. 答：(1)在位置、路径确定之后，进行管路的弯管、焊接连接，配合土建进行预埋(2分)。(2)管内穿入镀锌铁线或钢丝带线并在管口塞入纱布等堵住管口(1分)。(3)扫管(1分)。(4)穿入绝缘导线(1分)。

15. 答：架空线路由导线、电杆、绝缘子、横担、线路金具等部分组成(4分)。有的电杆装拉线、板桩(1分)。

16. 答：中性点的运行方式主要有中性点直接接地、中性点不接地、中性点经消弧线圈接地三种(3分)。我国10~35 kV电网普遍采用后两种(2分)。

17. 答：把变压器三相绕组的三个尾端u、v、w连接在一起，这个连接点称为中性点N(2分)。把它们的首端U、V、W和中性点N四个接线端引出，接至电源或负载，就称为星形连接(3分)。

18. 答：(1)耐压强度高(1分)。(2)介质损耗低(1分)。(3)耐热性能好(1分)。(4)化学性能稳定(1分)。(5)机械加工性能好，便于制造与安装(1分)。

19. 答：(1)增大了导体的半径，降低了导体表面的场强(1分)。(2)可使电场分布均匀(1分)。(3)绝缘层和内、外半导电层紧密结合，排除了气隙，消除或减少了局部放电量，提高了绝缘水平,延长了使用寿命(3分)。

20. 答:变配电所开关柜用于完成电源进线、线路或变压器出线、母线分段以及电能的计量、测量的功能(3分)。变配电所的保护、自动控制等功能也要通过开关柜来完成。所以,开关柜是变配电所的核心设备(2分)。

21. 答:检查有无漏胶、漏油现象(1分);有无破损(0.5分);瓷套管表面是否清洁无污物(0.5分);引出线连接处是否过热(1分);防雷设施是否完善(1分);接地线是否良好等(1分)。

22. 答:电缆纸经过充分干燥和浸油处理后,具有良好的绝缘性能(1分),介质损耗低(1分),耐热性能好(1分),化学性质稳定(1分),使用寿命长(1分)。

23. 答:在同一沟道中有高压电缆和低压电缆时,应把高压电缆放在上层(1分),低压电缆在下层(1分);若有控制电缆与电力电缆同沟时,则应分在两侧敷设(1分)或将控制电缆敷设在最下层(2分)。

24. 答:多芯交联聚乙烯绝缘电缆允许弯曲半径是 $15D$(2分),多芯油浸纸绝缘电缆(铅包)的允许弯曲半径也为 $15D$(2分)。其中,D 为电缆外径(1分)。

25. 答:低压电缆终端头和中间接头的绝缘都有很大的裕度(1分),安装工作的重点是:(1)不损伤绝缘(1分);(2)保证导体有良好的连接(1分);(3)保证终端头和中间接头有良好的密封(2分)。

26. 答:(1)用于将带电线路或设备与断电线路(设备)隔离,并构成明显断开点,以确保检修和工作安全(2分)。(2)改变变配电所主电路运行方式(2分)。(3)接通和断开小电流电路(1分)。

27. 答:(1)扩大了仪表的使用范围(1分)。(2)使仪表、继电器的规格统一,易于标准化、大批量生产(2分)。(3)隔离了高电压的危险,也防止了二次电路故障对一次电路的影响(2分)。

28. 答:这个互感器的二次侧一个绕组的准确度是 0.5 级(1分),用于电能测量(1分),另一个绕组准确度为 3 级(1分),用于继电保护电路(2分)。

29. 答:用并联补偿电容器来补偿用电系统感性负荷需要的无功功率,达到以下目的:改善电网电压质量(1分);提高功率因数(1分);减少线路损耗(1分);提高变压器及线路的功率因数(2分)。

30. 答:(1)注意油位,油色应明净(1分)。(2)外壳清洁无渗漏,绝缘子无裂损、无打火、闪络和严重放电、电晕等现象(2分)。(3)无油时禁止带负荷停送电网(1分)。(4)内部应无响声,操作机构灵活,指示正确(1分)。

31. 答:(1)主要是观察外部有无漏油、过热、异常声响和放电闪络,有无膨胀(2分)。(2)熔断器熔丝是否正常,放电指示灯有无熄灭(1分)。(3)电压表、电流表和温度计指示是否正常(2分)。

32. 答:电流互感器二次开路时,产生的电动势大小与一次电流大小有关(2分)。在处理电流互感器二次开路时一定将负荷减小或使负荷为零(1分),然后用绝缘工具进行处理(1分),在处理时应停用相应的保护装置(1分)。

33. 答:电压互感器本身阻抗很小(1分),如二次短路时,二次通过的电流增大(1分),造成二次熔断器熔断(1分),影响表计指示及引起保护误动(1分)。如熔断器容量选择不当,极易损坏电压互感器(1分)。

34. 答:在进行停电操作时,对户外横装的高压跌落式熔断器,应先断开中间相(2分),再断开背风侧边相(2分),最后断开迎风侧边相熔断器(1分)。

35. 答:停电时应先断开低压断路器,再断开低压侧刀开关,然后断开高压侧断路器,最后断开高压隔离开关。

36. 答:值班巡视工作的任务是监视、维护和记录供电系统的运行状况(2分),及时发现设备和线路的异常情况(1分),正确处理电气故障和事故(1分),保证供电系统可靠安全运行(1分)。

37. 答:在单相桥式整流电路中,如果错误接反一个二极管,将造成电源短路(3分)。如果有一个二极管内部已断路,则形成单相半波整流(2分)。

38. 答:在交流电路中,电压与电流之间的相位差 Φ 的余弦叫做功率因数(4分),用符号 $\cos\Phi$ 表示(1分)。

39. 答:供电系统对继电保护装置有四个基本要求(1分):(1)选择性(1分);(2)灵敏性(1分);(3)可靠性(1分);(4)快速性(1分)。

40. 答:SN10—10/300—750 型表示额定电流为 300 A(1分),额定电压为 10 kV(1分),额定断流容量为 750 kVA(1分),设计序号为 10(1分)的户内(1分)高压少油断路器。

41. 答:一旦出现故障,它能迅速可靠地作出反应(1分),或者发出报警信号(1分),经过一定时限后(1分),发出指令,通过断路器断开故障部分(1分),或者在严重的情况下,迅速指令断路器断开故障部分,并发出故障信号(1分)。

42. 答:高压断路器按其结构及灭弧方式可分为:多油断路器(0.5分);少油断路器(0.5分);空气断路器(0.5分);真空断路器(0.5分);磁吹断路器(1分);产气断路器(1分);六氟化硫断路器(1分)等类型。

43. 答:变压器是一种静止的电气设备(1分),是用来将某一数值的交流电压变成频率相同的(2分),另一种或几种数值不同的交流电压的设备(2分)。

44. 答:对送配电线路、变压器、发电机、开关电气设备、动力照明装置(2分)及一次系统的运行、工作状况(1分)进行测量、监视、控制的保护装置、操作电源控制电器(1分)和用控制电缆连成的回路叫继电保护(1分)。

45. 答:常用仪表有:电压表、电流表、功率表、功率因数表、频率表、有功电度表、无功电度表等(2分)。检修、维护用便携式仪表有:电压表、万用表、钳形电流表、兆欧表、接地电阻测定仪等(3分)。

46. 答:变配电所一次系统模拟图是指:将一次单线系统接线图中的可操作的元件(2分),制成可动的、能指示操作过程及操作结果的图板(3分)。

47. 答:纸绝缘电缆的最大缺点是怕水(1分),一旦受潮,绝缘性能则急剧下降(1分)。另一个缺点是油浸纸绝缘电缆在垂直敷设时,绝缘油容易从高端流向低端(1分),因而形成高端绝缘干枯(1分),低端终端头漏油或将铅包涨裂(1分)。

48. 答:DW5—10G/200—50 型表示额定电流为 200 A(1分),额定电压为 10 kV(1分),额定断流容量为 50 kVA(1分),设计序号为 5(1分)的改进型户外(1分)高压多油断路器。

49. 答:提高电能的使用效率(2分),减少无功功率(2分),使电网的使用效率提高(1分)。

50. 答:送电时应先合高压侧隔离开关,再合高压侧断路器(1分),向配电变压器充电,然后闭合低压侧刀开关(2分),再合低压侧断路器,向低压母线供电(2分)。

51. 答:送电操作时,先接通迎风侧的边相(2分),后接通背风侧的边相(2分),最后接通中相(1分)。

52. 答:变电站是电网中的一个中间环节(1分),它的作用就是通过变压器和线路将各级电压的电力网联系起来(1分)，以用于变换电压、接受和分配电能、控制电力的流向和调整电压(2分)，是联系发电厂和用户的中间环节(1分)。

53. 答：在电网正常运行时，根据电网的需要，接通(1分)或断开(1分)电路的正常空载电流和负载电流(1分)，以输送到电力负荷(1分)，这时起控制作用(1分)。

54. 答：在电网发生故障时，高压断路器和保护装置及自动装置相配合(1分)，迅速、自动地切断故障电流(1分)，将故障部分从电网中断开(1分)，保证电网无故障部分的安全运行(1分)，以减少停电范围(1分)，防止事故扩大，这时起保护作用。

55. 答：(1)防止误分、合断路器(1分)。(2)防止带负荷分、合隔离开关(1分)。(3)防止带电挂(合)接地线(接地开关)(1分)。(4)防止带地线(接地开关)送电(1分)。(5)防止误入带电间隔(1分)。

56. 答：对设备巡视检查是随时掌握设备运行、发现设备异常变化情况(1分)，及时发现设备缺陷，消除事故隐患(1分)，确保设备连续安全可靠运行的主要措施(1分)，值班人员必须按设备巡视线路按时认真执行(1分)，巡视中不得做其他工作，遇雷雨时应停止巡视(1分)。

57. 答：(1)状态继续发展成严重状态，使变压器事故跳闸(1分)。(2)发生不符合变压器正常运行的一般要求项目的现象，且有可能出现使变压器烧损的情况，如变压器发现有隐患，火光、响声很大且不均匀或有爆裂声(3分)。(3)变压器着火(1分)。

58. 答：(1)变压器内部接触不良、放电打火时，将会产生"吱吱"声或"劈啪"的放电声(2分)。(2)变压器内部个别零件松动时，将使变压器内部有"叮当"声响(1分)。(3)发生铁磁谐振时，将使变压器内部产生"嗡嗡"声和尖锐的"哼哼"声(2分)。

59. 答：(1)避雷器爆炸(1分)。(2)避雷器瓷套破裂(1分)。(3)避雷器在正常情况下(电网无内过电压和大气过电压)计数器动作(1分)。(4)引线断损或松动(1分)。(5)氧化锌避雷器的泄漏电流值有明显的变化(1分)。

60. 答：(1)断路器故障跳闸后(1分)。(2)天气异常时(1分)。(3)过负荷或过电压时(1分)。(4)断路器异常运行时(1分)。(5)新投运的断路器(1分)。

61. 答：(1)全面完成操作任务，不出现任何差错(2分)。(2)保证运行合理(便于事故处理，安全经济)(1分)。(3)保证对用户可靠供电(1分)。(4)保证继电保护及自动装置的可靠运行(1分)。

62. 答：正确执行倒闸操作任务的关键归纳起来可概括为：一是发令受令准确无误(1分)；二是填写操作票准确无误(2分)；三是具体操作过程中要防止失误(2分)。

63. 答：当用绝缘棒拉合隔离开关或经传动机构拉合隔离开关或断路器时，应戴绝缘手套(1分)；在雨天操作室外高压设备时，绝缘棒应有防雨罩(1分)，并穿绝缘靴(1分)。若操作现场的接地网电阻不符合要求，即使晴天也应穿绝缘靴。当有雷电发生时，一般不进行倒闸操作，此时应禁止就地进行电气倒闸操作(1分)。

64. 答：装设接地线时，应先接接地端(1分)，后接设备端(1分)；拆除接地线时，顺序相反(1分)。接设备端时，应在验明设备确无电压后，立即连接(1分)。验电前，应先在带电设备上检查验电器是否良好(1分)。

65. 答：(1)断路器检修时(1分)。(2)在该断路器二次回路或继电保护装置上工作时(1分)。(3)倒母线过程中，在拉、合母线隔离开关时，必须先取下母线断路器的操作熔断器(2分)。但对配有失灵保护的断路器，则一般不应轻易切断其操作电源(1分)。

66. 答:(1)熔断器熔断,应尽快更换同规格的熔断器,若再次熔断,即应报告调度查找原因(1分)。(2)端子排连接松动及小母线引线松动,应立即紧固,紧固时需防止碰触其他端子及小母线(1分)。(3)指示仪表卡涩、失灵时,应请专业人员处理(1分)。(4)继电保护和自动装置二次回路故障的处理,按前述要求处理(2分)。

67. 答:原则包括以下几点:

(1)变压器的容量能够得到充分利用(1分),负荷率应在75%~90%(2分)。

(2)要考虑单台大容量电动机的启动问题(1分),遇到这种情况就应选择容量较大一些的变压器(1分)。

68. 答:将所有二次设备都用整体图形表示并和一次回路绘制在一张图上(2分),表明二次设备的电气联系及其与一次设备的关系,这种绘制方式,叫二次接线原理图(3分)。

69. 答:(1)变压器的小修:室内变压器要求至少每年小修一次(1.5分);线路配电变压器至少每两年小修一次(1.5分)。(2)变压器的大修:对于10 kV以下的电力变压器,如不经常过负荷运动,可每10年左右大修一次(2分)。

70. 答:一般由控制电器(2分)、保护电器(1分)、计量仪表(1分)、母线组成(1分)。

六、综 合 题

1. 答:施放电缆常用于人工或机械牵引等方法。施放前,首先将电缆盘放在线架上,使之可以自由转动(2分)。

(1)人工法:由人扛着或用手抬着电缆沿电缆沟传递施放。为避免损伤电缆,施放速度要慢,且不允许使电缆过度弯曲,此方法常用作电缆线路较短的情况(2分)。

(2)机械牵引法:沿电缆沟每隔2~2.5 m放一个辊轮,将电缆放在辊轮上,电缆被牵引的一端,用特制的钢丝绳套套住(牵引力越大,该套的束紧力越大),然后用卷扬机或绞磨以每分钟低于8 m的速度牵引电缆(4分)。

在施放电缆的过程中,要时刻注意电缆的受力和弯曲情况,使其不受损伤(2分)。

2. 答:电器设备常用接地方式有:保护接地、保护接零、重复接地、工作接地等(2分),各自作用分别为:

(1)保护接地:指把电器设备的金属构架和外壳等,与大地作电气连接。当设备的绝缘被击穿而外壳或构架带电时,因人与设备等电位,所以可避免触电(2分)。

(2)保护接零:指在三相四线制低压供电系统中,将电气设备的金属外壳或构架与零线连接。当设备的绝缘被击穿外壳带电时,便形成单相或多相短路,此时线路上的保护装置(如空气断路器或熔断器)迅速动作,使其脱离电源,从而消除触电危险(2分)。

(3)重复接地:指零线的一处或多处与大地作电气连接。主要保护作用是:当零线断路时,可以避免由于设备的绝缘击穿或三相负荷不平衡等原因使断路零线带电,而不发生触电事故(2分)。

(4)工作接地:指将电力系统中的某点(如中性点)直接或经特殊设备与大地作电气连接。作用除满足电力系统的正常运行的需要外,还有降低设备对地的绝缘要求,迅速切断出故障的设备和降低人体的接触电压等作用(2分)。

3. 答:基本要求是:

(1)选择性:是指电力系统发生故障时,离故障点最近的保护装置动作,把停电范围控制到最小(2分)。

(2)速动性:是指保护装置的动作要尽快能够迅速切除故障,防止故障扩大和减轻危害程度(2分)。

(3)灵敏性:是指保护装置对故障的反应能力,灵敏度愈高,故障发生时切除就愈快,对系统的影响也愈小(3分)。

(4)可靠性:是指电力系统在正常运行时,保护装置不发生误动作,在发生故障时,能可靠动作而不拒动(3分)。

4. 答:可以进行以下操作:

(1)开、合空载变压器,变压器容量 10 kV 等级限 320 kVA 及以下,35 kV 等级限 560 kVA 及以下(2分)。

(2)开、合电压互感器和避雷器(2分)。

(3)开、合仅有电容电流的母线设备(2分)。

(4)开、合电容电流不超过 5 A 的无负荷线路(2分)。

(5)开、合电流在 70 A 以下(10 kV)的环路均衡电流(2分)。

5. 答:(1)正常运行时上层油温超过规定的极限温度(2分)。

(2)变压器内部放电或有"咕咕"声响(2分)。

(3)油标显示油位比正常高出许多(假油面)或油枕冒油,油色显著变化(2分)。

(4)外部绝缘放电或有异物接近带电部分(2分)。

(5)一、二次引线端过热(1分)。

(6)变压器严重漏油(1分)。

6. 答:这是因为电力系统的负荷中,大多数是带有电感的负载(如电动机、变压器等)(2分),系统中储存着大量的磁场能,带负荷拉开隔离开关时,线路中电流的变化率具有很大数值,会在隔离开关之间产生很高的电压(2分),当隔离开关刚拉开时,触头间距离很短,高电压能够击穿空气,在开关上产生很大的电弧(3分),从而维持电路中的电流不突然下降到零,并把磁场能转化为热能,烧坏隔离开关,引起相间短路,造成大的事故(3分)。

7. 答:理想变压器的三个基本计算公式是:

(1)初、次级电压计算公式:$U_1/U_2 = N_1/N_2 = n$(3分)。

(2)变压器只有一个次级时,初、次级电流计算公式:$I_1/I_2 = U_2/U_1 = 1/n$(3分)。

(3)初、次级阻抗变换计算公式:$R'_{fz} = (N_1/N_2)^2 R_{fz} = n^2 R_{fz}$(4分)。

8. 答:变压器大修内容有:

(1)吊出器、身,检修器、身(铁芯、线圈、分接开关及引线)(1分)。

(2)检修顶盖、储油柜、安全气道、热管油门及套管(1分)。

(3)检修冷却装置及滤油装置(1分)。

(4)滤油或换油,必要时干燥处理(1分)。

(5)检修控制和测量仪表、信号和保护装置(2分)。

(6)清理外壳,必要时刷油漆(2分)。

(7)装配并进行规定的测量和试验(2分)。

9. 答:测量电阻时,Ω 挡倍率的选择应使被测电阻接近该挡的中心电阻值(4分)。当被测电阻为 10～20 Ω 时,应选 $R \times 1$ 挡来测量(2分);当被测电阻为 10～20 kΩ 时应选用 $R \times 1$ k 挡来测量(2分);当被测电阻为 800～900 Ω 时,应选用 $R \times 100$ 挡(2分)。

10. 答:电压互感器的内部故障(包括相间短路、绕组绝缘破坏)以及电压互感器出口与电网连接导线的短路故障、谐振过电压,都会使一次侧熔断器熔断(6分)。二次回路的短路故障会使电压互感器二次侧熔断器熔断(4分)。

11. 答:由各种高低压开关柜、电力变压器、母线、电缆、电力电容器、联络开关等电气设备按照一定方式相连接,用来接受和分配电力的线路称变配电主线路(4分),通常用单线图表示(2分)。用于监视测量仪表、控制操作信号、继电器和自动装置的全部低压线路统称为二次回路(2分)。它包括测量回路、继电保护回路、开关控制及信号回路、断路器和隔离开关的电气闭锁回路和操作电源回路等(2分)。

12. 答:供电系统对继电保护装置有四个基本要求(2分):

(1)选择性:保护装置仅动作于故障设备,使停电范围尽可能缩小,保证其他设备照常运行(2分)。

(2)灵敏性:应对各种故障有足够的反应能力,灵敏度高(2分)。

(3)可靠性:一旦发生故障,应能及时可靠地动作,不应由于本身的缺陷而误动或拒动(2分)。

(4)快速性:为了限制故障扩大,减轻设备损坏,提高系统的稳定性,必须快速切除故障(2分)。

13. 答:有人值班的变配电所,值班人员应及时抄表。各变配电所都有根据需要抄录的数据制备专用的抄表纸,其格式应与各变配电所的实际情况的适应(2分)。

为了保证抄表应起到的作用,需按如下要求抄表:

(1)值班人员应按规定准时抄录表计的指示值,并注意是否在正常范围内。过负荷运行时,应缩短抄表时间间隔(2分)。

(2)为了便于判断设备的运行状况,通常用红线在电流表、电压表的温度计上标出设备的额定值或允许范围。抄表时,要特别注意相关表计的指示是否超越红线(3分)。

(3)抄表时,人的眼睛所处的位置一定要与表的位置在同一水平线上,对于表面有弧度的表,人的眼睛所处的位置要与表面的位置相垂直(3分)。

14. 答:$U_2 = U_1/n = 3\,300/15 = 220$ V(5分),$I_1 = I_2/n = 60/15 = 4$ A(5分)。

15. 答:负载总功率:$P = 100 \times 80 = 8\,000$ W(2分)。

副边电流:$I = P/U = 8\,000/220 = 36.36$ A(3分)。

变比:$n = U_1/U_2 = 10\,000/220 = 45.45$(2分)。

原边电流:$I_1 = I_2/n = 36.36/45.45 = 0.8$ A(3分)。

16. 答:变压器输出功率:$P = S\cos\Phi = 50 \times 0.8 = 40$(kW)(10分)。

17. 答:已知 $S_{e1} = 320$(kVA),$\cos\Phi = 0.69$,$P_1 = 210$(kW)(4分)。在 $\cos\Phi_1 = 0.69$ 的情况下,变压器能够输出的有功功率为:$P = S_{e1}\cos\Phi_1 = 320 \times 0.69 = 220.8$(kW)(5分)。

因 $P > P_1$,所以此变压器能够满足要求(1分)。

18. 答:(1)交流电流表。用于监控变压器回路及各母线旁路、母联、分段、分支进出线中负荷电流的大小(3分)。

(2)交流电压表。用于监测交流各电压等级各段母线电压的大小(1分)。

(3)直流电流表。用于监测直流系统中各直流回路中负荷电流的大小(1分)。

(4)直流电压表。用于监测直流系统中各电压等级母线电压的大小(1分)。

(5)有功功率表。用于监测变配电室各回路负荷的有功功率的大小(1分)。

(6)无功功率表。用于监测变配电室各回路负荷的无功功率的大小(1分)。

(7)功率因数表。用于监测变配电所功率因数的高低(1分)。

(8)温度表。用于监控变压器上层油温的高低(1分)。

19. 答:变压器功率损耗可分为两部分,即固定损耗与可变损耗(2分),固定损耗就是空载损耗,空载损耗可分为有功损耗和无功损耗两部分。有功损耗基本上是铁芯的磁滞损耗和涡流损耗。无功损耗是励磁电流产生的损耗(4分)。可变损耗就是短路损耗,也分为有功损耗和无功损耗两部分。有功部分是变压器原副绕组的电阻通过电流时产生的损耗,无功部分主要是漏磁通产生的损耗(4分)。

20. 答:先求此功率表的分格常数 $C = U_m I_m / a_m = (300\ \mathrm{V} \times 5\ \mathrm{A}) / 150 = 10\ \mathrm{W/格}$(5分)。

被测负载所消耗的功率为:$P = 10\ \mathrm{W/格} \times 60\ \mathrm{格} = 600\ \mathrm{W}$(5分)。

21. 答:避雷器是用来限制过电压,保护电气设备绝缘的电器。通常将它接于导线和地之间,与被保护设备并联。在通常情况下,避雷器中无电流通过。一旦线路上传来危及被保护设备绝缘的过电压时,避雷器立即击穿动作,使过电压电荷释放泄入大地,将过电压限制在一定的水平(6分)。当过电压作用消失后,避雷器又能自动切断工频电压作用下通过避雷器泄入大地的工频电流,使电力系统恢复正常工作(4分)。

22. 答:晶闸管(旧名可控硅)是半导体闸流管的简称,它是在硅二极管的基础上发展起来的一种新型整流器件(3分)。它可以把交流电变换成电压大小可调的脉动直流电,还可把直流电转换成交流电(3分)。它还可调节交流电压,做无触点开关等(1分)。晶闸管有三个电极,即阳极 A、阴极 K 和控制极 G。晶闸管的管芯是由 PNPN 四层半导体材料组成的,它具有三个 PN 结(3分)。

23. 答:我国常用导线标称截面有以下等级:1 mm²、1.5 mm²、2.5 mm²、4 mm²、6 mm²、10 mm²、16 mm²、25 mm²、35 mm²、50 mm²、70 mm²、95 mm²、120 mm²、150 mm²、185 mm²等(5分)。铝芯绝缘导线载流量与截面的倍数关系的估算口诀:十下五,百上二,二五三五,四、三界,七零九五,两倍半。穿管、温度,八、九折,裸线加一半,铜线升级算(5分)。

24. 答:如图1所示(10分)。

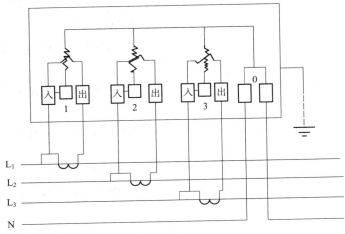

图 1

25. 答:高压断路器的分闸缓冲器的作用是:防止因弹簧释放能量时,产生的巨大冲击力损坏断路器的零部件(5分)。高压断路器的合闸缓冲器的作用是:防止合闸时冲击力使合闸过深而损坏套管(5分)。

26. 答:$P=\sqrt{3}UI\cos\Phi=\sqrt{3}\times6\,000\times20\times0.866\approx180(kW)$(3分)。

$S=\sqrt{3}UI=\sqrt{3}\times6\,000\times20\approx207.8(kVA)$(3分)。

$Q=\sqrt{3}UI\sin\Phi=\sqrt{S^2-P^2}=\sqrt{207.8^2-180^2}\approx103.9(kvar)$(3分)。

所以,有功功率为180 kW,无功功率为103.9 kvar,视在功率为207.8 kVA(1分)。

27. 答:对设备巡视检查是随时掌握设备运行(2分),发现设备异常变化情况,及时发现设备缺陷,消除事故隐患,确保设备连续安全可靠运行的主要措施(4分),值班人员必须按设备巡视线路按时认真执行(2分)。巡视中不得做其他工作,遇雷雨时应停止巡视(2分)。

28. 答:(1)状态继续发展成严重状态,使变压器事故跳闸(3分)。

(2)发生不符合变压器正常运行的一般要求项目的现象,且有可能出现使变压器烧损的情况,如变压器发现有隐患,火光、响声很大且不均匀或有爆裂声(4分)。

(3)变压器着火(3分)。

29. 答:国产六氟化硫断路器,除临时检修外,一般情况下每隔1~2年进行机构小修维护,每隔5~6年机构大修一次(3分);对同类型、同一时期出厂的六氟化硫断路器,每隔10~13年对灭弧室进行抽样解体(与制造厂协商),视状况确定检修范围(3分)。中外合资(设备主件进口)、进口六氟化硫断路器,按制造厂说明书规定进行检修(2分)。只有当运行时间较长(10年以上)且生产厂家有明确规定需要时,或运行中出现事故、重大异常情况时,方考虑进行解体大修(2分)。

30. 答:工伤保险又称职业伤害保险或职业伤害赔偿保险(4分),是指依法为在生产、工作中遭受事故伤害和患职业性疾病的劳动者及其家属提供医疗救治、生活保障、经济补偿、医疗和职业康复等物质帮助的一种社会保险制度(6分)。

31. 答:直流系统在变电站中为控制、信号、继电保护、自动装置及事故照明等提供可靠的直流电源,还为操作提供可靠的操作电源(6分)。直流系统的可靠与否,对变电站的安全运行起着至关重要的作用,是变电站安全运行的保证(4分)。

32. 答:变电所备用电源自投的启动方式常用的有下列两种:

(1)不对应启动。即以工作电源断路器的分、合状态为信号,工作电源断路器跳闸后起动(5分)。

(2)低电压启动。即以工作电源的电压(一般通过电压互感器)为信号,工作电源电压消失后启动(5分)。

33. 答:(1)根据表计指示和信号指示、继电保护和自动装置动作情况初步判断事故的性质及可能的范围(1分)。

(2)仔细检查一次、二次设备异常及动作情况,进一步分析并准确判断异常及事故的性质和影响的范围,立即采取必要的应急措施,如停用可能误动的保护、自动装置等,将异常及事故的情况迅速汇报给调度(1分)。

(3)异常及事故对人身和设备有严重威胁时,应立即切除,必要时停止设备的运行(1分)。

(4)迅速隔离故障,对保护和自动装置未动作的设备,应手动执行,对未直接受到影响的系统及设备,应尽量保持设备的继续运行(1分)。

(5)迅速检查设备,判明故障的性质、故障点及故障程度,如果运行人员不能检查出发生异常和事故设备的故障原因,应连同异常及事故的主要情况汇报给调度、检修或有关技术部门(1分)。

(6)将故障设备停电,在通知检修人员到达之前,运行人员应做好工作现场的安全措施(1分)。

(7)除必要的应急处理外,异常及事故处理的全过程应在调度的统一指挥下进行;现场规程上有特殊规定的应按规程要求执行(2分)。

(8)异常及事故发生时的信号、表计指示、保护及自动装置动作情况、运行人员检查及处理过程,均应如实做详细记录,并按规定登记(2分)。

34.答:隔离开关是在高压电气装置中保证工作安全的开关电器,结构简单,没有灭弧装置,不能用来接通和断开负荷电流电路(6分)。隔离开关的作用:隔离电源,倒闸操作,接通和切断小电流电路(4分)。

35.答:(1)在合闸状态时应为良好的导体(2分)。

(2)在合闸状态时应具有良好的绝缘性(2分)。

(3)在断开规定的短路电流时,应有足够的开断能力和尽可能短的开断时间(2分)。

(4)在接通规定的短路电流时,短时间内断路器的触头不能产生熔焊等情况(2分)。

(5)在制造厂给定的技术条件下,高压断路器要能长期可靠地工作,有一定的机械寿命和电气寿命,此外,高压断路器还应具有结构简单、安装和检修方便、体积小、重量轻等优点(2分)。

变配电室值班电工(中级工)习题

一、填空题

1. 由于电力工作人员在工作过程中经常接触或接近高低压电力设备,存在着(　　),因此在作业时必须保证人身安全。

2. 质量管理是指在质量方面指挥和控制组织的协调一致的(　　)。

3. 消防控制室是建筑内消防设施系统的(　　)中心。

4. 供用电合同的内容包括供电方式、质量、时间、用电容量、地址、性质、计量方式,电价、电费的结算方式,供用电设施的(　　)责任等条款。

5. 各种交流电气设备的铭牌数据及交流测量仪表所测得的电压和电流,都是交流电的有效值,有效值是最大值的(　　)。

6. 消防控制室、消防水泵房、防烟与排烟风机房的消防用电设备及消防电梯等的供电,应在其配电线路的最末一级配电箱处设置(　　)。

7. 钻孔是用钻头在材料或工件上(　　)的加工方法。

8. 一般变电所的蓄电池组的工作方式有两种,它们分别是(　　)和浮充电。

9. 一般变电所的电压监视装置中,采用过电压继电器、低电压继电器、一般低电压继电器的动作值整定为(　　)V。

10. 在平时,消防控制室全天候地监测各种(　　)的工作状态,保持系统的正常运行。

11. 电力网的接线方式分为(　　)和闭式。

12. 手电钻是手持式电动工具,它的种类、规格很多,常用的有(　　)和手提式两大类。

13. 检查消防配电线路要核查消防用电设备是否采用(　　)供电回路,其配电线路的敷设及防火保护是否符合规范的要求。

14. 计算复杂电路的两条基本定律是欧姆定律和(　　)定律。

15. 电路中电位的数值是相对值,随参考点而变,而电路中任意两点间的(　　)则与参考点无关。

16. 消防控制室是利用(　　)消防设施扑救火灾的信息指挥中心。

17. 若几个同频率的正弦交流电的初相角相同,则称它们同相;若相位差 180°,就称它们(　　)。

18. 从事特种作业的劳动者必须经过专业(　　)并取得特种作业资格。

19. 一般情况下,消防用电设备的配电线路明敷设时应穿(　　)管或封闭式金属线敷设。

20. 电力系统中常用并联补偿法来提高功率因数,所谓并联补偿法就是在感性负载两端并接适当的(　　)。

21. 变压器运行时,副边电流取决于(　　)大小,原边电流则取决于副边电流。

22. 遇有电气设备着火时,应立即将有关设备(　　)进行救火。

23. 当三相交流电通入异步电动机的定子绕组时,就会产生一个旋转磁场,旋转磁场的转速称同步转速,其数学表达式为 $n=($)。

24. 50 mA 的工频电流会使人有生命危险,( )mA 的工频电流足以使人死亡。

25. 消防控制室是设有火灾自动报警设备和消防设施控制设备,用于接收、( )、处理火灾报警信号,控制相关的消防设施专门处所。

26. 星/三角降压启动是指电动机在启动时其定子绕组接成星形,待转速升高到接近额定转速时再将它换成( )形。

27. 安全电压值取决于( )和人体允许通过的电流。

28. 安全用电的原则是不( )低压带电体,不靠近高压带电体。

29. 消防控制室根据建筑物的实际情况,可独立设置,也可以与消防值班室、保安监控室、综合控制室等合用,并保证专人( )小时值班。

30. 三相异步电动机启动时的定子电流叫( )电流,通常是额定电流的 4～7 倍。

31. 电容滤波适用于负载电流较小、负载( )的情况。

32. 线路过流保护的动作时间是按( )时限特性来整定的。

33. 典型的串联型稳压电路由取样、基准、比较放大和( )四个部分组成。

34. 选择导线截面必须符合发热条件、电压损失、经济电流密度和( )。

35. 为了确保保护装置有选择地动作,必须同时满足灵敏度和( )时间相互配合的要求。

36. 单台电动机熔断器熔体的选择应满足熔体的额定电流大于或等于电动机额定电流的( )倍。

37. 对两个以上电源的相位进行鉴定称为( )。

38. 变压器并联运行必须同时满足连接组别必须相同;变比必须相同;( )三个条件,此外并联运行的变压器容量之比不能超过 3:1。

39. 在三相四线制供电系统中,不允许在中性线上装设开关和熔丝。中性线截面应不小于相线截面( )。

40. 接地线应用多股软裸线,其截面应符合( )的要求,但不得小于 25 mm²。

41. 为保证操作人员的安全和保护测量仪表,电流互感器的( )一端应与铁芯同时接地。

42. 三相变压器的额定电压,无论原边或副边均指其( ),额定电流指线电流。

43. 纯电阻交流电路中,电压与电流的电源相位关系是( )的。

44. 纯电感电路中,电流和电压的相位关系是电压( )电流 90°。

45. 纯电容电路中,电流和电压的相位关系是电压( )电流 90°。

46. 变配电所倒闸操作的基本原则:送电时先合( ),再合断路器;停电顺序与送电顺序相反。

47. 正弦交流电路中,总电压的有效值与电流的有效值的乘积通常把它叫( )。

48. 两个同频率的正弦量在相位上的差叫( )。

49. 三相负载接在三相电源上,若各相负载的额定电压等于电源的线电压,应作三角形连接,若各相负载的额定电压等于电源线电压 $1/\sqrt{3}$,应作( )连接。

50. 对称三相交流电路的总功率等于( )功率的 3 倍。

51. 用万用表的( )Ω 挡测晶闸管门极与阴极间的电阻,正反向阻值为数十欧姆,说明晶闸管正常。

52. 测量绝缘电阻的仪器是兆欧表,根据被测得部件的额定电压不同,其电压分别为( )V、500~1 000 V 和 25 00 V。

53. 电工测量指示仪表的有效测量范围,按刻度的形式分,均匀刻度者应为全量程,在零点附近刻度显著变窄者应为额定量程的( )%左右。

54. 电工测量仪表主要技术指标有准确度、灵敏度和( )。

55. 测量二次回路的绝缘电阻用 1 000 V 兆欧表,也可用 500 V 兆欧表代替,电压低于 2 kV 回路只允许用( )V 兆欧表测量。

56. 晶闸管导通期间所对应的角称为( ),它的值越大,负载上的输出电压越高。

57. 铁路信号的作用是显示( )、减速运行或准许按规定速度运行的运行条件,指挥行车和调车作业。

58. 隔离开关进行合闸操作完毕后,应检查各相( ),闸刀是否完全进入静触头内,接触是否严密。

59. 电力系统的过电压为外部和内部两大类别,其中内部过电压又分为( )、谐振过电压和工频过电压三种。

60. 变压器油在变压器中起着冷却和( )作用。

61. 在有些情况下为了缩短晶闸管的导通时间,加大触发电流两倍以上,这种触发形式为( )。

62. 测寻电缆故障定点的方法,常用的有( )和单线法两种。

63. 维持晶闸管导通所必须的最小阳极电流称为( )。

64. 电气设备出厂时进行的试验叫出厂试验;电气设备新安装后进行的试验叫交接试验;电气设备在运行中按规定的周期进行的试验叫( )。

65. 防止雷电直击电气设备一般采用避雷针及避雷线,防止感应雷击一般采用避雷器和( )。

66. 晶体二极管具有单向导电性,即加正向电压二极管导通,加反向电压就( )。

67. 3~10 kV 单回路的继电保护一般采用带速断或( )的过流保护。

68. 避雷器一般分为管形避雷器和( )避雷器。

69. 当接地体采用角钢打入地下时,角钢厚度不小于( )mm。

70. 接地电阻包括接地导线的电阻、接地体本身的电阻、接地体与大地间的接触电阻和( )四部分。

71. 在变压器中性点直接接地的三相四线制系统中,将其零线的一处或多处接地称为( )接地。

72. 电动机外观检查或电气试验时,质量有可疑或运转中有异常情况应进行( )。

73. 倒闸操作的五大步骤分别是:( )、通知及联系用户、填写倒闸票、核对模拟屏或图纸、实际操作。

74. 变配电所的声响信号中,事故声响由蜂鸣器发出,故障预报由( )发出。

75. 异步电动机可以通过改变( )、改变转差率和改变磁极对数三种方法调速,而三相笼型异步电动机最常用的调速方法是改变磁极对数。

76. 架空线路的导线最低点到连接导线两个固定点的直线的垂直距离称为( )。

77. 高压架空线路面向负荷侧,从(　　)起导线的排列相序是 L_1、L_2、L_3。

78. 新安装的变压器一般要进行(　　)次冲击合闸试验。

79. 高压断路器的操作机构有电磁式、弹簧式和液压式等几种形式,它们都附有(　　)和跳闸线圈。

80. 安装变电所的母线时,如果母线直线段的长度过大时,应有(　　)连接。

81. 用攻丝锥在孔壁上切制出(　　)称攻丝。

82. 攻丝所用的基本工具是(　　)和铰手。

83. 继电器的种类一般有过电流、低电压、瓦斯、(　　)和时间继电器等。

84. 变压器在空载时,一、二次绕组的电压之比称为变压器的(　　)。

85. 室内配线应尽量避免接头,导线连接和分支不应受到(　　)的作用。

86. 变压器运行性能的主要指标有两个,一是一次侧端电压的变化,二是(　　)。

87. 互感器的作用是将(　　)换为低电压小电流。

88. 根据保护装置对被保护元件所起的作用,可分为主保护、(　　)保护。

89. 交流电弧在电流过零时,电弧会(　　)。

90. 10 kV 线路的过流保护是(　　)的后备保护。

91. 重型多片矩形母线的安装中,母线与设备连接处采用软连接,连接的截面不应(　　)母线的截面。

92. 评定断路器性能的主要指标有:(　　)、额定电流、额定开断电流、额定断流容量、极限通过电流、热稳定电流及分、合闸时间等。

93. 不得将运行中变压器的(　　)保护和差动保护同时停用。

94. 继电器的动作时间不是固定的,而是按照短路电流的大小,沿继电器的特性曲线作相反的变化,即短路电流越小,动作时间越短,这种保护称为(　　)保护。

95. 少油开关也称贫油断路器,这种断路器中的油主要起(　　)作用。

96. 多油断路器中的油有两个方面的作用,一方面作为灭弧介质,另一方面作为断路器内部导电部分之间和导电部分对地的(　　)。

97. 负荷开关在断开位置时,像隔离开关一样有明显的断开点,因此也能起隔离开关的(　　)作用。

98. 互感器的测量误差分为两种,一种是(　　)误差,另一种是角误差。

99. 在电力系统中,通常采用并联电容器的方法,以提供感性负载所需要的无功功率,从而提高(　　)。

100. Yy8 连接组别,一、二次侧两方对应的线电势相位差等于(　　)。

101. 使用万用表测量电阻时首先应该(　　)。

102. 当电力电缆和控制电缆敷设在电缆沟同一侧支架上时,应将控制电缆放在电力电缆的下面,高压电力电缆应放在低压电力电缆的(　　)。

103. 电动机的制动方式分为两种:机械制动、(　　)。

104. 变压器绝缘油中的总烃、(　　)、氢含量高,说明设备中有电弧放电缺陷。

105. 二极管的伏安特性曲线就是加到二极管两端的电压和通过二极管的(　　)之间的关系曲线。

106. 安装带有瓦斯继电器的变压器应使其顶盖沿瓦斯继电器气流方向有(　　)的升高

坡度。

107. 用开关切断电路时,电流大于 80~100 mA,电压大于(   )V,就可能在触头间产生电弧。

108. 当高压电动机发生单相接地其电容电流大于(   )A 时,应装设接地保护,可作用于信号或跳闸。

109. 中性点直接接地的大电流系统接地电阻值不应大于(   )Ω。

110. 我国规定电力变压器上层油温不应高于(   )℃。

111. 高压油断路器一般采用(   )灭弧。

112. 三极管中,e 代表发射极,b 代表基极,c 代表(   )。

113. 功率表接入电路中,它的电压线圈和电流线圈分别与电路并联和(   )。

114. 三相电度表接入电路中,如果回路的电流较大时,应该用(   )接入电路。

115. 常用的整流元件是(   )。

116. 高压断路器按其采用的灭弧介质分,可分为油断路器、(   )、真空断路器、压缩空气断路器、磁吹断路器等类型。

117. 套丝所用的基本工具是(   )和铰手。

118. 低压电路中常用的开关有闸刀开关、铁壳开关、自动空气开关、(   )。

119. 变压器是根据(   )原理工作的,主要由铁芯、绕组、油箱、套管和油枕组成。

120. 过流保护的动作电流按躲过(   )来规定。

121. 变压器的(   )保护是按循环电流原理设计的一种保护。

122. 母线和螺杆端口连接时,母线的孔径不应大于螺杆端口直径(   )mm。

123. 磁力启动器主要分为不可逆式和(   )式磁力启动器。

124. 短路电流周期分量有效值,在短路全过程中是个始终不变的值,取决于短路线路的(   )和电抗。

125. 导线和电缆截面的选择应满足允许温升、电压损失、机械强度和(   )等要求。

126. 电压等级为 6 kV、10 kV、35 kV、110 kV 和 220 kV 的交流电,其模拟母线的标志颜色按规定分别是(   )、红、鲜黄、朱红和紫色。

127. 在防爆场所装设的电器通常有防爆钮、防爆插销、防爆信号灯、防爆电笛、(   )。

128. 扳把开关中心距离地面高度一般为(   )m,距门框为 150~200 mm。

129. 拉线开关距地面一般为 1.8 m,暗装的插座距地面不应低于 30 cm,儿童活动场所的插座应用(   )插座或安装高度不低于 1.8 m。

130. 二极管的主要参数有额定整流电流、最高反向(   )、最大整流电流。

131. 防止电缆绝缘击穿的措施:防止机械损伤、提高终端头和中间接头的(   )、严防绝缘受潮、敷设电缆应保证质量。

132. 重型多片矩形母线的安装中,母线与设备连接处采用(   ),连接的截面不应小于母线的截面。

133. 爆炸危险场所使用的电缆和绝缘导线其额定电压不应低于线路的额定电压,且不得低于(   )V,绝缘导线必须敷设在钢管内。

134. 露天安装的变压器与火灾危险场所的距离不应小于(   )m。

135. 一般工厂企业的变配电所多数采用中、小型变压器,这些变压器的附件都在制造厂装配好,整体运到工地,这类变压器的安装工作内容主要有搬运、外观检查、芯部检查、干燥、( )等工序。

136. 绝缘子在安装前,应测量它的绝缘电阻、低压绝缘子可用 500 V 兆欧表测量,绝缘电阻应在( )MΩ 以上,室外式支持绝缘,还必须逐个进行。

137. 架空线路紧线施工中,弧垂观测挡宜选挡距较大和悬挂点高差较小及接近( )的线挡。

138. 高压断路器的操动机构有电磁式、弹簧式和( )等几种形式。

139. 高压断路器的操动机构都附有合闸线圈和( )。

140. 蓄电池在初充电开始后( )小时内,应保证连续充电,电源不可中断。

141. 蓄电池手动端电池切换器的接线端子与端电池的连接应正确可靠,旋转手柄( )方向旋转时,应使电池数增加。

142. 半导体二极管 P 端引出线为( ),N 端引出线为负极。

143. 半导体二极管的内部结构可分为点接触式和( )。

144. 为防止隔离开关的误操作,常在隔离开关与断路器之间加装( ),这种装置有电气联锁和机械联锁两种。

145. 架空线路的杆塔按用途不同可分为:直线杆塔、耐张杆塔、转角杆塔、( )、分支线杆塔。

146. 500 V 及以下电机绝缘电阻不应低于( )MΩ。

147. 隔离开关的主要作用是( ),它在结构上有一个显著的特点,就是具有明显的断开点。

148. 两线圈串联时,若将它们的异名端相连,称为( )。

149. 两线圈串联时,若将它们的同名端相联,称为( )。

150. 三相异步电动机在运行中应装设( )保护和短路保护。

151. 电动机启动时,要求启动电流尽可能小些,以免( ),启动转矩尽可能大些,是为了使启动时间短。

152. 三相绕线电动机启动方法是( )接入适当的启动电阻,或者串频敏变阻器。

153. 速断保护的灵敏度,应按其安装处的( )短路电流为最小短路电流来校验。

154. 接触器是利用电磁吸力使电路接通与断开的一种自动控制器,它的主要结构有电磁系统和( )系统两大部分。

155. 当电机容量小于 10 kW 或容量不超过电源变压器的( )%时都允许直接启动。

156. 照明和动力线路常见的故障有短路、断路和( )三种。

157. 二极管有两种类型,即 PNP 型和( )型。

158. 晶闸管有三个电极,即阳极、阴极和( )。

159. 晶闸管的管芯是由( )四层半导体材料组成,它具有三个 PN 结。

160. 断路器在合闸时,机构产生跳跃的主要原因是辅助开关分断( ),KK 开关在合闸位置保持时间太短。

161. 不论在高压还是低压设备上使用兆欧表均须停电,且要保证( )的可能。

162. 断路器控制回路由控制元件、中间放大元件和( )三个部分组成。

163. 环形接线的高压线路在运行时,一般采用( )运行。

164. 进行变配电所的检修工作,工作负责人应提前填写( )。

165. 变配电所中,母线一般多用( )进行分断。

二、单项选择题

1. 交流 10 kV 母线电压是指交流三相三线制的( )。
(A)线电压　　(B)相电压　　(C)线路电压　　(D)设备电压

2. 工频交流耐压试验是试验被试品绝缘承受各种( )能力的有效方法。
(A)额定电压　　(B)过电流　　(C)过电压　　(D)过电流

3. 交流耐压试验的电压、( )、幅值和频率在被试品绝缘内部电压的分布,均符合实际的运行情况,能有效发现绝缘缺陷。
(A)电流　　(B)电压　　(C)波形　　(D)幅值

4. 交流耐压试验根据国家各种设备的绝缘材质和可能遭受的过电压倍数,规定耐压时间为( )。
(A)1 min　　(B)3 min　　(C)5 min　　(D)6 min

5. 交流试验电压换算出所选用的直流电压为交流电压的( )。
(A)1.5 倍　　(B)2.4 倍　　(C)2.5 倍　　(D)3 倍

6. 用兆欧表测量电力变压器、电力电缆和电动机等设备,在施加直流电压后便有三种电流产生:电导电流、电容电流、( )。
(A)电容电流　　(B)电感电流　　(C)吸收电流　　(D)充电电流

7. 变压器的额定容量 S_e 是指在铭牌上所规定的状态下变压器输出的( )保证值。
(A)有功功率　　(B)无功功率　　(C)视在功率　　(D)瞬时功率

8. 新安装的变压器在投入运行前,应全压合闸( )。
(A)1 次　　(B)2 次　　(C)3 次　　(D)5 次

9. 电力变压器的高压线圈常绕在低压线圈的( )。
(A)外面　　(B)里面　　(C)左面　　(D)右面

10. 在爆炸危险场所的接地干线,通过与其他场合共同的隔离墙或楼板时,穿厚壁管保护,保护管与建筑物的空隙用水泥砂浆充填严实,保护管两端用密封胶泥填封,填塞深度不小于( )和 50 mm。
(A)管子内径的 1.5 倍　　(B)管内径的 3 倍
(C)50 mm　　(D)60 mm

11. 相同电容量的三个单相电容器,采用三角形接线的容量为采用星形接线容量的( )。
(A)2 倍　　(B)2.5 倍　　(C)3 倍　　(D)4 倍

12. 国家标准规定,高压电容器组的容量较大时(超过 400 kvar),宜采用( )接线。
(A)星形　　(B)三角形　　(C)并接　　(D)串接

13. 三相四线制电路中,A 相负载最小,C 相负载最大,若中性线断开时,则( )。
(A)C 相电压增加　　(B)B 相电压增加
(C)A 相电压增加　　(D)A、B、C 三相电压都增加

14. 对称三相电路功率计算中,$P=\sqrt{3}UI\cos\Phi$,其中 U、I 指的是( )。

(A)线电压,线电流

(B)相电压,相电流

(C)既可以是线电压(流),也可以是相电压(流)

(D)既不是线电压(流),也不是相电压(流)

15. 电气图包括:电路图、功能表图和(　　)等。

(A)系统图和框图　　　(B)部件图　　　(C)原件图　　　(D)装配图

16. 配线过程中,为防止接头腐蚀铜线与铝线的连接要采用(　　)。

(A)铝接线端子　　　(B)铜接线端子　　　(C)铜铝过渡接头　　　(D)以上答案均可

17. 对电气绝缘安全用具要妥善保管,安放在(　　)位置并有专人负责管理。

(A)干燥通风　　　(B)指定　　　(C)专人负责　　　(D)登账

18. 每年一次预防性试验的绝缘安全用具是(　　)。

(A)绝缘棒　　　(B)验电笔　　　(C)绝缘手套　　　(D)橡胶绝缘靴

19. 每半年一次预防性试验的绝缘安全用具有(　　)、绝缘手套、橡胶绝缘靴。

(A)绝缘棒　　　(B)验电笔　　　(C)绝缘手套　　　(D)橡胶绝缘靴

20. 高处作业吊篮除做好日常检查定期保养外,经使用(　　)月(1 200 h)后,必须进行三级保养大修。

(A)4 个　　　(B)5 个　　　(C)6 个　　　(D)8 个

21. 用来测量(　　)的仪表称为电度表。

(A)电能　　　(B)功率　　　(C)电功率　　　(D)功率因数

22. 为了改善断路器多断口之间的均压性能,通常采用的措施是在断口(　　)。

(A)并联电阻　　　(B)并联电感　　　(C)并联电容　　　(D)串联电阻

23. 如果触电者心跳停止而呼吸尚存,应立即对其施行(　　)急救。

(A)仰卧压胸法　　　　　　　　　(B)仰卧压背法

(C)胸外心脏按压法　　　　　　　(D)口对口呼吸法

24. 电流通过人体最危险的途径是(　　)。

(A)左手到右手　　　(B)左手到脚　　　(C)右手到脚　　　(D)左脚到右脚

25. 电动机轴承要运行平稳、低噪声、经济和支撑结构简单等,因此(　　)类型是电动轴承的最佳选择。

(A)圆柱辊子轴承　　　(B)推力球轴承　　　(C)调整球轴承　　　(D)深沟球轴承

26. 在地势宽广、土质较硬,地面基本平整的通路旁起立长为 11 m 或 12 m,重量在 1.3 t 及以下的水泥电杆时,应用(　　)立杆。

(A)人字拖杆　　　　　　　　　　(B)倒落式拖杆

(C)人工叉杆　　　　　　　　　　(D)汽车起重机(汽车吊)

27. 在爆炸危险程度较低的 2 区及 11 区,选用电缆或电线宜用铜线,其截面应大于(　　)。

(A)1 mm^2　　　(B)1.5 mm^2　　　(C)2.5 mm^2　　　(D)3.5 mm^2

28. 在爆炸危险场所选用穿线管时,一般选用(　　)。

(A)镀锌水煤气钢管　　　　　　　(B)黑铁水煤气管

(C)塑料管　　　　　　　　　　　(D)钢管

29. 对电缆进线的防爆电器,例如移动电器,应选用( )。

(A)铠装电缆　　　(B)塑料护套电缆　　(C)橡套电缆　　　(D)交联电缆

30. 在爆炸危险场所防静电接地装置与防感应雷电电气设备的接地装置可共同设置,其接地电阻值应为 4 Ω。只作静电保护的接地电阻应不大于( )。

(A)4 Ω　　　(B)10 Ω　　　(C)100 Ω　　　(D)120 Ω

31. 10 kV 室外配电装置的最小相间安全距离为( )。

(A)125 mm　　　(B)200 mm　　　(C)400 mm　　　(D)300 mm

32. 在爆炸危险场所采用导线穿管敷设时,电线接头设在( )处。

(A)防爆接线盒内　　(B)钢管内　　　(C)隔离密封盒内　　(D)隔离密封盒外

33. 在火灾危险环境内,电气开关及正常运行产生火花的电气设备,应远离可燃物的存放地点( )以上。

(A)3 m　　　(B)5 m　　　(C)10 m　　　(D)15 m

34. 发现人员触电时,应( ),使之脱离电源。

(A)立即用手拉开触电人员　　　　　(B)用绝缘物体拨开电源或触电者

(C)用铁棍拨开电源线　　　　　　　(D)立即组织人员维护好现场秩序

35. 进行变配电所检修时,封挂的临时接地线的截面应不小于( )。

(A)16 mm²　　　(B)25 mm²　　　(C)35 mm²　　　(D)45 mm²

36. 三芯铠装交联电缆的铜屏蔽层和铠装层应分别接地,铜屏蔽层所用接地线截面为( )。

(A)100 mm²　　　(B)25 mm²　　　(C)50 mm²　　　(D)60mm²

37. 纸绝缘电缆剥除统包纸后扳弯线芯时,为不损坏相绝缘纸,线芯的弯曲半径应不少于其直径的( )。

(A)5 倍　　　(B)10 倍　　　(C)15 倍　　　(D)20 倍

38. 下列型号中,表示针式、10 kV 电压、铁横担用绝缘子的型号是( )。

(A)XP—4C　　　(B)E—10　　　(C)P—10T　　　(D)P—10MC

39. 电流表使用时要与被测电路( )。

(A)混联　　　(B)短路　　　(C)串联　　　(D)并联

40. 电压表使用时要与被测电路( )。

(A)串联　　　(B)并联　　　(C)混联　　　(D)短路

41. 电度表按接入方式分有直接接入和经( )接入两种方式。

(A)电流表　　　(B)电压表　　　(C)功率表　　　(D)互感器

42. 用万用表 $R\times100$ 挡测电阻,当读数为 50 Ω 时,实际被测电阻为( )。

(A)100 Ω　　　(B)50 Ω　　　(C)5 000 Ω　　　(D)500 Ω

43. 兆欧表的额定转速为( )。

(A)80 r/min　　　(B)100 r/min　　　(C)120 r/min　　　(D)150 r/min

44. 钳形电流表的主要优点是( )。

(A)准确度高　　　　　　　　　　　(B)灵敏度高

(C)功率损耗小　　　　　　　　　　(D)不必切断电路即可以测量电流

45. 通用示波器的漂移检查,应当在( )立即开始观测。

　　(A)一开机时　　　　　　　　　　　(B)光点基本稳定后

　　(C)经过规定的预热时间后　　　　　(D)检定完示波器的其他项目后

46. 高压隔离开关允许长期工作温度不应超过(　　)。为便于监视接头和触头的温度可采用变色漆或示温片。

　　(A)70℃　　　　　(B)75℃　　　　　(C)80℃　　　　　(D)90℃

47. 在少油断路器中,油起(　　)作用。

　　(A)绝缘　　　　　(B)介质　　　　　(C)灭弧　　　　　(D)散热

48. 真空断路器主要用于(　　)电压等级。

　　(A)3～10 kV　　　(B)35～110 kV　　(C)220～500 kV　　(D)10～35 kV

49. 高压跌落式熔断器安装时,应使熔体管与垂直方向成(　　)夹角。

　　(A)20°　　　　　(B)30°　　　　　(C)40°　　　　　(D)50°

50. 安装高压跌落式熔断器的周围环境,应无导电尘埃、腐蚀性气体,无易燃、易爆危险品,不处于(　　)的户外场所。

　　(A)施工现场　　　(B)接近建筑物　　(C)剧烈振动　　　(D)污染环境

51. 隔离开关的重要作用包括(　　)、隔离电源、拉合无电流或小电流电路。

　　(A)拉合空载线路　(B)倒闸操作　　　(C)通断负荷电流　(D)通断空载电流

52. 10 kV 高压隔离开关合闸时,三相动闸刀与静触头应同时接触,各相前后相差不大于(　　)。

　　(A)2 mm　　　　　(B)3 mm　　　　　(C)4 mm　　　　　(D)5 mm

53. 10 kV 高压隔离开关合闸后,动闸刀进入静触头的深度,不应小于静触头长度的(　　)。

　　(A)80%　　　　　(B)90%　　　　　(C)100%　　　　　(D)110%

54. 三相电力变压器一次接成星形,二次为星形的三相四线制,其相位关系用钟时序数表示为 12,其联结组表示为(　　)。

　　(A)Y,yn0　　　　(B)D,yn11　　　　(C)D,yn12　　　　(D)Y,yn12

55. 三相电力变压器测得绕组每相的直流电阻值与其他相绕组在相同的分接头上所测得的直流电阻值比较,不超过三相平均值的(　　)为合格。

　　(A)±1.5%　　　　(B)±2%　　　　　(C)±2.5%　　　　(D)±3.5%

56. 油浸电力变压器的呼吸器硅胶的潮解不应超过(　　)。

　　(A)1/2　　　　　(B)1/3　　　　　(C)1/4　　　　　(D)1/5

57. 油浸电力变压器的气体保护装置轻气体信号发生动作,取气样分析为无色、无味且不可燃,色谱分析为空气,这时变压器(　　)。

　　(A)必须停运检查　(B)可以继续运行　(C)不许再投入运行　(D)报废

58. 油浸电力变压器进行吊芯检查时,铁芯在空气中存放的时间干燥天气(相对湿度不大于65%)不应超过(　　)。

　　(A)12 h　　　　　(B)15 h　　　　　(C)16 h　　　　　(D)17 h

59. 油浸变压器(10 kV)油的击穿电压要求,新油不低于 25 kV,运行油不低于(　　)。

　　(A)18 kV　　　　(B)20 kV　　　　(C)25 kV　　　　(D)30 kV

60. 电力变压器的电压比是指变压器在(　　)运行时,一次电压与二次电压的比值。

(A)空载　　　　　　(B)负载　　　　　　(C)短路　　　　　　(D)断路

61. 变压器并列运行的条件之一是各变压器的电压比应相等,实际运行时允许相差(　　)。

(A)±0.5%　　　　(B)±5%　　　　(C)±10%　　　　(D)±20%

62. 油浸电力变压器运行的上层油温一般应在(　　)以下。

(A)75℃　　　　(B)85℃　　　　(C)95℃　　　　(D)100℃

63. 三相四线制 Y,Yn12 变压器低压中性线电流,不允许超过相线额定电流的(　　)。

(A)15%　　　　(B)20%　　　　(C)25%　　　　(D)30%

64. 单相变压器其他条件不变,当二次侧电流增大时,一次侧的电流(　　)。

(A)变大　　　　(B)变小　　　　(C)不变　　　　(D)无法确定

65. 运行中的变压器油,如果失去透明度和荧光,则说明其中含有(　　)等杂质。

(A)游离碳　　　　(B)游离子　　　　(C)负离子　　　　(D)以上答案均可

66. 3~10 kV 架空线路常用铁横担规格为不小于(　　)。

(A)45 mm×45 mm×4 mm　　　　　　(B)50 mm×50 mm×5 mm

(C)63 mm×63 mm×6 mm　　　　　　(D)70 mm×70 mm×7 mm

67. 城镇区的低压配电线路,如线路附近有建筑物,则电杆上的零线应设在(　　)。

(A)靠近电杆　　　　　　　　　　(B)远离建筑物侧

(C)靠近建筑物侧　　　　　　　　(D)以上答案都不正确

68. 架空线路耐张段的长度,对于 35 kV 线路,不宜大于(　　),10 kV 及以下线路,不宜大于 2 km。

(A)10 km　　　　(B)3~5 km　　　　(C)2 km　　　　(D)8 km

69. 10kV 及以下电力线路与 35kV 线路同杆架设时,导线间垂直距离不应小于(　　)。

(A)1.0 m　　　　(B)2.0 m　　　　(C)3.0 m　　　　(D)4.0 m

70. 3~10 kV 架空电力线路的导线与拉线、导线与电杆、导线与架构间的净空距离,不应小于 0.2 m。电力线路的引下线与低压线路的引下线间的距离不宜小于(　　)。

(A)0.2 m　　　　(B)0.3 m　　　　(C)0.15 m　　　　(D)0.35 m

71. 架空线路直线杆在竖立后,其中心线与线路中心线的偏差不应超过 50 mm。直线杆的中心线应垂直地面,电杆的倾斜量不应使杆梢的位移大于(　　)。

(A)1/2 梢径　　　　(B)1 个梢径　　　　(C)1/4 梢径　　　　(D)1/3 梢径

72. 用于需要跨过道路的电杆上的拉线称为(　　)。

(A)侧面拉线　　　　(B)自身拉线　　　　(C)水平拉线　　　　(D)垂直拉线

73. 架空线路敷设时,耐张杆、转角杆和终端杆的本身拉线,应在导线紧线(　　)做好。

(A)前　　　　(B)中　　　　(C)后　　　　(D)左

74. 拉线穿越公路时,对路面中心的垂直距离不应小于(　　)。

(A)5 m　　　　(B)6 m　　　　(C)8 m　　　　(D)9 m

75. 户内 10 kV 带电导体裸露部分对地和相间距离应不小于(　　)。

(A)100 mm　　　　(B)125 mm　　　　(C)180 mm　　　　(D)200 mm

76. 并联电容器停电后,自放电装置能将电容器在退出运行初始峰值电压在 3 min 内降到(　　)以下,以保证运行及维修安全。

(A)3 V　　　　(B)5 V　　　　(C)50 V　　　　(D)65 V

77. 并联电容器的运行电压不得超过 1.1 倍额定电压,过电流不能超过(　　)额定电流。

(A)1.05 倍　　　　(B)1.1 倍　　　　(C)1.3 倍　　　　(D)1.5 倍

78. 并联电容器允许在(　　)额定电压下长期运行。

(A)1.05 倍　　　　(B)1.1 倍　　　　(C)1.2 倍　　　　(D)1.5 倍

79. 在高压并联电容器回路中串联电抗器,电抗器的感抗值一般为并联电容器组工频容抗值的(　　)。

(A)5%　　　　(B)6%　　　　(C)7%　　　　(D)8%

80. GL 系列感应型过电流继电器,感应元件构成(　　)保护。

(A)电流速断　　(B)带时限过电流　　(C)限时电流速断　　(D)过负荷

81. 阀型避雷器的工作特点是,在大气过电压时,允许通过很大的(　　),而在工作电压下,它又能自动限制工频电流的通过。

(A)额定电流　　(B)工频电流　　(C)短路电流　　(D)冲击电流

82. 管型避雷器是在大气过电压时用以保护(　　)的绝缘薄弱环节。

(A)电缆线路　　(B)架空线路　　(C)变压器　　(D)断路器

83. FZ 型普通阀式避雷器严重受潮后,绝缘电阻(　　)。

(A)变大　　　　(B)不变

(C)变化规律并不明显　　　　(D)变小

84. 为保证电力系统和电气设备的正常工作及安全运行,将电网的一点接地称为(　　)。

(A)工作接地　　(B)保护接地　　(C)保护接零　　(D)工作接零

85. 电源中性点不接地的供电系统中采用保护接地称为(　　),在电源中性点接地的供电系统中采用保护接地称为 TT 系统。

(A)TT 系统　　(B)IT 系统　　(C)WT 系统　　(D)ZT 系统

86. 在保护接零的供电系统中,表示三相五线制的代号是 TN-S 系统,表示三相四线制的代号是(　　),表示干线为三相四线制、支线为三相五线制的代号是 TN-C-S 系统。

(A)TN-C 系统　　　　(B)TN-S 系统

(C)TN-C-S 系统　　　　(D)以上答案都不正确

87. 重复接地的接地电阻要求 $R_E' \leqslant$(　　)。

(A)0.5 Ω　　(B)4 Ω　　(C)10 Ω　　(D)0

88. 变压器中性点接地叫工作接地,变压器外皮接地叫(　　)接地。

(A)保护接零　　(B)保护接地　　(C)工作接零　　(D)以上均可

89. 接地干线沿墙明设,支持件间的距离,在水平直线部分宜为 0.5～1.5 m,垂直部分宜为(　　),转弯部分宜为 0.3～0.5 m。

(A)0.3～0.5 m　　(B)0.5～1.5 m　　(C)1～2 m　　(D)1.5～3 m

90. 接地线沿建筑墙壁水平敷设时,离地面距离宜为 250～300 mm,接地线与建筑物墙壁间的间隙宜为(　　)。

(A)10～15 mm　　(B)15～30 mm　　(C)30～50 mm　　(D)100～200 mm

91. 垂直埋设接地体沟深为(　　),用锤子将接地体打入地中,接地体的顶端应露出沟底 100～200 mm,以便焊接接地线。

(A)0.5～0.8 m　　　(B)0.8～1 m　　　(C)1～1.5 m　　　(D)100～200 mm

92. 低温敷设电缆将损伤其绝缘,橡胶绝缘的橡胶或聚氯乙烯护套电缆的最低允许敷设温度规定为(　　　),低于此温度,应采取电缆加热措施。

(A)0℃　　　　　　(B)－7℃　　　　　(C)－15℃　　　　　(D)－20℃

93. 6～10 kV 交联聚乙烯电力电缆的普通支架或吊架层间距的最小允许值是(　　　)。

(A)120 mm　　　(B)200～250 mm　　(C)300 mm　　　　(D)300～350 mm

94. 使用机械牵引敷设电缆时,若用牵引头,则电缆铜芯允许的牵引强度为(　　　)。

(A)70 N/mm²　　　(B)40 N/mm²　　　(C)10 N/mm²　　　(D)20 N/mm²

95. 对树干式接线方式的高压线路,其分支线数一般不超过(　　　)。

(A)4 个　　　　　(B)5 个　　　　　(C)6 个　　　　　(D)8 个

96. 负荷率是反映企业用电均衡程度的主要标志。负荷率(　　　)1,表明设备利用率越高,用电均衡越好。

(A)等于　　　　　　　　　　　　(B)小于

(C)接近　　　　　　　　　　　　(D)以上答案均不正确

97. 国家标准规定,企业日负荷率不应低于以下指标:连续性生产企业(　　　);两班制生产企业 60%。

(A)95%　　　　　(B)85%　　　　　(C)60%　　　　　(D)50%

98. 单回路放射式高压线路一般适用于(　　　)负荷。

(A)一级　　　　　(B)二级　　　　　(C)三级　　　　　(D)四级

99. 电力负荷根据其重要性和中断供电在政治、经济上所造成的损失或影响的程度,分为(　　　)。

(A)二级　　　　　(B)三级　　　　　(C)四级　　　　　(D)五级

100. 供电系统补充无功功率主要由发电机和线路(　　　)产生。

(A)电阻　　　　　(B)电感　　　　　(C)电容　　　　　(D)电压

101. 供电系统补充无功功率,应加装的装置是(　　　)负载。

(A)电阻性　　　　　　　　　　　(B)感性

(C)容性　　　　　　　　　　　　(D)以上答案均不正确

102. 供电线路消耗的有功功率与功率因数的(　　　)成反比。

(A)大小　　　　　　　　　　　　(B)平方

(C)立方　　　　　　　　　　　　(D)以上答案均不正确

103. 为提高自然功率因数,当电动机轻载运行时,可将其定子绕组由(　　　)改接为星形。

(A)星形　　　　　　　　　　　　(B)三角形

(C)延边三角　　　　　　　　　　(D)以上答案均可

104. 高压供电的工业用户和高压供电装有带负荷调整电压装置的用户,功率因数为(　　　)以上。

(A)80%　　　　　(B)85%　　　　　(C)90%　　　　　(D)95%

105. 10 kV 电流互感器在变电所的电能计量的准确度为(　　　)。

(A)0.2 级　　　　(B)0.5 级　　　　(C)1 级　　　　　(D)3 级

106. 10 kV 油浸式电压互感器的上盖注油塞在送电运行时,应处于(　　　)状态。

(A)紧扣 (B)松扣 (C)摘下来 (D)均可

107. 互感器是电力系统中供( )用的重要设备。

(A)测量和绝缘 (B)控制和保护 (C)测量和保护 (D)测量和控制

108. 10 kV 电压互感器在电网发生单相接地时,如厂家无明确规定,其允许运行时间一般不得超过( )。

(A)2 h (B)3 h (C)5 h (D)6 h

109. 金属氧化物避雷器 Y10W5—100/248 中的 100 指的是( )。

(A)额定电压 (B)持续运行电压

(C)雷电流 (D)雷电流 10 kA 下的残压

110. FZ 型普通阀式避雷器,绝缘电阻显著增大时一般原因为( )。

(A)并联电阻断开 (B)阀片老化

(C)变化规律并不明显 (D)变小

111. 正在处理故障或进行倒闸作业时不得进行交接班,未办理交接班手续时,交接人员不得擅离职守,应( )值班工作。

(A)及时汇报 (B)服从安排 (C)正常交接 (D)继续担当

112. 电气试验的球间隙,是为了限制试验回路可能出现的过电压,其放电电压调整为试验电压的( )左右。

(A)1 倍 (B)1.1 倍 (C)1.2 倍 (D)1.3 倍

113. 当变压器内部发生故障产生气体,或油箱漏油使油面降低时,( )能接通信号或跳闸回路,以保护变压器。

(A)气体继电器 (B)冷却装置 (C)吸湿器 (D)加湿器

114. 变压器正常运行时,各部件的温度是( )。

(A)互不相关的 (B)相同的 (C)不同的 (D)不一定

115. 造成高压电容器组爆炸的主要原因之一是( )。

(A)运行中温度变化 (B)内过电压

(C)内部发生相间短路 (D)内过电流

116. 电力电容器在室内温度达到( )时,应将电容器组退出运行。

(A)30℃ (B)35℃ (C)40℃ (D)45℃

117. 拆除临时接地线的顺序是( )。

(A)先拆除接地端,后拆除设备导体部分 (B)先拆除设备导体部分,后拆除接地端

(C)同时拆除接地端和设备导体部分 (D)没有要求

118. 10 kV 级变配电所的接地装置中,对接地体的要求是:接地体应距变配电所的墙壁 2 m 以上,垂直埋设的接地体长度应为( ),两根接地体间距离应为 5 m。

(A)1.5 m (B)2 m (C)2.5 m (D)3 m

119. 交联电缆热收缩型终端头制作中,用于改善电场分布的是( )。

(A)绝缘管 (B)手套

(C)应力控制管 (D)以上答案都不正确

120. 交联电缆终端头在我国目前应用最广泛的是( )。

(A)绕包型 (B)热缩型 (C)预制型 (D)冷收缩型

121. 制作 10 kV 环氧树脂电缆中间接头时,其极间距离为(　　)。

(A)18 mm　　　　(B)19 mm　　　　(C)20 mm　　　　(D)17 mm

122. 电缆运行中绝缘最薄弱、故障率最高的部位是(　　)和中间接头。

(A)电缆终端头　　(B)中间接头　　　(C)电缆本体　　　(D)均可

123. 电缆线路一般都装设(　　)保护装置。

(A)零序电流　　　(B)过流电流　　　(C)速断电流　　　(D)短路电流

124. 电缆预防性试验的合格标准是加标准直流试验电压(　　)不击穿,且泄漏电流不大于 1 min 时的泄漏电流。

(A)5 min　　　　(B)10 min　　　　(C)12 min　　　　(D)13 min

125. 测量电缆线芯对地绝缘电阻、金属屏蔽的绝缘电阻或各相线芯之间的绝缘电阻,对 0.6/1 kV 及以上的额定电压的电缆应使用(　　)兆欧表。

(A)1 000 V　　　(B)2 500 V　　　(C)5 000 V　　　(D)6 000 V

126. 对 10 kV 纸绝缘电缆作直流耐压试验,其试验电压应为 47 kV,若升压变压器变压比为 50 000 V/200 V,则应在低压侧所加电压为(　　)。

(A)188 V　　　　(B)138 V　　　　(C)197 V　　　　(D)200 V

127. 判定电缆运行中发生的故障是属于哪种性质,可以用(　　)来测判。

(A)加压试验法　　　　　　　　　　(B)兆欧表或万用表法

(C)以上答案均可　　　　　　　　　(D)以上答案均不正确

128. 寻测电缆断线故障的方法通常采用(　　)和声测法。

(A)电桥法　　　(B)低压脉冲法　　(C)高压闪络法　　(D)声测法

129. 用感应法可以准确地找出电缆埋设的路径。将声频信号接通,接收线圈位于电缆的正上方时,从耳机中可听到的声音(　　)。

(A)最大　　　　　　　　　　　　　(B)最小

(C)正常　　　　　　　　　　　　　(D)以上答案均不正确

130. 对统包型电缆进行耐压试验中发现 A 相击穿,后经加压试验及拆地线的方法进一步分析,拆除 B 相地线后仍击穿放电,而在拆除 C 相地线后不再击穿放电了,因此判断故障为(　　)。

(A)A 相接地　　　　　　　　　　　(B)B 相接地

(C)A、C 相击穿短路　　　　　　　　(D)以上答案均可

131. 纸绝缘电缆终端头或中间接头制作工艺中要把铅包断口胀成喇叭口,其目的是(　　)。

(A)填充绝缘　　　　　　　　　　　(B)改善电场分布

(C)增加绝缘强度　　　　　　　　　(D)以上答案均不正确

132. 电力电缆在直流耐压试验时,当直流电压升高到某值时,电缆发生击穿现象,但去掉电压测量其绝缘电阻值却很高,再次升压又发生击穿,去掉电压又恢复绝缘,这种现象是(　　)故障。

(A)单相接地　　　(B)多相接地　　　(C)短路　　　　　(D)闪络性

133. 泄漏电流测量时,其试验电压一般分别为四段,每次升压应停留(　　)后读取泄漏电流值。

(A)15 s　　　　(B)30 s　　　　(C)60 s　　　　(D)120 s

134. 摇测电缆绝缘电阻,测其吸收比,是分别取(　　)和 15 s 的绝缘电阻值进行计算得出吸收比,其值越大越好。

(A)15 s　　　　(B)30 s　　　　(C)60 s　　　　(D)120 s

135. 视在功率 S 的单位是(　　)。

(A)W　　　　(B)VA　　　　(C)var　　　　(D)都可以

136. 对称三相电路中,瞬时值恒定不变的是(　　)。

(A)线电压　　　(B)线电流　　　(C)功率　　　(D)电动势

137. 10 kV 黏性油浸纸绝缘铠装电缆允许的最大落差为(　　)。

(A)5 m　　　　(B)10 m　　　　(C)15 m　　　　(D)25 m

138. 一般情况下,继电保护装置由(　　)组成。

(A)测量部分　　　　　　　　(B)逻辑部分

(C)执行部分　　　　　　　　(D)测量部分、逻辑部分和执行部分

139. 继电保护的"三误"是指(　　)。

(A)误整定、误实验、误碰　　　　(B)误整定、误接线、误实验

(C)误接线、误碰、误整定　　　　(D)误接线、误实验、误整定

140. 当系统发生故障时,正确及时的切除故障点避免波及其他线路是继电保护(　　)的体现。

(A)安全性　　　(B)快速性　　　(C)重要　　　(D)可靠性

141. 变电站除正常照明灯以外,还应设置足够的(　　)。

(A)事故照明灯　(B)事故应急制度　(C)事故照明线路　(D)事故照明开关

142. 当变电站全站失电时,事故照明灯应(　　)燃亮,以便于值班人员处理事故。

(A)自动　　　(B)手动　　　(C)自动或手动　　　(D)人工接通开关

143. 操作票应根据值班调度员或(　　)下达的操作计划进行操作。

(A)上级领导　(B)监护人　　(C)值班长　　　(D)操作人

144. 倒闸操作必须在接到(　　)的命令后才可进行。

(A)调度员　(B)技术员　　(C)主管人员　　(D)值班电工

145. 进行变配电所检修时,工作票应由(　　)填写。

(A)工作人员　(B)工作负责人　(C)生产主管　　(D)技术人员

146. 进行变配电所检修时,工作许可人应是(　　)。

(A)调度员　(B)值班人员　(C)调度长　　(D)值班长

147. 防止电气误操作的措施包括组织措施和(　　)。

(A)绝缘措施　(B)安全措施　(C)接地措施　　(D)技术措施

148. 在交接班过程中发生事故时,应(　　)。

(A)继续交接班,交接班结束后在进行处理　(B)停止交接班,由接班人员处理

(C)停止交接班,由交班人员处理　　　　(D)继续交接班,观察事故是否扩大

149. 一式二份的工作票,一份由工作负责人收执,作为进行工作的依据,一份由(　　)收执,按值移交。

(A)工作负责人　(B)工作票签发人　(C)工作班成员　　(D)运行值班人员

150. "两票三制"中的"三制"是指（　　）。

（A）交接班制、巡回检查制、设备定期试验轮换制

（B）交班制、接班制、巡回检查制

（C）班前会制、班后会制、巡回检查制

（D）设备运行制、设备检修制、设备定期试验轮换制

151. 对有人值班的变（配）电所，电力电缆线路每（　　）应进行一次巡视。

（A）班　　　　　　（B）周　　　　　（C）月　　　　　（D）年

152. 倒闸操作票执行后，必须（　　）。

（A）保存至交接班　　（B）保存三个月　　（C）长时间保存　　（D）不保存

153. 倒闸操作中，如发现误合上断路器，应（　　）。

（A）不作处理，等待领导指示　　　　（B）不作处理，等待调度指示

（C）立即将其断开　　　　　　　　　（D）立即将其断开，再合

154. 发生人身触电或火灾事故时，值班人员可不经许可立即按操作程序断开有关设备的电源，以利抢救与灭火。但事后必须即刻报告上级并（　　）。

（A）宣传教育　　　（B）吸取教训　　　（C）做好记录　　　（D）引以为鉴

155. 接地线应用多股软铜线，其截面符合短路电流的要求，但不得小于（　　）。

（A）16 mm²　　　（B）25 mm²　　　（C）50 mm²　　　（D）75mm²

156. 检修工作地点，在工作人员上下铁架和梯子上应悬挂（　　）。

（A）从此上下　　　　　　　　　（B）在此工作

（C）止步，高压危险　　　　　　（D）禁止攀登，高压危险

157. 绝缘棒主要用于高压隔离开关、（　　）设备的操作，其大小和尺寸取决于操作电气设备的电压等级。

（A）高压负荷开关　　　　　　　　（B）高压隔离开关

（C）高压熔断器（含跌落式熔断器）　（D）绝缘

158. 基本安全用具有绝缘棒、（　　）。

（A）绝缘棒　　　（B）携带式接地线　　（C）电压指示器　　（D）测相序棒

159. 绝缘垫每（　　）进行一次交流耐压试验。

（A）4 年　　　　（B）3 年　　　　（C）2 年　　　　（D）1 年

160. 测量电气设备的绝缘电阻，是检查其绝缘状态，（　　）其可否投入运行的最为简便的辅助方法。

（A）检查　　　　　　　　　（B）判断

（C）试验　　　　　　　　　（D）以上答案都不正确

161. 测绝缘电阻时要使测量能真实代表试品的绝缘电阻值，通常要求加压（　　）时间后，读取指示的数值。

（A）1.5 s　　　（B）1 min　　　（C）5 min　　　（D）3 min

162. 直流输电系统的一次电路主要由整流站、逆变站和（　　）组成。

（A）直流线路　　　　　　　　（B）交流变压器

（C）直流变压器　　　　　　　（D）控制调节保护系统

163. 人体受到电击时，人体电阻越（　　），流过的电流越大，人体受到的伤害越大。

(A)大　　　　　(B)小　　　　　(C)无关　　　　　(D)一样

164. 工频交流电的平均感觉电流,成年男性约为(　　　),成年女性约为0.7 mA。

(A)1.1 mA　　　(B)1.5 mA　　　(C)2.0 mA　　　(D)5.0 mA

165. 人体两处同时触及两相带电体的电击事故是(　　　)。

(A)单相电击　　　(B)两相电击　　　(C)跨步电压电击　　　(D)接触电压电击

三、多项选择题

1. 由于(　　　)造成事故的,当事人应当负直接责任或主要责任。

(A)违章指挥或违章作业、冒险作业

(B)违反安全生产责任制和操作规程

(C)违反劳动纪律

(D)擅自开动机械设备,擅自更改、拆除、毁坏、挪用安全装置和设备

2. 事故调查处理的原则是(　　　)。

(A)实事求是,尊重科学　　　(B)"四不放过"　　　(C)分级管辖

(D)公正、公开　　　(E)政府监督

3. 保证安全的技术措施应包括(　　　)。

(A)停电　　　　　　　　　　(B)验电

(C)装设接地线　　　　　　　(D)悬挂安全标示牌

4. "五同时"是指企业生产(经营)的领导者和组织者,必须明确安全与生产是一个有机的整体,要将安全与生产的产量(进度)一起抓,在生产工作的时候,同时(　　　)安全工作。

(A)计划　　　　　　(B)布置　　　　　　(C)安排

(D)检查　　　　　　(E)总结　　　　　　(F)评比

5. 下面装配图中接触面的画法,正确的有(　　　)。

6. 下列选项中,正确的装配是(　　　)。

7. 液压系统是由具有各种功能的液压元件有机地组合的,它是由(　　　)部分组成。

(A)驱动元件　　　(B)执行元件　　　(C)控制元件　　　(D)辅助元件

8. 包扎伤口可以(　　　)。

(A)保护创面,减少感染　　　　　　(B)减轻痛苦

(C)起到止血作用　　　　　　　　　(D)不会惊吓

9. 下列液压控制阀属于方向控制阀的是( )。

(A)单向阀 (B)换向阀 (C)节流阀 (D)顺序阀

10. 液压系统产生空穴现象,对系统的危害有( )。

(A)会使液压元件表面产生腐蚀,降低使用寿命

(B)会使系统中的橡胶密封件早期老化,造成油液泄漏

(C)会使系统出现流量与压力波动,造成执行元件产生间隔性的抖动

(D)会破坏系统液体流动的连续性,影响油泵的流量,降低油泵的工作寿命

11. 力对物体的作用效果完全取决于力的三要素,即( )。

(A)力的大小 (B)力的质量 (C)力的作用点

(D)力的标量 (E)力的方向

12. 现场质量管理的主要任务是( )。

(A)质量控制 (B)质量改进 (C)过程检验 (D)质量策划

13. 生产现场管理应做到( )"三按"进行生产。

(A)按规划 (B)按图样 (C)按标准或规程 (D)按工艺

14. 安全电压额定值的等级为( )。

(A)48 V (B)42 V (C)36 V (D)24 V

(E)12 V (F)6 V

15. 变压器有( )情况时,应立即停止运行。

(A)变压器内部声响很大,很不均匀,有爆裂声

(B)油枕喷油或防爆管喷油

(C)变压器着火

(D)在正常负荷、正常冷却条件下,变压器温度异常,并不断上升,超过限额温度以上(应确定温度计正常)

(E)变压器严重漏油致使油位计看不到油位

(F)套管有严重破损和放电现象

16. 三相正弦交流电路中,对称三相电路的结构形式有( )。

(A)星/角 (B)星/星 (C)角/角 (D)角/星

17. 变压器严重过负荷,按过负荷的规定执行,并采取( )措施。

(A)报告调度值班员,考虑是否减负荷

(B)投入所有的冷却风扇

(C)变压器温度(油温、绕组温度)超过允许值时,应按紧急减载顺序拉负荷

(D)加强对变压器的监视

18. 电力系统中的( )三个部分称为电力网。

(A)发电 (B)输电 (C)变电

(D)配电 (E)用电

19. 由于受到突然中断供电所引起的影响,用电负荷可分为( )。

(A)一类负荷 (B)二类负荷 (C)三类负荷

(D)四类负荷 (E)五类负荷

20. 变电所一次电气设备有( )。

(A)主变压器　　　　　　　(B)高压断路器　　　　　　(C)隔离开关

(D)电压互感器　　　　　　(E)电流互感器　　　　　　(F)熔断器

(G)负荷开关

21. 变压器按用途一般分为(　　)。

(A)电力变压器　　(B)特种变压器　　(C)仪用互感器　　(D)油浸式变压器

22. 根据高、低压绕组排列方式的不同,绕组分为(　　)两种。

(A)同心式　　(B)交叠式　　(C)相交式　　(D)对立式

23. 变压器内部主要绝缘材料有(　　)等。

(A)变压器油　　(B)绝缘纸板　　(C)电缆纸　　(D)皱纹纸

24. 储油柜的作用是(　　),从而减缓油的老化。

(A)保证油箱内总是充满油　　　　　(B)减小油面与空气的接触面

(C)保证油箱内油的清洁　　　　　　(D)增大油面与空气的接触面

25. 吸湿器内装有用(　　)浸渍过的硅胶,它能吸收空气中的水分。

(A)氯化铜　　(B)氯化铁　　(C)氯化钙　　(D)氯化钴

26. 电压互感器二次绕组的额定电压一般为(　　)。

(A)100 V　　(B)200 V　　(C)$100\sqrt{3}$ V　　(D)$200\sqrt{3}$ V

27. 测量用电流互感器二次侧额定电流一般为(　　)。

(A)5 A　　(B)10 A　　(C)1 A　　(D)3 A

28. 互感器与测量仪表配合,对线路的(　　)进行测量。

(A)电阻　　　　　　(B)电感　　　　　　(C)电压

(D)电流　　　　　　(E)电能

29. 互感器与继电器配合,对系统和电气设备进行(　　)等保护。

(A)过电压　　(B)过电流　　(C)相序　　(D)单相接地

30. 互感器将(　　)和线路的高电压隔开,以保证操作人员和设备的安全。

(A)电阻　　(B)电流　　(C)测量仪表　　(D)继电保护装置

31. 互感器将(　　)变换成统一的标准值,以利于仪表和继电器的标准化。

(A)电阻　　(B)电压　　(C)电流　　(D)电抗

32. 高压熔断器按安装地点可分为(　　)。

(A)户内式　　(B)固定式　　(C)自动跌落式　　(D)户外式

33. 架空电力线路是(　　)的主要通道和工具。

(A)生产电能　　(B)节约电能　　(C)输送电能　　(D)分配电能

34. 杆塔是架空电力线路的重要组成部分,其作用是支持(　　)和其他附件。

(A)导线　　(B)绝缘子　　(C)避雷线　　(D)拉线

35. 杆塔按材质分为(　　)。

(A)木杆　　(B)塑料杆　　(C)水泥杆　　(D)金属杆

36. 杆塔按在线路上作用可分为(　　)。

(A)直线杆塔　　(B)耐张杆塔　　(C)转角杆塔　　(D)终端杆塔

(E)特殊杆塔　　(F)多回线路同杆架设杆塔

37. 电力电缆线路优点有(　　)。

(A)不占用地上空间　　　　(B)供电可靠性高　　　　(C)电击可能性小

(D)分布电容较大　　　　(E)维护工作量少

38. 电力电缆线路区别于架空线路的缺点有(　　　)。

(A)投资费用大　　　　　　　　　(B)引出分支线路比较困难

(C)故障测寻比较困难　　　　　　(D)电缆头制作工艺要求高

39. 电力电缆的基本结构由(　　　)组成。

(A)线芯　　　　(B)绝缘层　　　　(C)屏蔽层　　　　(D)保护层

40. 电力系统中,按照二次设备的用途来分,则可分为(　　　)。

(A)继电保护　　　　(B)自动装置　　　　(C)控制系统　　　　(D)测量仪表

(E)信号装置　　　　(F)操作电源二次回路

41. 电力系统中,二次回路接线图包括(　　　)。

(A)原理接线图　　　　(B)展开接线图　　　　(C)安装接线图　　　　(D)综合接线图

42. 电力系统中,二次回路安装接线图包括(　　　)。

(A)屏面布置图　　　　(B)综合布置图　　　　(C)屏背面接线图　　　　(D)端子排图

43. 为了能正确无误而又迅速地切断故障,使电力系统能以最快速度恢复正常运行,要求继电保护具有足够的(　　　)。

(A)选择性　　　　(B)快速性　　　　(C)灵敏性　　　　(D)可靠性

44. 防止人身电击,最根本的是对电气工作人员或用电人员进行安全教育和管理,严格执行有关(　　　)。

(A)操作规程　　　　(B)注意事项　　　　(C)安全用电制度　　　　(D)安全工作规程

45. 防止人身电击的技术措施包括(　　　),在容易电击的场合采用安全电压,电气设备进行安全接地等。

(A)绝缘　　　　(B)屏护　　　　(C)接地　　　　(D)耐压试验

46. 我国规定的安全电压是交流(　　　),直流安全电压上限是 72 V。

(A)42 V　　　　(B)36 V　　　　(C)12 V　　　　(D)6 V

47. 工作票中的有关人员有(　　　)。

(A)工作票签发人　　　　(B)工作负责人　　　　(C)工作许可人

(D)值班长　　　　(E)工作班成员

48. 工作许可人应完成(　　　)等工作内容。

(A)审查工作票　　　　(B)布置安全措施　　　　(C)检查安全措施　　　　(D)签发许可工作

49. 禁止类标示牌有:(　　　)。

(A)禁止合闸,有人工作　　　　(B)止步,高压危险

(C)禁止合闸,线路有人工作　　　　(D)禁止攀登,高压危险

50. 允许类标示牌有:(　　　)。

(A)允许工作　　　　(B)在此工作　　　　(C)允许上下　　　　(D)从此上下

51. 警告类标示牌有:(　　　)。

(A)止步,高压危险　　　　(B)警告,高压危险

(C)禁止攀登,高压危险　　　　(D)警告,禁止攀登

52. 三相正弦交流电路中,对称三相正弦量具有(　　　)。

(A)三个频率相同　　　　　　　　　　(B)三个幅值相等

(C)三个相位互差 120°　　　　　　　(D)它们的瞬时值或相量之和等于零

53. 三相正弦交流电路中,对称三角形连接电路具有( )。

(A)线电压等于相电压　　　　　　　(B)线电压等于相电压的$\sqrt{3}$倍

(C)线电流等于相电流　　　　　　　(D)线电流等于相电流的$\sqrt{3}$倍

54. 将变压器的次级绕组短路,在初级加入电源并产生额定电流( )。

(A)这一做法叫空载试验　　　　　　(B)这一做法叫短路试验

(C)这一做法叫负载试验　　　　　　(D)主要用于测试变压器的铁损

(E)主要用于测试变压器的阻抗电压

55. 电流互感器是变压器的一种,下列说法正确的是( )。

(A)变压器的一次电流,不随二次侧的负载变化

(B)变压器一次电流随二次侧的负载变化

(C)电流互感器的一次侧电流不随二次侧的负载变化

(D)电流互感器的一次侧电流随二次侧的负载变化

(E)变压器的二次允许开路运行,而电流互感器的二次不允许开路运行

56. 可编程序控制器温控模块在选取时要考虑( )。

(A)温度范围　　　　(B)精度　　　　(C)广度　　　　(D)使用时间

57. 可编程序控制器用户数据结构主要有( )。

(A)位数据　　　　　　　　　　　　(B)字数据

(C)浮点数　　　　　　　　　　　　(D)位与字的混合格式

58. 可编程序控制器与可编程序控制器之间可以通过( )方式进行通信。

(A)RS232 通信模块　　　　　　　　(B)RS485 通信模块

(C)现场总线　　　　　　　　　　　(D)不能通信

59. 目前可编程序控制器编程主要采用( )进行编程。

(A)计算机　　　　(B)磁带　　　　(C)手持编程器　　　　(D)纸条

60. 可编程序控制器的主要特点是( )。

(A)可靠性高　　　　　　(B)编程方便　　　　　　(C)运算速度快

(D)环境要求高　　　　　(E)继电器应用多

61. 触摸屏与可编程序控制器通信速度一般有( )。

(A)9 600 bps　　　(B)19 200 bps　　　(C)38 400 bps　　　(D)9 000 bps

62. 串行通信根据要求可分为( )。

(A)单工　　　　(B)半双工　　　　(C)3/4 双工　　　　(D)全双工

63. 电压互感器的状态有( )。

(A)运行　　　　　　　　(B)冷备用　　　　　　(C)检修

(D)短路　　　　　　　　(E)断路

64. 母线的作用是( )电能。

(A)汇集　　　　(B)分配　　　　(C)传输　　　　(D)储能

65. 安全色表达的安全信息含义是( )等。

（A）禁止　　　　　　　　　（B）警告　　　　　　　　　　（C）指令

（D）指示　　　　　　　　　（E）许可

66. 变电站蓄电池组，是电气设备操作电源和（　　　）的工作电源，以及无交流电时的事故照明电源。

（A）继电保护　　　　（B）自动装置　　　　（C）信号装置　　　　（D）储能装置

67. 变压器的绝缘部分，可分为（　　　）两部分。

（A）内绝缘　　　　（B）外绝缘　　　　（C）高压绝缘　　　　（D）低压绝缘

68. 客观上讲，六氟化硫气体是一种（　　　）、密度比空气重的惰性气体，纯净的六氟化硫对人体没有毒性，但不能维持生命。

（A）无色　　　　（B）无味　　　　（C）无臭　　　　（D）无毒

69. 六氟化硫泄漏在线监测报警系统装置由（　　　）四部分组成。

（A）系统主机

（B）现场六氟化硫、氧气传感器

（C）外围设备（人体红外探测器、报警器、综合控制信号箱）

（D）远程监控系统

70. 产生高次谐波电流的主要来源是（　　　）。

（A）可控硅整流设备　　　　　　　（B）整流装置

（C）电弧炉　　　　　　　　　　　（D）纯电阻设备

71. 高通滤波装置停电检修时，必须先对设备进行（　　　），才可以进行其他操作。

（A）放电　　　　（B）挂地线　　　　（C）戴绝缘手套　　　　（D）穿绝缘靴

72. 高通滤波装置发生短路故障时的保护有（　　　）。

（A）差动保护　　　　（B）过流保护　　　　（C）零序过流保护　　　　（D）过载保护

73. 六氟化硫开关设备是指以六氟化硫气体作为灭弧或绝缘介质的电气设备，主要包括（　　　）等设备。

（A）组合电器（GIS）　　　　　　　（B）六氟化硫断路器

（C）六氟化硫负荷开关　　　　　　（D）真空断路器

74. 直流开关柜按用途可以分为（　　　）四种基本类型。

（A）进线柜　　　　　　　（B）馈线柜　　　　　　　（C）负极柜

（D）轨电位保护柜　　　　（E）电压转换柜

75. 铠装型开式交流金属封闭开关柜合闸不到位故障一般有（　　　）等。

（A）断路器的接触行程太大，造成合闸阻力增加

（B）机构储能弹簧力小造成合闸力小

（C）机构输出主拉杆太长造成合闸阻力过大

（D）各传动环节在转动过程中存在卡滞及碰撞现象

76. 铠装型开式交流金属封闭开关柜操作机构不储能的电气回路故障一般有（　　　），如通电后发现机构储能轴转动而机构不储能的现象是由于电机极性接反等故障。

（A）控制回路没接通

（B）行程开关（在未储能位置）触点未接通

（C）操作电源电压过低或无电源

（D）储能回路的熔断器接触不良或断线

(E)储能电机线圈接触不良或断线

77. 真空断路器投入运行后的巡视检查项目有(　　);可观察部位的连接螺栓无松动,轴销无脱落或变形;接地良好;引线接触部位或有示温蜡片部位无过热现象,引线弛度适中等。

(A)分、合指示器指示正确,应与当时实际运行工况相符

(B)支持绝缘子无裂痕、损伤,表面光洁

(C)真空灭弧室无异常(包括无异常声响),如果是玻璃外壳可观察屏蔽罩颜色有无明显变化

(D)金属框架或底座无严重锈蚀和变形

78. 目前主流的直流开关柜的额定工作电压为(　　),额定工作电流为 6 000 A 及 6 000 A 以下。

(A)750 V　　　　　(B)1 500 V　　　　　(C)3 000 V　　　　　(D)6 000 V

79. 直流开关柜按结构分类,可分为(　　)两大类。

(A)由断路器手车组成的抽出式开关柜　　　(B)由隔离开关组成的固定式开关柜

(C)由断路器手车组成的固定式开关柜　　　(D)由隔离开关组成的抽出式开关柜

80. 整流柜为抑制因分、合闸引起的过电压,引入操作过电压保护,整流柜操作过电压保护是指将变压器二次引入整流柜侧的(　　)构成的操作过电压保护回路。

(A)角形接法的压敏电阻　　　　　(B)星形接法的电容器

(C)角形接法的电容器　　　　　(D)星形接法的压敏电阻

81. 电阻耗能型制动能量吸收装置的优点是(　　),其主要缺点是该方案只能将电能转换为热能排掉,造成能源浪费。

(A)控制简单　　　(B)工作可靠　　　(C)应用成熟　　　(D)耗能较少

82. 直流屏系统的组成按功能分,可分为交流输入单元、充电单元、(　　)、蓄电池组、电池巡检单元等。

(A)计算机监控单元　　　　　(B)电压调整单元

(C)绝缘监察单元　　　　　(D)直流馈电单元

83. 铠装型开式交流金属封闭开关柜合闸失灵的电气回路故障一般有(　　);分闸回路合闸过程中线圈带电,应使分闸铁芯顶起,造成分闸半轴不复位,合不上闸等故障。

(A)控制回路没接通　　　　　(B)辅助开关触点接触不可靠或触点烧伤

(C)操作电源电压过低或无电源　　　(D)行程开关在储能位置触点未接通

(E)控制合闸回路的熔断器接触不良　　　(F)合闸线圈接触不良或断线

84. 电力生产的特点有(　　)。

(A)同时性　　　　　(B)集中性　　　　　(C)适用性

(D)先行性　　　　　(E)可靠性

85. 油箱的结构,根据变压器的大小分为(　　)两种。

(A)吊器身式油箱　　　(B)钟罩式油箱　　　(C)密封式油箱　　　(D)吊箱壳式油箱

86. 变压器运行时,由(　　)中产生的损耗转化为热量,必须及时散热,以免变压器过热造成事故。

(A)油箱　　　　　(B)绝缘管　　　　　(C)绕组　　　　　(D)铁芯

87. 当变压器的油温变化时,其体积会(　　)。

(A)膨胀　　　　　　(B)收缩　　　　　　(C)不变　　　　　　(D)变形

88. 变压器内部的高、低压引线是经绝缘套管引到油箱外部的,它起着(　　)作用。

(A)固定引线　　　　(B)稳定电压　　　　(C)对地绝缘　　　　(D)保护变压器

89. 电压互感器按用途分为(　　)。

(A)测量用电压互感器　　　　　　　　(B)保护用电压互感器

(C)绝缘用电压互感器　　　　　　　　(D)接地用电压互感器

90. 电压互感器二次绕组、(　　)都必须可靠接地,在绕组绝缘损坏时,二次绕组对地电压不会升高,以保证人身和设备安全。

(A)铁芯　　　　　　(B)一次线圈　　　　(C)二次线圈　　　　(D)外壳

91. 个别电压互感器在运行中损坏需要更换时,应选用电压等级与电网电压相符,(　　)的电压互感器,并经试验合格。

(A)容量相同　　　　(B)变比相同　　　　(C)极性正确　　　　(D)励磁特性相近

92. 电流互感器运行时,严禁二次绕组开路,且在二次回路中不允许装设(　　)。为安全起见,二次侧应接地。

(A)熔断器　　　　　(B)隔离开关　　　　(C)电阻　　　　　　(D)电抗

93. 加速开关电器中灭弧的措施与方法主要有(　　)。

(A)气体吹动电弧　　　　　　　　　　(B)拉长电弧

(C)电弧与固体介质接触　　　　　　　(D)缩短电弧

94. 按照吹动电弧气体的流动方向不同,吹动电弧的方法又可分为(　　)。

(A)纵向吹动　　　　(B)正面吹动　　　　(C)横向吹动　　　　(D)背面吹动

95. 常用的断路器的额定电压等级有3 kV、(　　)、60 kV、110 kV。

(A)5 kV　　　　　　(B)10 kV　　　　　　(C)20 kV

(D)35 kV　　　　　　(E)40 kV

96. 真空断路器虽然价格较高,但有(　　)等突出的优点。

(A)体积小　　　　　(B)重量轻　　　　　(C)噪声小

(D)无可燃物　　　　(E)维护工作量少

97. 玻璃材料制成的真空灭弧室的外壳具有(　　)等优点。

(A)容易加工　　　　　　　　　　　　(B)具有一定的机械强度

(C)易于与金属封接　　　　　　　　　(D)透明性好

98. 六氟化硫气体是一种(　　)的气体。

(A)无色　　　　　　(B)无味　　　　　　(C)无毒

(D)不可燃　　　　　(E)易液化

99. 六氟化硫断路器的使用寿命长、检修周期长、检修工作量小,不存在(　　)的危险。

(A)燃烧　　　　　　(B)爆炸　　　　　　(C)腐蚀　　　　　　(D)损坏

100. 罐式六氟化硫断路器的特点是(　　)。

(A)设备重心低　　　　　　　　　　　(B)结构稳定

(C)抗震性能好　　　　　　　　　　　(D)可以加装电流互感器

101. 断路器操动机构一般按合闸能源取得方式的不同进行分类,目前常用的可分(　　)等。

(A)手动操动机构   (B)电磁操动机构   (C)弹簧储能操动机构
(D)气动操动机构   (E)液压操动机构

102. 电磁操动机构的优点是(   )。
(A)结构简单   (B)价格较低
(C)加工工艺要求低   (D)可靠性高

103. 弹簧储能操动机构优点是(   )。
(A)结构简单   (B)价格较低
(C)只需要小容量合闸电源   (D)对电源要求不高

104. 液压操动机构的缺点是(   )。
(A)结构复杂   (B)加工工艺要求很高
(C)动作速度受温度影响大   (D)价格昂贵

105. 操动机构分为下列哪几类:(   )。
(A)电磁操动机构   (B)弹簧储能操动机构
(C)液压操动机构   (D)气动操动机构

106. 断路器正常运行巡视检查,一般(   )每天巡视不少于一次,无人值班的变电所由当地按具体情况确定,通常每月不少于两次。
(A)有人值班的变电所   (B)距离较远的变电所
(C)升压变电所   (D)降压变电所

107. 隔离开关按安装地点分(   )。
(A)户内式   (B)户外式   (C)单柱式   (D)双柱式

108. 隔离开关按刀闸运动方式分(   )。
(A)单柱式   (B)水平旋转式   (C)垂直旋转式   (D)插入式

109. 负荷开关按灭弧方式分为(   )。
(A)油浸式   (B)产气式   (C)压气式
(D)真空负荷开关   (E)六氟化硫负荷开关

110. 高压熔断器在通过(   )时熔断,以保护电路中的电气设备。
(A)短路电流   (B)过载电流   (C)较小电流   (D)超高压

111. "五防"联锁功能常采用(   )与柜门之间的强制性机械闭锁方式或电磁锁方式实现。
(A)变压器   (B)断路器   (C)隔离开关   (D)接地开关

112. 电力线路是电力网的主要组成部分,其作用是(   )。
(A)生产电能   (B)输送电能   (C)节约电能   (D)分配电能

113. 电力线路一般可分为(   )。
(A)输电线路   (B)供电线路   (C)配电线路   (D)发电线路

114. 变压器温度异常升高,上层油温超过75℃或上层油的温升超过60℃应(   )处理。
(A)检查变压器是否过负荷
(B)检查各温度计指示是否正常
(C)检查冷却系统是否正常,各散热阀门是否开启,风扇工作是否正常
(D)检查变压器油色、油位、声音是否正常

115. 变压器差动保护动作跳闸,应做(　　　)处理。

(A)向调度及公司主管部门汇报,并复归事故声响信号

(B)对差动保护范围内所有一、二次设备进行检查,查找有无异常和短路放电现象

(C)瓦斯继电器内是否有气体,发现有气体应收集气体,判明颜色,是否可燃

(D)差动保护二次接线是否正确,接触是否良好

(E)检查直流系统有无接地现象

116. 变压器过流保护动作跳闸,应做(　　　)处理。

(A)向调度及车间主管领导汇报,并复归事故声响信号

(B)检查母线及母线上各设备有无短路

(C)母线失压后,立即拉开各分路开关,检查主变及母线有无故障,若无故障,即可对主变和母线强送。强送良好后,试送分路开关。如强送不成功,在未查明原因,不得将主变投入运行

(D)试送各分路开关时,再次引起主变开关跳闸,立即断开该故障线路,可再强送主变,恢复无故障线路的供电,该故障线路未查明原因不得再送

117. 运行中的避雷器出现的异常情况主要有以下(　　　)几种。

(A)避雷器上引线或下引线松脱或折断

(B)避雷器瓷套管破裂放电

(C)避雷器内部有放电声

(D)气体绝缘开关设备(GIS装置)中的避雷器在线检测仪中泄漏电流超过警示值

118. 电流互感器二次回路断线有(　　　)特征现象。

(A)串联在该回路中的仪表失常　　　　　(B)二次出现较高电压,并可能有火花

(C)电流互感器有异常声响　　　　　　　(D)熔断器熔断

119. 高压开关跳闸原因不明(误动作)时,可进行下列(　　　)处理。

(A)开关自动跳闸,但保护装置未动作,系统中又未发现短路或接地现象时,可在经调度许可后,按操作步骤合闸送电

(B)如由于人员误动或由于工作振动造成跳闸时,可立即合闸送电

(C)如操作回路绝缘不良,应查明原因后再送电

(D)如由于人员误动或由于工作振动造成跳闸时,可在经调度许可后,按操作步骤合闸送电

120. 雷击架空电力线路,会引起线路绝缘闪络、跳闸,甚至导线(　　　)事故。

(A)断股　　　　　　(B)断线　　　　　　(C)燃烧　　　　　　(D)短路

121. 架空线路导线截面的选择方法有(　　　)。

(A)按经济电流密度选择导线截面　　　　(B)按发热条件校验导线截面

(C)按允许电压损失校验导线截面　　　　(D)按机械强度求导线最小允许截面

(E)按电晕损耗条件求导线最小允直径

122. 电力电缆按电缆结构和绝缘材料种类的不同分类,有(　　　)。

(A)不滴漏油浸纸带绝缘型电缆　　　　　(B)阻燃橡套电缆

(C)不滴漏油浸纸绝缘分相型电缆　　　　(D)橡塑电缆

123. 一般一条电缆的规格除标明型号外,还应说明电缆的(　　　)。

(A)芯数　　　　　(B)截面　　　　　(C)工作电压　　　　(D)长度

124. 新装电缆线路,须经过(　　)方可投入运行。

(A)验收检查合格　　(B)清理擦拭　　　(C)办理验收手续　　(D)外表观察

125. 电力系统的过电压分成(　　)两大类。

(A)雷电过电压　　　(B)特殊过电压　　(C)内部过电压　　　(D)短路过电压

126. 电力系统内部过电压是由电力系统内部能量的传递或转化引起的,与电力系统(　　)等因素有关

(A)内部结构　　　　　　　　(B)各项参数　　　　　　　(C)运行状态

(D)停送电操作　　　　　　　(E)是否发生事故

127. 电力系统内部过电压又分为(　　)。

(A)工频过电压　　　(B)谐振过电压　　(C)雷电过电压　　　(D)操作过电压

128. 电力系统雷电过电压分为(　　)。

(A)雷云形成　　　　　　　　(B)雷电放电　　　　　　　(C)直接雷击过电压

(D)雷电反击过电压　　　　　(E)感应雷过电压　　　　　(F)雷电侵入波

129. 常用的阀型避雷器有(　　)。

(A)特殊阀型避雷器　　　　　　　　　(B)普通阀型避雷器

(C)磁吹阀型避雷器　　　　　　　　　(D)金属氧化物阀型避雷器

130. 继电保护是当电气设备发生短路故障时,能(　　)地将故障设备从电力系统切除,将事故尽可能限制在最小的范围内。

(A)自动　　　　　　(B)手动　　　　　(C)缓慢　　　　　　(D)迅速

131. 3～10 kV 配电变压器的继电保护主要有(　　)。

(A)过电流保护　　　(B)过电压保护　　(C)电流速断保护　　(D)电压速断保护

132. 当电气设备发生短路事故时,将产生很大的短路电流,利用这一特点可以设置(　　)。

(A)过电流保护　　　(B)电流速断保护　(C)过电压保护　　　(D)电压速断保护

133. 中小容量的高压电容器组普遍采用(　　)作为相间短路保护。

(A)电流速断　　　　(B)电压速断　　　(C)延时电压速断　　(D)延时电流速断

134. 计算机综合自动化能实现对故障线路在故障前、后的一些数据进行(　　),便于对事故进行分析。

(A)采集　　　　　　(B)处理　　　　　(C)显示　　　　　　(D)打印

135. 计算机综合自动化能实现变电站倒闸操作票的(　　)。

(A)采集　　　　　　(B)处理　　　　　(C)自动填写　　　　(D)打印

136. 电力系统中,根据继电保护动作情况,正确判断变电所事故发生的部位,对于(　　)具有十分重要的意义。

(A)避免事故扩大　　　　　　　　　　(B)提高安全性能

(C)减少设备损失　　　　　　　　　　(D)迅速恢复正常供电

137. 变压器电流速断保护动作,则说明(　　)出现了短路事故。

(A)变压器内部　　　(B)变压器外部　　(C)变压器电源侧　　(D)变压器输出侧

138. 操作票使用和管理规定:(　　)可不使用操作票,按照运行规程执行。

(A)运行的调整性操作 　　　　(B)程控实现的操作
(C)人工操作 　　　　(D)半机械化操作

139. 继电保护和二次回路是变电所里的重要部分。它直接关系到对一次设备的(　　)。
(A)保护 　　(B)检修 　　(C)监测 　　(D)控制

140. 对一次电气设备进行(　　)和起保护作用的辅助设备,称为二次设备。
(A)监视 　　(B)测量 　　(C)操纵 　　(D)控制

141. 电力系统中二次设备包括(　　)等。
(A)仪表 　　(B)控制开关 　　(C)控制电缆
(D)操作电源 　　(E)小母线

142. 人对交、直流电流的感知最小值分别约为(　　)。
(A)0.5 mA 　　(B)2 mA 　　(C)3 mA 　　(D)5 mA

143. 摆脱电流通过人体时,人体除酥麻、灼热感外,主要是(　　)。
(A)挤压 　　(B)疼痛 　　(C)心律障碍 　　(D)呼吸困难

144. 间接接触电击是由于电气设备绝缘损坏发生接地故障,设备金属外壳及接地点周围出现对地电压引起的。它包括(　　)。
(A)跨步电压电击 　　　　(B)接触电压电击
(C)感应电压电击 　　　　(D)过电压电击

145. 要充分发挥电气安全用具的保护作用,电气工作人员还得对各种电气安全用具的基本结构、性能有所了解,掌握其(　　)方法。
(A)使用 　　(B)保管 　　(C)修理 　　(D)维护

146. 绝缘杆一般用(　　)制成。
(A)电木 　　(B)胶木 　　(C)环氧玻璃 　　(D)环氧玻璃布管

147. 在结构上绝缘杆分为(　　)三部分。
(A)工作 　　(B)绝缘 　　(C)握手 　　(D)杆头

148. 绝缘夹钳结构由(　　)三部分组成。
(A)夹钳头 　　(B)工作钳口 　　(C)钳绝缘部分 　　(D)握手

四、判断题

1. 维修时,维修人员和用户发生争论,也应使用文明用语。(　　)
2. 计算机对人体健康无危害。(　　)
3. 废图纸应该回收,不能随意置放。(　　)
4. 只有电工才可以改动电气设施的接线方式或元件参数。(　　)
5. 发生人身触电时,值班人员应经过许可后按操作程序断开有关设备电源,以利于抢救与灭火。(　　)
6. 新电气元件不必进行质量检测。(　　)
7. 电气工程竣工验收时,只要能满足生产即可接收。(　　)
8. 维修质量差往往是故障或事故的源泉。(　　)
9. 截面 1 mm² 铜导线连接时用手拧紧即可。(　　)
10. 劳动者不能胜任工作,经过培训或者调整工作岗位,仍不能胜任工作的,用人单位可

以解除劳动合同,但是应当提前三十日以书面形式通知劳动者本人。(　　)

11. 供用电合同是供电人向用电人供电,用电人支付电费的合同。(　　)

12. 未事先通知用电人中断停电,造成用电人损失的,供电人应当承担损失赔偿责任。(　　)

13. 高压隔离开关当动闸刀与静触头分断时,产生的电弧是靠压缩空气把电弧吹长而熄灭的。(　　)

14. 高压负荷开关可以断开和关合电路负荷电流和短路电流。(　　)

15. 高压负荷开关可以断开和闭合电路负荷电流,但不能断开电路的短路电流。(　　)

16. 高压负荷开关和高压熔断器组合使用时,由负荷开关负责接通或断开负荷电流,由高压熔断器负责过载和短路保护。(　　)

17. 高压六氟化硫断路器的动作快,断口距离大,允许连续开断次数较多。(　　)

18. 高压隔离开关由于没有灭弧装置,所以不允许带负荷进行拉或合闸。(　　)

19. 高压熔断器属于电力系统中,用来控制电路通、断的一种设备。(　　)

20. 并联电容器是专门用于电力系统中补偿电压降的设备。(　　)

21. 并联电容器在电力系统中的作用,是补偿用电力系统中的容性负载,改善电压质量,降低线路损耗、提高功率因数。(　　)

22. 高压断路器不仅能通、断正常的负荷电流,而且能通、断一定的短路电流。(　　)

23. 高压断路器仅能通、断正常负荷电流,而不能通、断短路电流。(　　)

24. 10 kV 电流互感器的计量级和保护(继电)级允许对换使用。(　　)

25. 当电力变压器的储油柜或防爆管发生喷油时,应立即组织专人监视其情况的变化。(　　)

26. 当电力变压器的储油柜或防爆管发生喷油时,应立即将电力变压器停止运行。(　　)

27. 在运行中发现变压器内部声响很大,有爆裂声,或变压器套管有严重破损并有闪烁放电现象时,应立即停止运行进行检修。(　　)

28. 在冬季进行电力变压器吊芯检修时,周围空气的温度不能低于－5℃,变压器铁芯本身的温度不能低于 0℃。(　　)

29. 两台或几台电力变压器一、二次绕组的端子并联在一起的运行方式,称为并列运行,也称为并联运行。(　　)

30. 并列运行变压器必须具备的条件之一,是两台变压器的电压比应相等,实际运行时允许相差±10%。(　　)

31. 电力变压器绕组的绝缘电阻,一般不得低于出厂试验值的 25%,吸收比应大于1.3。(　　)

32. 并列运行变压器必须具备的条件之一,是两台变压器的阻抗电压(短路阻抗)相差不超过±0.5%。(　　)

33. 电力系统过电压有两种:一种是内部过电压,例如操作过电压、谐振过电压;另一种是外部过电压,如雷击过电压,也称大气过电压。(　　)

34. 避雷针实际是引雷针,将高空云层的雷电引入大地,使建筑物、配电设备避免雷击。(　　)

35. 10 kV 供电系统当发生一相接地时,由于电压较高,接地电流会很大,可达几百安培。(　　)

36. 35 kV 供电系统电源中性点经消弧线圈接地的运行方式,当发生一相接地时,接地电流会很大,一般大于几百安培。(　　)

37. 35 kV 供电系统电源中性点是经消弧线圈接地的运行方式,所以当发生单相接地时,不接地的两相对地电压仍保持为相电压。(　　)

38. 10 kV 供电系统电源采用中性点不接地的运行方式,目的是当发生单相接地时可继续运行。(　　)

39. 当 10 kV 系统一相接地后,非接地相的对地电压为线电压。(　　)

40. 两根垂直埋设接地极连在一起的总接地电阻,极间距离近的比极间距离远的为小。(　　)

41. 接地电阻是由接地线电阻、接地体电阻和土壤电阻所组成,因接地线及接地体的电阻都很小,可忽略不计,故接地电阻是电流经接地体向四周扩散时土壤所呈现的电阻。(　　)

42. 测量接地电阻应在土壤干燥季节和停电的条件下进行,当土壤含水量较大时,测量的接地电阻值应乘以小于 1 的季节系数。(　　)

43. 为保证安全,在选择漏电保护器时,选择的额定漏电动作电流愈小愈好。(　　)

44. 工作零线和保护零线都引自变压器中性点,在安装单相三孔插座时,为节省导线把工作零线和保护零线合并为一根导线,这样单相三孔插座用二根导线连接就行了。(　　)

45. 工频交流耐压试验是试验被试品的绝缘承受各种过电流能力的有效方法。(　　)

46. 工频交流耐压试验是确定电气设备能否投入运行的参考条件。(　　)

47. 直流耐压试验的缺点,是对绝缘的考验不如交流试验接近实际和准确。(　　)

48. 自耦调压器的体积小、重量轻、效率高、波形好,适用于大、中容量设备调压。(　　)

49. 测量绝缘电阻的吸收比,可以用 15 s(分子)和 60 s(分母)的绝缘设备的总电流的比值来判断绝缘的状况。(　　)

50. 测量电气设备的绝缘电阻,是检查电气设备的绝缘状态,判断其可否投入或继续运行的唯一有效方法。(　　)

51. 绝缘手套为低压电气设备的基本安全用具。(　　)

52. 基本安全用具可在高压带电设备上进行工作或操作。(　　)

53. 在高压带电设备上工作或操作,必须使用基本安全用具并配合辅助安全用具。(　　)

54. 绝缘安全用具每次使用前,必须检其查有无损坏和是否定期绝缘试验合格。(　　)

55. 绝缘台也是一种辅助的安全用具,可用来代替绝缘垫或绝缘靴。(　　)

56. 电力变压器的电压比是指变压器空载运行时,一次电压与二次电压的比值,简称电压比。(　　)

57. 在变配电所看二次回路展开接线图时,一般按先直流、后交流的顺序进行。(　　)

58. 电力线路是电力网的组成部分,架设在发电厂升压变电所与地区变电所之间的线路以及地区变电所之间的线路,称为送电线路。从地区变电所到用电单位变电所,或城市、乡镇的供电线路,称为配电线路。(　　)

59. 电杆的侧面拉线或称风雨拉线,用于交叉跨越和耐张段较长的线路上,以便抵御垂直

于线路方向的风力。（　　）

60. 铝导线无论在针式绝缘子上、蝶式绝缘子上或在线夹上绑扎固定时,都应先缠铝包带,缠绕长度应超出接触部分 30 mm。（　　）

61. 直埋于地下的电缆可采用无铠装的电缆,如橡塑电缆。（　　）

62. 电缆穿过马路或街道时,应穿于保护管内,但钢带铠装电缆除外。（　　）

63. 地下电缆与其他管道间要保持一定距离的原因之一是因地电位不同而引起两管线接触处产生电腐蚀。（　　）

64. 控制电缆与电力电缆同沟敷设时,可同侧敷设,并把控制电缆放在上层,电力电缆在下层。（　　）

65. 采用机械牵引敷设电缆时,若采用牵引头,则使电缆护套受牵引力;若采用钢丝护套牵引,则使电缆芯线受力。（　　）

66. 直埋敷设电缆时,在沟内放置滑轮,一般每隔 2~4 m 放置一个,其目的是减少放缆阻力,防止电缆与土地摩擦损坏电缆。（　　）

67. 直埋电缆放缆时,线缆盘在架线盘上能自由转动,电缆是从缆盘下方放出进入电缆沟的。（　　）

68. 电缆放入电缆沟后,应当天还土并盖好保护板,防止外力损伤电缆。（　　）

69. 户内尼龙电缆头外型较小,安装简便,绝缘性能好,但其唯一缺点是容易漏油,是安装时在工艺上的主要问题。（　　）

70. 交联电缆绕包型终端头制作中,在电缆的外半导电层断口处包一应力锥,其目的是改善电场分布,以提高耐压水平。（　　）

71. 纸绝缘电缆作电缆头时,剥除碳黑纸时可不强调非要不留毛边,而剥统包纸及绝缘纸时强调要切齐,不留任何毛边。（　　）

72. 纸绝缘电缆作中间接头时,用连接管压接法连接导线,点压接时的次序是先压连接管中间部分,后压连接管端部。（　　）

73. 纸绝缘电缆作中间接头时,排潮工序的次序是从线芯连接管处浇油,逐渐向两边浇油赶走潮气。（　　）

74. 由于电缆线路绝大部分是隐蔽的,有些在制造安装、运行维护中存在的问题不易看到,因此交接试验和预防性试验是保证安全供电的有效措施。（　　）

75. 3~10 kV 纸绝缘电力电缆的绝缘电阻测量只在直流耐压试验之后进行。（　　）

76. 对橡塑绝缘电缆外护层或内衬层绝缘电阻,要求每千米绝缘电阻值不应低于 0.5 $M\Omega$,要求使用 500 V 兆欧表。（　　）

77. 从测量电缆的绝缘电阻的大小就可以判定电缆的好坏,电阻较小的不能运行。（　　）

78. 测量电缆绝缘电阻,一般用兆欧表进行测量。开始时电阻值较小,随着时间的延长绝缘电阻阻值增大,这是正常现象。（　　）

79. 电缆直流高压试验包括直流耐压试验和泄漏电流的测量。前者是检查绝缘状况,后者是试验绝缘的介电强度。（　　）

80. 测量泄漏电流时,微安表接在高压侧,测量准确度较高,但不方便,有高压危险;微安表接在低压侧,虽然读数方便,但准确性较差。（　　）

81. 电缆在做完直流耐压试验后经电阻放电,不应立即直接放电,以防止引起振荡过电压损坏绝缘。（　　　）

82. 电缆的直流耐压试验是电缆试验中具有否决权的基本试验项目,直流耐压试验不合格,即不能投入运行。（　　　）

83. 对电缆在试验中发生的击穿故障,可用兆欧表测出并判断其故障性质。（　　　）

84. 用低压脉冲法或高压闪络法判断电缆的接地故障时,都要从有关波形进行简单计算,其中用到电压脉冲波在纸绝缘电缆线芯中的传播速度,一般为 $160\ m/\mu s$。（　　　）

85. 对交联电缆,直流试验电压是按绝缘电阻成反比分布的,交流试验电压是按电容成正比分布的。（　　　）

86. 直流试验电压对交联电缆的绝缘有积累效应,会加速绝缘老化,因此应尽量不作直流耐压试验。（　　　）

87. 电缆运行中出现的故障,多用加直流高压方法判断故障性质。（　　　）

88. 纸绝缘电缆鼎足型(WD76 型)终端头灌沥青绝缘胶时,是从其盒盖顶部的口灌入,从盒盖边上的口排气。（　　　）

89. 电缆弯曲过度,将损伤电缆的绝缘层和外护层,因此电缆的安装和敷设过程中,其弯曲半径不应太小,要在电缆外径的 10 倍以上,可查表。（　　　）

90. 因为电缆中间接头的绝缘水平一般比电缆本体低,所以应少做接头。（　　　）

91. 电缆敷设过程中,不宜时停时走,因在停下以后再启动的过程中,电缆易受损伤。（　　　）

92. 直埋电缆放入沟底后,应当还土盖保护板,防止外力损伤电缆;新锯断的电缆端部应进行封焊(铅包纸绝缘电缆)或用热收缩帽封牢(橡塑电缆),以防进水。（　　　）

93. 纸绝缘电缆采用热收缩型终端头要解决耐油和防止漏油的问题。10 kV 终端头还分用应力控制管与不用应力控制管两种不同结构。（　　　）

94. 橡塑电缆的外护套破损进水后,由于地下水是电解质,在电缆铠装层的镀锌钢带上会产生 1.1 V 的电位差;在原电池中铜屏蔽为"＋"极,镀锌钢带为"－"极。（　　　）

95. 用兆欧表摇测电缆绝缘电阻,并读取绝缘电阻值 R_{15}、R_{60},称 R_{60}/R_{15} 的值叫吸收比,此值越小说明电缆绝缘越好。（　　　）

96. 电缆的泄漏电流试验是电缆试验中最基本的和具有否决权的试验项目。（　　　）

97. 在对电缆作直流耐压试验时,采用微安表在低压侧的接线方法,测量的准确性较高。（　　　）

98. 不同爆炸危险场所,对防爆电气设备有不同形式、类别、级别和温度组别的要求。并不是任何一种防爆电气设备都能用于同一爆炸危险场所。（　　　）

99. 将高出设计要求指标的电气设备用于爆炸危险场所是不允许的,等于埋下隐患。（　　　）

100. 在爆炸危险场所中,低压电力和照明线路用的绝缘导线和电缆的额定电压,应高于工作电压,且不低于 500 V,工作零线的额定电压与相线相同。（　　　）

101. 电缆在爆炸性危险场所内可以有中间接头。（　　　）

102. 在爆炸危险性较高区域 1 区及 10 区,选用电缆和电线应用铜芯且截面在 $2.5\ mm^2$ 以上。（　　　）

103. 在爆炸危险场所按技术要求选用相应的电缆，一般为铠装电缆。明敷时，当敷设采用能防止机械损伤的方式时，也可采用非铠装的塑料护套电缆。（　　）

104. 在爆炸危险场所接线时，用压紧螺母或用螺栓直接压在导线上即可。（　　）

105. 在爆炸危险性较高的1区及10区内单相网络中，相线及中性线上均装有短路保护，并使用双相开关，同时切断相线和中性线。这是与普通场合下的要求不同的。（　　）

106. 爆炸性危险场所内，防爆电气设备的进线电缆是通过引入装置将电缆与防爆电气设备的接线盒连接的。其中，浇铸固化填料密封式引入装置主要适用于橡胶或塑料护套低压电缆。（　　）

107. 在爆炸危险场所，可以利用金属管道、电缆的金属铠装、建筑物的金属架构作为接地或接零线用。（　　）

108. 典型日负荷曲线，是指某个企业某一天各点实际使用的负荷曲线。（　　）

109. 日负荷率为日平均负荷与日最高负荷之比的百分数。（　　）

110. 调整企业用电负荷，就是保证企业生产的前提下，提高企业的用电负荷率。（　　）

111. 工厂企业提高功率因数的唯一途径是装设无功功率补偿装置。（　　）

112. 对无功功率进行人工补偿的设备，主要有并联电容器、同步电动机和同步调相机。（　　）

113. 并联电容器在工厂供电系统中的装设位置仅有高压集中补偿和低压集中补偿两种方式。（　　）

114. 对于二级负荷，应尽量由不同变压器或两段母线供电，尽量做到当发生电力变压器和电力线路常见故障时不致中断供电。（　　）

115. 工厂电力线路的接线方式与电力负荷的等级无关。（　　）

116. 为提高供电可靠性，可采用双回路放射式的接线方式，这种接线方式只能用于二级负荷的车间。（　　）

117. 确定工厂变配电所主接线方式应满足供电的可靠性、操作的灵活性及安全性和可发展性的基本要求，并进行综合考虑。（　　）

118. 变配电所采用单母线分段接线方式，适用于双电源进线电压为10 kV的具有一、二级用电负荷的工厂企业。（　　）

119. 在变配电所的电气设备上进行检修的组织措施有：工作票制度、工作许可制度、工作监护制度和工作间断、转移和终结制度。（　　）

120. 第一种工作票用于带电作业或带电设备外壳上工作，如：在控制盘或低压配电柜、箱的电源干线上工作；在二次接线回路上工作。（　　）

121. 进行变配电所检修填写工作票时，要用钢笔或圆珠笔填写，一式两份。一份由工作负责人收执，一份交由调度人员收执并按值移交。（　　）

122. 变配电所停电作业的工作步骤是：断开电源、验电、装设临时接地线、悬挂标示牌和装设遮栏。（　　）

123. 第一种工作票和第二种工作票均应在工作的前一天填写后交给值班人员。（　　）

124. 常使用的相序测试方法有：电动机测试法、相序表测试法、电压互感器测试法。（　　）

125. 双回路电源的核相，常采用核相杆进行核相、用PT核相、用电容核相。（　　）

126. 单臂电桥若接精密检流计后,则准确度与双臂电桥一样。(　　)

127. 电能表的潜动是当负载为零时电能表稍有转动。(　　)

128. 在带电感性负载的单相半控桥及三相半控桥电路中,不应接续流二极管。(　　)

129. 8.3～10 kV油浸纸绝缘电力电缆直流耐压试验的标准试验电压值是6倍额定电压值,直流耐压试验持续标准时间是5 min。(　　)

130. 阀型避雷器的通流容量是表示阀片耐受雷电流、中频续流和操作冲击电流的能力。(　　)

131. 避雷器的额定电压应比被保护电网电压稍高一些好。(　　)

132. 在环境温度低于0℃时,不允许敷设塑料绝缘导线。(　　)

133. 图1是三相变压器一、二次绕组的连接图,则该变压器的接线组别是Y,d11。(　　)

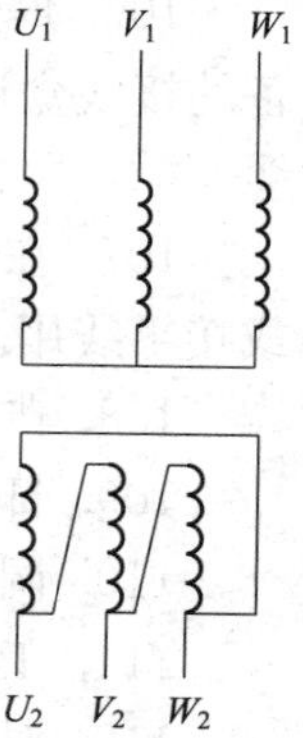

134. 运行中的设备是指合闸送电的设备。(　　)

135. 绝缘油在取样时可不必考虑环境的影响。(　　)

136. 1 600 kVA以下的变压器其平衡率,相为5%,线为2%。(　　)

137. 在高压配电系统中,用于接通和断开有电压而无负载电流的开关是负荷开关。(　　)

U_1　V_1　W_1

U_2　V_2　W_2

图　1

138. 用隔离开关可以拉、合无故障的电压互感器和避雷器。(　　)

139. 过负荷保护是按照躲开可能发生的最大负荷电流而整定的保护,当继电保护中流过的电流达到整定电流时,保护装置发出信号。(　　)

140. 负荷开关主刀片和辅助刀片的动作次序是合闸时主刀片先接触,辅助刀片后接触,分闸时主刀片先分离,辅助刀片后离开。(　　)

141. 高压开关柜上指示灯是110 V,如接到110 V的电源上,一般要串一个电阻。(　　)

142. 发电厂、变电所装设并联电抗器的目的是为了电力系统的电压调整。(　　)

143. 发电厂、变电所装设消弧线圈是用它来平衡接地故障电流中因线路对地电容所产生的超前电流分量。(　　)

144. 发电厂、变电所装设限流电抗器的目的是限制短路电流。(　　)

145. 电压互感器按工作原理可分为磁电式电压互感器和电容分压式电压互感器。(　　)

146. 热稳定电流是指互感器在1 s内承受短路电流的热作用而无损伤的一次电流有效值。(　　)

147. 在额定电压下对电容器组进行合闸试验时,在每次分闸后可立即进行再次合闸试验。(　　)

148. 零序电流只有在系统接地故障或非全相运行时才会出现。(　　)

149. 在小电流接地系统中发生单相接地故障时,因不破坏系统电压的对称,所以一般允许短时运行。(　　)

150. 并联电容器的补偿方法可分为个别补偿、分散补偿和集中补偿三种。(　　)

151. 用2 500 V兆欧表测量整流柜主回路对框架的绝缘电阻应不低于10 MΩ。(　　)

152. 整流柜二次回路对地绝缘电阻测量,应用500 V兆欧表,其数值不低于1 MΩ,在比较潮湿的地方,应不低于0.5 MΩ。(　　)

153. 目前电力系统中,直流电源装置广泛采用计算机控制型高频开关直流电源系

统。(　　)

154. 直流屏系统按功能分可分为交流输入单元、充电单元、计算机监控单元、电压调整单元、绝缘监察单元、直流馈电单元、蓄电池组、电池巡检单元等。(　　)

155. 直流屏正常情况下,由充电单元对蓄电池进行充电的同时并向经常性负载(继电保护装置、控制设备等)提供直流电源。(　　)

156. 距离保护由于反映短路故障的距离,因此属于非电气量保护。(　　)

157. 反时限电流保护的动作时间与电流大小有关,电流越小动作时间越短,电流越大动作时间越长。(　　)

158. 定时限电流保护的动作时间与电流大小无关,一经整定即固定不变。(　　)

159. 气体继电器是针对变压器内部故障安装的保护装置。(　　)

160. 气体保护仅反映变压器内部故障,因此不是变压器的主保护。(　　)

161. 变电所单台油浸变压器的容量在 400 kVA 及以上的应装设气体保护。(　　)

162. 地铁再生制动能量吸收装置主要有电阻耗能型、电容储能型、飞轮储能型和逆变回馈型 4 种。(　　)

163. 电阻耗能型的再生制动能量吸收装置,是将制动能量消耗在吸收电阻上,这是目前国内外应用比较普遍的方案,该方案控制简单、工作可靠、应用成熟。(　　)

164. 计算机监控系统的四遥功能:遥信,遥测,遥控,遥调。(　　)

165. 计算机控制高频开关直流屏具有稳压和稳流精度高、体积小、重量轻、效率高、输出稳定、谐波失真小、自动化程度高及可靠性高,并可配置镉镍蓄电池、防酸蓄电池及阀控式铅酸式电池,可实现无人值守。(　　)

166. 拉线的作用是平衡电杆各方面的作用力,以防电杆倾倒。(　　)

167. 1 kV 以下电缆可用 1 kV 兆欧表测量绝缘电阻。(　　)

168. 在三相系统中,不能将三芯电缆中的一芯接地运行。(　　)

169. 在电缆引出端,终端以及中间接头和走向变化的地方应挂指示牌。(　　)

170. 防止直接和间接接触电击的方法有:双重绝缘、加强绝缘、安全电压、电气隔离、漏电保护等。(　　)

五、简 答 题

1. 高压隔离开关为什么不能用来闭合、断开负荷电流和短路电流?

2. 高压管式熔断器是怎样改善熔断器对过负荷和较小短路电流的保护性能和提高灵敏度的?

3. 10 kV 高压少油断路器 SN10—10 型的导电杆和静触头在切断电弧烧伤后应怎样来进行修复?

4. 10 kV 高压少油断路器 SN10—10 型的导电回路怎样进行直流电阻测量?

5. 低压并联电容器在运行中巡视检查的内容是什么?

6. 油浸式电力变压器的油温升高超限时,应检查哪些方面内容?

7. 电力变压器气体保护装置的轻气体信号和重气体信号同时动作时,应如何进行处理?

8. 运行中的油断路器发现有哪些情况时,应立即停电进行检查处理?

9. 运行中的互感器发现有哪些情况时,应立即停电进行检查处理?

10. 并联电容器组因故障跳闸后应怎样检查处理?

11. 电力变压器并列运行必须具备的条件是什么?

12. 什么叫过电压?

13. 常用的避雷器有哪几种类型?

14. 什么叫保护接地?

15. 什么叫保护接零?

16. 选择漏电保护器要考虑哪些条件?

17. 什么叫重复接地?

18. 为什么试验电力电缆和并联电容器等设备,要采用直流耐压试验?

19. 为什么交流耐压试验能获得广泛应用?

20. 测量绝缘电阻能发现电气设备的哪些缺陷?

21. 直流耐压试验的缺点是什么?

22. 如何用绝缘电阻吸收比来判断绝缘受潮或损坏及绝缘良好的状况?

23. 使用变压比电桥测量的作用是什么?

24. 高压试验常用有哪几种调压器,对调压器的性能、波形和容量有什么要求?

25. 什么叫基本安全用具? 列举两件用具说明。

26. 什么叫辅助安全用具? 列举两件用具说明。

27. 对电气绝缘安全用具的保管和使用有什么要求?

28. 请写出 10 kV 线路发生单相(C 相)金属接地故障、互感器高压熔断器(C 相)熔断故障时,相、线电压表的变化情况。

29. 变配电所常用的直流操作电源有哪几种?

30. 配电系统自动化由哪几部分组成?

31. 变配电所自动化系统区别于常规变配电所的特点是什么?

32. 电力架空线路导线截面的选择应满足哪些要求?

33. 简述电力架空线路的施工程序。

34. 对电缆头有什么要求?

35. 简述电缆敷设前的准备工作。

36. 电缆敷设分为哪几个步骤?

37. 纸绝缘电缆户内、外电缆终端头有哪些?

38. 试述交联电缆及其终端头与纸绝缘电缆及其终端头的区别?

39. 电缆故障性质可分成哪五类?

40. 为什么用声测法可以较准确地判断故障电缆的地点?

41. 对绕线转子异步电动机或直流电动机的电刷进行检修时,在什么情况下需要更换电刷?

42. 变极调速异步电动机改变磁极对数的方法有哪几种? 它们的共同点是什么?

43. 拆装电磁调速电动机的电磁离合器应注意什么?

44. 简述运行中电力电容器常见故障,造成温升过高和噪声的原因。

45. 爆炸危险场所是根据什么划分区域的,共分为哪几个区?

46. 火灾危险场所是根据什么划分区域的,共分为哪几个区?

47. 调整企业用电负荷可采用哪些方法?

48. 工厂高压电力线路的接线方式有哪几种? 各适用于哪级负荷?

49. 对变电所的电气设备进行检修所使用的工作票有几种? 各用于什么范围的工作?

50. 变配电所直流母线有哪几种?

51. 电力系统保护装置有什么作用?

52. 什么是互感线圈的"顺串"和"反串"?

53. 变压器运行时,原边和副边实际流过的电流各由什么决定?

54. 三相异步电动机的转速 n 能否达到同步转速 n_1? 为什么?

55. 电力系统保护装置的重要性有哪些?

56. 电压互感器二次侧有两个绕组,它们各有什么作用?

57. 电动机熔断器熔体的选择方法是什么?

58. 架空导线的最小截面允许值是怎样规定的?

59. 用新的热缩工艺做油浸纸绝缘电缆头时,其工艺步骤如何?

60. 操作隔离开关应注意哪些事项?

61. 变压器并联运行的条件有哪些?

62. 什么叫电源核相?

63. 万一错合隔离开关,应如何处理?

64. 在单相半控桥和三相半控桥中,触发脉冲的移相范围应是多少? 晶闸管的最大导通角分别是多少?

65. 高压隔离开关为什么能在变配电所设备中获得普遍使用?

66. 产生过电压的原因有哪些?

67. 保护接地有哪几种形式?

68. 保护接零有哪几种形式?

69. 交流耐压试验的缺点是什么?

70. 简述电力事故抢修的原则。

六、综 合 题

1. 某厂一台三相电力变压器的一次电压为 10 kV,一次电流为 57.5 A,二次电压为 400 V,求二次电流为多少?

2. 一台电压互感器的一次绕组为 8 000 匝,二次绕组的匝数为 80 匝,二次电压为 100 V,求该电压互感器的一次电压为多少?

3. 某厂有一台 10/0.4 kV、800 kVA 的三相电力变压器停运后,用 2 500 V 兆欧表摇测绕组的绝缘情况,在环境 15℃ 时测得 15 s 时绝缘电阻为 710 MΩ,在 60 s 时绝缘电阻为 780 MΩ,请计算吸收比。

4. 配电自动化系统的作用主要有哪些?

5. 如图 2 所示,电路中 $E_1=5$ V,$E_2=4$ V,$E_3=8$ V,$R_1=2$ Ω,$R_2=R_3=10$ Ω,求各支路电流 I_1、I_2、I_3(用回路电流法求解)。

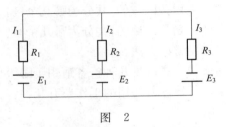

图 2

6. 如图 3 所示的定电动势源中,已知 $E_0=10$ V,$R_0=2$ Ω,求等值电流源。

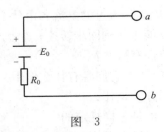

图 3

7. 有一电阻、电感、电容串联的电路,其中 $R=8$ Ω,$X_L=10$ Ω,$X_C=4$ Ω,电源电压 $U=150$ V,求电路总电流、电阻上的电压 U_R、电感上的电压 U_L、电容上电压 U_C 及有功功率、无功功率、视在功率和功率因数。

8. 钢芯铝绞线 LGJ 型截面积为 35 mm²,允许拉应力 $\sigma=8\times10^7$ Pa,求安全拉力为多少?

9. 某台三相感应电动机额定电压为 0.38 kV,额定容量为 120 kW,其空载电流为 76 A,求无功补偿容量为多少?

10. 有一单相感应式电度表,表盘标有 1 kW·h=3 000 盘转数,220 V、2 A。现在在额定电压下接一只 200 W 的灯泡,圆盘转动 2 圈需要多少秒?

11. 某对称三相电路负载作星形连接,线电压为 380 V,每相负载阻抗为 $R=10$ Ω,$X_L=15$ Ω,求负载的相电流。

12. 求图 4 电路中的 U_a 的电位值。

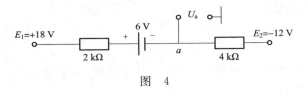

图 4

13. 如图 5 所示为单相桥式整流电路,试求:

(1)变压器副边电压是多少?

(2)二极管承受最高反压是多少?

(3)每支二极管通过的电流是多少?

14. 有一台三相变压器,其额定容量为 $S_e=180$ kVA,一次额定电压 $U_{1e}=10$ kV,二次额定电压 $U_{2e}=0.4$ kV,连接组别为 Y/yn0。求一次、二次额定电流值。

15. 如何提高功率因数?

16. 变压器并联运行的条件有哪些?我国规定的三相变压器标准连接组有哪些?

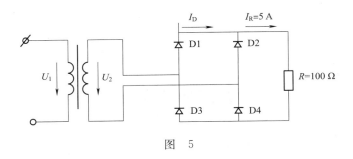

图　5

17. 使用兆欧表应注意哪些安全事项?

18. 试述交流接触器在运行中有时产生很大噪声的原因和处理方法。

19. 变压器大修的内容是什么?

20. 变压器小修的内容是什么?

21. 怎样使用兆欧表测量电力电容的绝缘电阻?

22. 倒闸操作前、中、后有哪些要求?

23. 电气设备操作后,无法看到设备实际位置时,怎样确定设备的实际位置?

24. 哪些工作可以不用操作票?

25. 如何防止向停电检修设备反送电?

26. 对电缆及电容器接地前有何要求?

27. 继电保护装置的检修项目有哪些?

28. 电力系统保护装置的重要性有哪些? 试述保护装置的种类。

29. 试述变压器的故障分类。

30. 试述变电所值班人员岗位责任制。

31. 试述倒闸操作制度。

32. 高压断路器及机构运行中巡视检查项目有哪些?

33. 高压隔离开关的主要作用有哪些?

34. 对疏散指示标志设置的要求有哪些?

变配电室值班电工(中级工)答案

一、填 空 题

1. 触电危险	2. 活动	3. 控制	4. 维护
5. $1/\sqrt{2}$	6. 自动切换装置	7. 钻削孔眼	8. 充放电
9. 185	10. 消防设备	11. 开式	12. 手枪式
13. 环状	14. 基尔霍夫	15. 电压绝对值	16. 固定
17. 反相	18. 培训	19. 金属	20. 电容器
21. 负载	22. 电源切断	23. $60f/p$	24. 100
25. 显示	26. 三角	27. 人体的电阻	28. 接触
29. 24	30. 启动	31. 稳定	32. 阶梯形
33. 调整	34. 机械强度	35. 动作	36. $1.5\sim2.5$
37. 核相	38. 短路电压相等	39. 1/2	40. 短路电流
41. 副线圈	42. 线电压	43. 一致	44. 超前
45. 滞后	46. 隔离开关	47. 视在功率	48. 相位差
49. 星形	50. 单相	51. $R\times1$	52. 250
53. 25	54. 恒定性	55. 500	56. 导通角
57. 禁止通行	58. 接触状态	59. 操作过电压	60. 绝缘
61. 强触发	62. 双线法	63. 维持电流	64. 预防试验
65. 放电间隙	66. 截止	67. 不带速断	68. 阀型
69. 4	70. 大地电阻	71. 重复	72. 抽芯检查
73. 审核工作票	74. 警铃	75. 电源频率	76. 弛度
77. 左侧	78. 5	79. 合闸	80. 胀缩
81. 内螺纹	82. 丝锥	83. 温度	84. 变压比
85. 机械力	86. 效率	87. 高电压大电流	88. 辅助
89. 自动熄灭	90. 速断保护	91. 小于	92. 额定电压
93. 瓦斯	94. 反时限过流	95. 灭弧	96. 绝缘介质
97. 隔离	98. 变比	99. 功率因数	100. 240°
101. 调零	102. 上面	103. 电力制动	104. 乙炔
105. 电流	106. $1\%\sim1.5\%$	107. $10\sim20$	108. 5
109. 4	110. 85	111. 多断口	112. 集电极
113. 串联	114. 电流互感器	115. 二极管	116. 六氟化硫断路器
117. 板牙	118. 交流接触器	119. 电磁感应	120. 最大负荷电流

121. 差动   122. 1   123. 可逆   124. 电压

125. 热稳定性   126. 深蓝   127. 防爆灯   128. 1.2~1.4

129. 安全   130. 工作电压   131. 施工质量   132. 软连接

133. 500   134. 10   135. 试运   136. 1 000

137. 代表挡距   138. 液压式   139. 跳闸线圈   140. 25

141. 顺时针   142. 正极   143. 面接触式   144. 联锁装置

145. 终端杆塔   146. 0.5   147. 隔离电压   148. 顺串

149. 反串   150. 过电流   151. 电网压降过大   152. 转子回路

153. 两相   154. 触头   155. 15~20   156. 接触不良

157. NPN   158. 控制极   159. PNPN   160. 过早

161. 无突然来电   162. 操动机构   163. 开环   164. 工作票

165. 断路器

二、单项选择题

1. A	2. C	3. C	4. A	5. B	6. C	7. C	8. D	9. A
10. A	11. C	12. A	13. C	14. A	15. A	16. C	17. B	18. A
19. B	20. C	21. A	22. C	23. C	24. B	25. D	26. D	27. B
28. A	29. C	30. C	31. B	32. A	33. A	34. B	35. B	36. B
37. B	38. C	39. C	40. B	41. D	42. C	43. C	44. D	45. C
46. A	47. C	48. A	49. B	50. C	51. B	52. B	53. B	54. A
55. B	56. A	57. B	58. C	59. B	60. A	61. A	62. B	63. C
64. A	65. A	66. C	67. C	68. B	69. B	70. A	71. A	72. C
73. A	74. B	75. B	76. C	77. C	78. A	79. B	80. B	81. D
82. B	83. D	84. A	85. B	86. A	87. C	88. B	89. D	90. A
91. B	92. C	93. B	94. A	95. B	96. C	97. A	98. C	99. B
100. C	101. C	102. B	103. B	104. C	105. B	106. B	107. C	108. C
109. A	110. A	111. D	112. B	113. A	114. C	115. C	116. C	117. B
118. C	119. C	120. B	121. A	122. A	123. A	124. A	125. B	126. A
127. B	128. B	129. B	130. C	131. B	132. D	133. C	134. C	135. B
136. C	137. B	138. D	139. C	140. B	141. A	142. A	143. C	144. A
145. B	146. B	147. D	148. C	149. D	150. A	151. A	152. B	153. C
154. C	155. B	156. A	157. C	158. C	159. C	160. B	161. B	162. A
163. B	164. A	165. B						

三、多项选择题

1. ABCD	2. ABCD	3. ABCD	4. ABDEF	5. BD	6. AB
7. ABCD	8. ABC	9. AB	10. ACD	11. ACE	12. AB
13. BCD	14. BCDEF	15. ABCDEF	16. ABCD	17. ABCD	18. BCD
19. ABC	20. ABCDEFG	21. ABC	22. AB	23. ABCD	24. AB

25. CD	26. AC	27. AC	28. CDE	29. ABD	30. CD
31. BC	32. AD	33. CD	34. AC	35. ACD	36. ABCDEF
37. ABCDE	38. ABCD	39. ABCD	40. ABCDEF	41. ABC	42. ACD
43. ABCD	44. CD	45. AB	46. ABCD	47. ABCDE	48. ABCD
49. AC	50. BD	51. AC	52. ABCD	53. AD	54. BE
55. BCE	56. AB	57. ABD	58. AC	59. AC	60. ABC
61. ABC	62. ABD	63. ABC	64. ABC	65. ABCD	66. ABC
67. AB	68. ABCD	69. ABCD	70. ABC	71. AB	72. ABC
73. ABC	74. ABCD	75. ABCD	76. ABCDE	77. ABCD	78. AB
79. AB	80. AB	81. ABC	82. ABCD	83. ABCDEF	84. ABCD
85. AD	86. CD	87. AB	88. AC	89. AB	90. AD
91. BCD	92. AB	93. ABC	94. AC	95. BCD	96. ABCDE
97. ABCD	98. ABCDE	99. AB	100. ABCD	101. ABCDE	102. ABCD
103. CD	104. ABCD	105. ABCD	106. AC	107. AB	108. BCD
109. ABCDE	110. AB	111. BCD	112. BD	113. AC	114. ABCD
115. ABCDE	116. ABCD	117. ABCD	118. ABC	119. ABC	120. AB
121. ABCDE	122. ACD	123. ABCD	124. AC	125. AC	126. ABCDE
127. ABD	128. ABCDEF	129. BCD	130. AD	131. AC	132. AB
133. AD	134. ABCD	135. CD	136. AD	137. AC	138. AB
139. ACD	140. ABCD	141. ABCDE	142. AB	143. BC	144. AB
145. AB	146. ABCD	147. ABC	148. BCD		

四、判 断 题

1. √	2. ×	3. √	4. ×	5. ×	6. ×	7. ×	8. √	9. ×
10. √	11. √	12. √	13. ×	14. ×	15. √	16. √	17. ×	18. √
19. ×	20. ×	21. ×	22. √	23. ×	24. ×	25. ×	26. √	27. √
28. ×	29. ×	30. ×	31. √	32. ×	33. √	34. √	35. ×	36. ×
37. ×	38. √	39. √	40. ×	41. √	42. ×	43. ×	44. ×	45. ×
46. ×	47. √	48. ×	49. √	50. ×	51. √	52. ×	53. √	54. √
55. √	56. √	57. ×	58. √	59. √	60. √	61. ×	62. ×	63. √
64. ×	65. ×	66. √	67. ×	68. √	69. √	70. √	71. ×	72. ×
73. ×	74. √	75. ×	76. √	77. ×	78. √	79. ×	80. √	81. √
82. √	83. ×	84. √	85. ×	86. √	87. ×	88. ×	89. √	90. √
91. √	92. √	93. √	94. √	95. ×	96. ×	97. ×	98. √	99. ×
100. √	101. ×	102. √	103. √	104. ×	105. √	106. √	107. ×	108. ×
109. √	110. √	111. ×	112. √	113. ×	114. √	115. ×	116. ×	117. √
118. √	119. √	120. ×	121. √	122. √	123. ×	124. √	125. ×	126. ×
127. √	128. ×	129. √	130. ×	131. ×	132. ×	133. √	134. ×	135. ×
136. ×	137. ×	138. √	139. ×	140. √	141. √	142. √	143. √	144. √

145.√	146.√	147.×	148.√	149.√	150.√	151.√	152.√	153.√
154.√	155.√	156.×	157.×	158.√	159.√	160.×	161.×	162.√
163.√	164.√	165.√	166.√	167.√	168.√	169.√	170.√	

五、简 答 题

1. 答:高压隔离开关因为没有专门的灭弧装置(5分),所以不能用来开断负荷电流和短路电流。

2. 答:工作熔体的铜熔丝上焊有小锡球(1分),由于锡的熔点较铜熔点低,当过负荷电流通过时锡先熔化(1分),铜锡分子互相渗透而形成熔点较低的铜锡合金(2分),因而改善了熔断器保护性能,提高了灵敏度(1分)。

3. 答:对有轻烧伤的,可用细砂布打磨修整光滑平整后,用变压器油清洗(2分)。因烧伤熔蚀严重出现凹凸不平时,则应更换(2分)。组装静触头的弹簧应完整无卡阻现象,各触头的压力要大致相合(1分)。

4. 答:可采用压降方法测量(2分),即通入100 A的直流电流,测量导电回路的电压降,求出回路直流电阻(2分),要求各相直流电阻不大于100 $\mu\Omega$(1分)。

5. 答:在巡视检查中,应注意观察并联电容器外壳有无膨胀、漏油现象(1分),有无异常的声响(1分),各连接头有无过热氧化现象(1分),保护熔丝是否正常(1分),放电指示灯是否熄灭,电压表、电流表的指示是否正常(1分)。

6. 答:应检查变压器的负荷和冷却介质的温度(2分),核对温度表(1分),检查变压器冷却装置(1分)或变压器室的通风情况(1分)。

7. 答:轻气体信号和重气体信号同时动作,检查气体为可燃气体,则说明变压器内部存在故障(3分),在未经检查和试验合格前,不许再投入运行(2分)。

8. 答:(1)油断路器油箱温度显著升高(1分)。(2)油断路器内部有响声或放电声(1分)。(3)油断路器套管有严重裂纹和放电(1分)。(4)接线端子发热,且温度有继续上升的趋势(2分)。

9. 答:(1)内部线圈与外壳或引出线与外壳有放电或互感器有异常声响(2分)。(2)套管有严重裂纹或放电(1分)。(3)电流互感器响声较大,电流表指示不正常,温度升高或内部有放电声(2分)。

10. 答:应巡视检查电容器有无外部的放电闪络、胀鼓、漏油及过热等现象(1分)。如无明显故障,可停运半小时后再试送一次(1分)。熔丝保护熔断后,可更换试送一次(1分),若试送不良应停运,通过试验来确定故障原因(2分)。

11. 答:并列运行必须具备的条件:(1)各变压器的电压比应相等(1分),实际运行时允许相差±0.5%(1分)。(2)各变压器的连接组别应相同(1分)。(3)各变压器的阻抗电压(短路阻抗)应相等(1分),实际运行时允许相差±10%(1分)。

12. 答:由于操作、故障、运行方式改变或雷击等原因(3分),在电气设备或线路上可能会暂时出现超过正常工作电压数值并危及设备和线路绝缘的电压升高(2分),此种现象称之为过电压。

13. 答:常用的避雷器有管型避雷器(2.5分)、金属氧化物避雷器(2.5分)。

14. 答:为了保障人身安全(2分)将电气设备正常情况下不带电的金属外壳接地,称之为保护接地(3分)。

15. 答:在电源中性点接地的供电系统中(1分),将电气设备在正常情况下不带电的金属外壳与保护零线(PE线)直接连接(4分)称为保护接零。

16. 答:主电路的额定电压、额定电流、额定频率(1分),设备的相数和漏电保护器的极数(1分),断路器的极限通断能力(1分),漏电保护器额定漏电动作电流、动作时间(1分)和漏电不动作电流(1分)。

17. 答:在保护接零的供电系统中(1分),为防止保护零线断线而产生的危险(1分),将保护接零(PE线)在线路的终端(1分),分支点再一次重复接地(2分)称重复接地。

18. 答:直流耐压试验发现局部缺陷的敏感性比交流耐压试验好(1分),直流耐压试验对绝缘物内无介质损失(1分),长时间加直流电压对绝缘造成的损害作用比交流电压小得多(1分),且所需试验设备容量小(1分)、成本低(1分)。

19. 答:交流耐压试验的电压、波形、频率和在被试品绝缘内部电压分布均匀(1分),符合实际运行情况,能有效地发现绝缘缺陷(1分),尤其是局部缺陷(1分),并能准确考验绝缘的裕度(1分)。由于规定耐压试验时间为1 min,使有弱点的绝缘来得及暴露,又不致时间长而引起不应有的绝缘击穿(1分),因而获得广泛应用。

20. 答:测量绝缘电阻能发现电气设备导电部分影响绝缘的异物(1分),绝缘局部或整体受潮和脏污(1分),绝缘油严重劣化(1分),绝缘击穿(1分)和严重热老化(1分)等缺陷。

21. 答:直流耐压试验的缺点:对绝缘的考验不如交流试验接近实际和准确(1分)。对交联电缆的绝缘有累积效应(2分),损伤绝缘(2分)。

22. 答:用加压15 s和60 s时间的电流和相应的绝缘电阻的比值作为绝缘电阻吸收比K,来判断绝缘状况(2分)。用公式表示:$K=R_{60}/R_{15}$或$K=i_{15}/i_{60}$(1分)。当绝缘严重受潮或损坏时,K接近于1(1分);良好绝缘时,K值远大于1(一般为1.3以上)(1分)。

23. 答:使用变压比电桥是测量电力变压器的电压比(1分),目的是检查变压器绕组匝数比的正确性(2分)和分接开关的接触状况(2分)。

24. 答:常用的有自耦调压器、移卷调压器和感应调压器三种(1分)。要求调压器应能从零开始平滑地调节电压(1分),调压器的输出波形应尽可能接近正弦波(1分),容量与试验变压器容量相同(1分),如果试验变压器工作时间较短,调压器的容量可略小些(1分)。

25. 答:基本安全用具是指那些绝缘强度在长期接触带电部分工作的情况下(2分),能可靠地承受设备工作电压的用具(1分)。例如绝缘杆、携带型电压指示器(2分)。

26. 答:辅助安全用具是指那些主要用来进一步加强基本安全用具绝缘强度的用具(1分)。辅助安全用具必须配合基本安全用具才能在高压带电设备上进行工作或操作(2分),例如绝缘手套、绝缘靴、绝缘垫(台)等(2分)。

27. 答:对电气绝缘安全用具要妥善保管(1分),安放在指定位置(1分),并有专人负责管理(1分)。每次使用前要先检查安全用具完好无损伤(1分),并按规定进行预防性试验合格(1分)。

28. 答:(1)发生接地时:相电压C相为零,A、B相升高为线电压;线电压三相均正常(2分)。

(2)高压熔断器熔断时:相电压A、B相正常,C相很低;线电压AB相正常,BC、CA相接近相电压(3分)。

29. 答:有蓄电池组操作电源(1分)、蓄电池补偿式硅整流电源(2分)、储能电容补偿式硅整流电源三种(2分)。

30. 答:配电系统自动化(DSA)主要由配电自动化系统(DAS)(1分)、配电管理系统(DMS)(2分)和需方用电管理(DSM)三个部分组成(2分)。

31. 答:功能综合化(1分)、系统结构微机化(1分)、测量显示数字化(1分)、操作监视屏幕化(1分)、运行管理智能化(1分)。

32. 答:(1)满足发热条件(1分)。(2)满足电压损失条件(1分)。(3)满足机械强度条件(1分)。(4)满足保护条件(2分)。

33. 答:架空线路的架设分为杆位复测(1分)、挖坑(1分)、排杆(1分)、组杆(1分)、立杆和架线(1分)等工作程序。

34. 答:(1)电缆头的电气强度不能低于电缆本身的电气强度(1分)。

(2)要有足够的机械强度,保证电缆绝缘免受周围环境的潮气或其他有害物质的侵入(1分)。

(3)电缆头的结构必须简单、紧凑和轻巧,便于现场加工(1分)。

(4)所用的材料应该吸水性和透气性小,介质损失低,电气稳定性好(2分)。

35. 答:(1)现场勘察、收集电缆路径各段地形、障碍物情况(2分)。(2)制定施工计划、施工技术措施和安全措施(1分)。(3)对外联系工作(1分)。(4)准备必要的工具材料(1分)。

36. 答:主要包括挖沟(1.5分)、敷设(1.5分)、锯断电缆(1分)和封焊(1分)三个步骤。

37. 答:户内:尼龙头(NTN)、环氧树脂头、热缩头、干包(2分);户外:鼎足式、倒挂式、扇型、全瓷式(WDC)、环氧树脂(WDH)、热收缩型(3分)。

38. 答:交联电缆的绝缘为挤包型,不像纸绝缘电缆是绕包的层状绝缘(1分)。交联电缆的绝缘为干式绝缘,纸绝缘电缆是油浸的(1分)。交联电缆的绝缘基本上不吸潮,纸绝缘电缆是易吸潮的(1分)。因此,纸绝缘终端头主要解决漏油、吸潮问题(1分),而交联电缆终端头主要解决出现气隙及局部放电问题(1分)。

39. 答:(1)接地故障(1分)。(2)短路故障(1分)。(3)断线故障(1分)。(4)闪络性故障(1分)。(5)综合性故障,即同时应有上述两种或两种以上的故障(1分)。

40. 答:声测法是利用直流高压试验设备向电容器充电储能(1分),当电容电压达到某一值时(1分),经过放电间隙向故障电缆放电(1分)。由于电缆(接地)故障非金属性连接,具有非稳定性间隙(1分),因而在电容器放电过程中产生机械振动(1分)。

41. 答:在下列情况下应更换电刷:(1)电刷磨损超过新刷长度的60%时(1分)。(2)电刷破损或电刷引线断股数超过总股数的1/2时(2分)。(3)电刷的刷握中过松(1分)。(4)电刷与其引线松动(1分)。

42. 答:一种是改变绕组线圈的连接方法(1分),即改变线圈首、尾相接的顺序(1分);另一种是改变绕组线圈的连接方式(1分),即并联连接或串联连接(1分)。共同点是:将一相绕组线圈中的一半线圈(半相绕组)的电流方向反向(1分)。

43. 答:(1)拆卸前应打好标记(1分)。(2)搞清离合器结构后再拆卸(1分)。(3)注意保护各止口和气隙面(1分)。(4)拆装时应避免磕碰,同时注意不要损伤励磁线圈的绝缘(1分)。(5)装好后,磁极与导磁体间不允许有扫膛现象(1分)。

44. 答:常见故障:外壳鼓胀、套管破裂或油箱渗油、噪声、变容、爆炸、温升过高(2分)。

造成原因:温升过高——通风不良、介质绝缘劣化及运行电压过高(2分)。

噪声——电容器内部绝缘介质电离所形成的间隙,将诱发局部放电,是绝缘崩溃的先兆(1分)。

45. 答:按出现爆炸性气体的频度和持续时间来划分,分为三个区:0区、1区、2区(3分);按出现爆炸性粉尘的频度和持续时间来划分,分为二个区:10区和11区(2分)。

46. 答:根据存在火灾危险物质来进行火灾危险分区,共分为21区(1分)、22区(1分)、23区(1分)三个区(2分)。

47. 答:(1)调整大容量用电设备的用电时间,错开高峰时间用电(1分)。(2)错开企业的公休日,降低用电负荷高峰(1分)。(3)调整企业生产车间的工作时间(1分)。(4)实行计划用电(1分)。(5)采取经济措施,限制高峰用电(1分)。

48. 答:(1)放射式接线方式,其中单回路放射式适用三级负荷(1分);双回路放射式适用于二级负荷(1分)。(2)树干式接线方式,其中直接连接树干式接线只适用于三级负荷(1分);双干线供电可适用于二级负荷,甚至一级负荷(1分)。(3)环形接线方式,适用于短时停电的二级负荷和三级负荷(1分)。

49. 答:对变配电所的电气设备进行检修所使用的工作票有两种(1分)。第一种工作票,是在高压电气设备上工作需要全部或部分停电;在高压室内的二次回路和照明回路上工作,需要将高压电气设备停电或采取安全措施(2分)。第二种工作票,是带电作业或在带电设备外壳上工作,在控制盘、低压配电箱、柜的电源干线上工作;在二次回路上工作而不需要将高压设备停电(2分)。

50. 答:(1)控制母线(0.5分)。(2)信号母线(0.5分)。(3)事故声响告警母线(0.5分)。(4)事故预报信号母线(0.5分)。(5)闪光母线(0.5分)。(6)合闸母线(0.5分)。(7)灯光信号母线(0.5分)。(8)光字牌母线(0.5分)。(9)控制回路断线预报信号母线(1分)。

51. 答:(1)当被保护的设备发生故障时,能够迅速地切除故障设备,保证系统的其他部分正常运行(1分)。(2)当被保护的设备出现不正常运行状态时,保护装置能够发出信号,以便值班人员及时采取措施(2分)。(3)保护装置与其他设备配合,可实现电力系统的自动化和远动化(2分)。

52. 答:两线圈串联时,若将它们的异名端相联叫"顺串"(1分)。若将两线圈的同名端相联则为"反串"(1分)。"顺串"可以提高电感量(1分),"反串"时磁通相互抵消,整个线圈无电感,成为无感电阻(2分)。

53. 答:变压器运行时,副边电流取决于负载大小(2.5分),原边电流则取决于副边电流(2.5分)。

54. 答:不能(2分),因为如果转子转速 n 达到旋磁场的转速 n_1 时,二者间就不再有相对运动(1分),转子导体也就不再作切割磁力线运动,转子导体中就不再产生感生电流(2分)。

55. 答:电力系统保护装置的重要性在于能够有选择地、迅速切除故障(2分),保证其他非故障设备的继续运行及防止故障设备的进一步损坏,缩小故障范围,提高供电可靠性(3分)。

56. 答:(1)双绕组电压互感器一次绕组接入需要测量的电路,二次绕组接入测量仪表或继电器(2分)。(2)三绕组互感器除具有以上两绕组作用外,还有一个辅助绕组,接成开口三角形,用来监察电网的绝缘状况(3分)。

57. 答:熔体的额定电流≥(1.5~2.5)×电动机的额定电流(2分)。(多台电动机:熔体的

额定电流≥(1.5～2.5)×容量最大的电动机的额定电流＋其余电动机的实际负荷电流)
(3分)。

58. 答:为了保证导线在运行中有足够的机械过载能力,要求导线的截面积不能太小
(1分)。通常用最小允许截面来保证,当线路通过居民区,横跨越铁路、公路时,最小截面应放
大(2分)。一般情况下 1～110 kV 线路采用最小截面积铜导线为 16 mm²,铝线截面积为
35 mm²(2分)。

59. 答:(1)取直电缆,去钢铠,焊地线(0.5分)。(2)剖铝(0.5分)。(3)去碳黑纸带绝缘
(0.5分)。(4)装隔油管(0.5分)。(5)装应力管(0.5分)。(6)绕包耐油填充胶(0.5分)。
(7)装三芯分支护套(0.5分)。(8)压装接线端子(0.5分)。(9)装外绝缘管(0.5分)。(10)装
密封管;装雨裙(0.5分)。

60. 答:(1)严禁带负荷操作,因此拉开时要在断路器断开之后,合上时要在断路器闭合之
前(2分)。(2)拉开时,要先拉负载侧,后拉母线侧(1分)。合上时与拉开时顺序相反(1分)。
(3)在误合而发生火花时,不许重新拉下(1分)。

61. 答:变压器并联运行必须同时满足下列条件:(1)连接组别必须相同(1分)。(2)变比
必须相等(允许有±0.5%差值)(1分)。(3)短路电压相等(允许有±10%的差值)(1分)。除
满足上述条件外,并联运行的变压器容量之比不能超过 3:1(2分)。

62. 答:对两个以上电源的相位进行鉴定(4分),称为电源核相(1分)。

63. 答:万一错合隔离开关,绝对不允许重新拉开(1分),带负载拉闸比带负载合闸更危险
(1分),处理方法如下:(1)立即合上隔离开关(1分)。(2)操作断路器切断回路(1分)。(3)再
拉开隔离开关(1分)。

64. 答:在单相半控桥和三相半控桥中,触发脉冲的移相范围都为 180°(1分)。单相半控
桥中晶闸管的最大导通角是 180°(2分);三相桥中晶闸管的导通角是 120°(2分)。

65. 答:高压隔离开关能将电气设备(1分)与带电的电网隔离(1分),保证被隔离的电气
设备有明显的断开点(2分),能安全地进行检修(1分),因而获得普遍使用。

66. 答:过电压按其能量来源可分为两大类,即内部过电压和外部过电压(1分)。内部过
电压因操作、故障、谐振、运行状况变化而激发(2分)。外部过电压系因雷击造成电气设备或
线路电压升高(亦称大气过电压)(2分)。

67. 答:在电源中性点不接地的供电系统中采用保护接地称为 IT 系统(2分)。
在电源中性点接地的系统中采用保护接地称为 TT 系统(3分)。

68. 答:三相五线制将工作零线(N线)与保护零线(PE线)分开的保护系统叫 TV-S 系统
(2分)。三相四线制是将工作零线(N线)与保护零线(PE线)合并为一根导线的保护系统,称
为 TN-C 系统(2分)。干线采用三相四线制,支线采用三相五线制的保护系统,称为 TN-C-B
系统(1分)。

69. 答:交流耐压试验的缺点是会使固体有机绝缘原来存在的绝缘弱点进一步发展(1
分),但又不致于在耐压时击穿(1分),使绝缘强度逐渐衰减(1分),从而形成绝缘内部劣化的
积累效应(1分),造成绝缘的暗伤(1分)。

70. 答:电力事故抢修的原则是积极采取措施(1分),尽快恢复供电(1分),特别是恢复重
要负荷的供电(3分)。

六、综 合 题

1. 答:已知 $U_1 = 10 \text{ kV}, U_2 = 400 \text{ V}, I_1 = 57.5 \text{ A}$,则

$U_1/U_2 = I_2/I_1$(4 分)。

$I_2 = (U_1/U_2) \times I_1 = (10\ 000/400) \times 57.5 = 1\ 437.5 \text{ A}$(6 分)。

2. 答:已知 $N_1 = 8\ 000$ 匝, $N_2 = 80$ 匝, $U_2 = 100 \text{ V}$,则

$U_1/U_2 = N_1/N_2$(4 分), $U_1 = (N_1/N_2) \times U_2 = 8\ 000/80 \times 100 = 10\ 000 \text{ V} = 10 \text{ kV}$(6 分)。

3. 答:已知 $R_{15} = 710 \text{ M}\Omega, R_{60} = 780 \text{ M}\Omega$,则

吸收比 $K = R_{60}/R_{15} = 780 \text{ M}\Omega/710 \text{ M}\Omega = 1.1$(10 分)。

4. 答:(1)减少停电时间,缩小停电范围,从而提高配电网供电可靠性(2 分)。

(2)降低网损,提高配电网供电质量(2 分)。

(3)实现状态检修,减少配电网运行维护费用,降低配网运行成本(3 分)。

(4)节省总投资,提高经济效益和社会效益(3 分)。

5. 答:(1)设回路电流 I_A、I_B 正方向如图 1 所示方向(2 分)。

(2)根据基尔霍夫电压定律对回路 A 有: $E_1 - E_2 = I_A(R_1 + R_2) - I_B R_2$;对回路 B 则有:
$E_2 + E_3 = I_A R_2 + I_B(R_2 + R_3)$(2 分)。

(3)将已知数据代入联立方程得:

$1 = 12I_A - 10I_B$

$12 = -10I_A + 20I_B$(2 分)。

(4)解联立方程得: $I_A = 1, I_B = 1.1$(2 分)。

(5)求各支路电流,设各支路电流分别为 I_1、I_2 和 I_3,其方向如图 1 所示方向,则有: $I_1 = I_A = 1 \text{ A}, I_2 = I_B = 1.1 \text{ A}, I_3 = I_B - I_A = 0.1 \text{ A}$(2 分)。

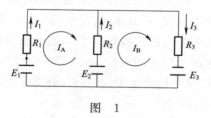

图　1

6. 答:将原图化简如下(图 2):(4 分)

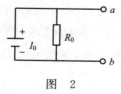

图　2

(1) $I_0 = E_0/R_0 = 10/2 = 5 \text{ A}$(2 分)。

(2)内电导 $G_0 = 1/R_0 = 1/2 = 0.5 \text{ S}$(2 分)。

(3)将 R_0 与 I_0 并联则有电流源(2 分)。

7. 答: $Z = \sqrt{R^2 + (X_L - X_C)^2}$ 代入数据, $Z = 10 \ \Omega$(1 分)。

电路总电流 $I=U/Z=150/10=15(\text{A})$(1 分)。

电阻上电压 $U_R=IR=15\times8=120(\text{V})$(1 分)。

电感上电压 $U_L=IX_L=15\times10=150(\text{V})$(1 分)。

电容上电压 $U_C=IX_C=15\times4=60(\text{V})$(1 分)。

有功功率 $P=U_RI=120\times15=1.8(\text{kW})$(1 分)。

无功功率 $Q=|U_L-U_C|I=|150-60|\times15=1.35(\text{kvar})$(1 分)。

视在功率 $S=\sqrt{P^2+Q^2}=\sqrt{1\,800^2+1\,350^2}=2\,250(\text{VA})=2.25(\text{kVA})$(1 分)。

功率因数 $\cos\varPhi=P/S=1\,800/2\,250=0.8$(2 分)。

8. 答:$F=\sigma S=8\times10^7\times35\times10^{-6}=2\,800(\text{N})$(10 分)。

9. 解:$Q=\sqrt{3}U_eI_0=\sqrt{3}\times0.38\times76=50.02(\text{kvar})$(8 分)。

答:无功补偿容量为 50.02 kvar(2 分)。

10. 解:设需要 X s,1 kW·h=$1\,000\times3\,600$ W·s。

根据题意有:　$1\,000\times3\,600/(200X)=3\,000/2$(5 分)。

$X=1\,000\times3\,600\times2/(200\times3\,000)=12(\text{s})$(5 分)。

答:额定电压下,一只 200 W 的灯泡圆盘转动 2 圈需 12 s。

11. 解:$U_\varPhi=U_e/\sqrt{3}=380/\sqrt{3}\approx220(\text{V})$(3 分)。

$Z=\sqrt{R^2+X^2}=\sqrt{10^2+5^2}\approx18(\Omega)$(5 分)。

$I_\varPhi=U_\varPhi/Z=220/18=12.22(\text{A})$(2 分)。

答:负载的相电流为 12.22 A。

12. 解:根据题意,其等效电路如图 3 所示。

$I=(E_1-E_3+E_2)/(R_1+R_2)=(18-6+12)/(2+4)=4(\text{mA})$(5 分)。

$U_a=IR_2-E_2=4\times10^{-3}\times4\times10^3-12=4(\text{V})$(3 分)。

答:电路中 a 点的电位是+4 V(2 分)。

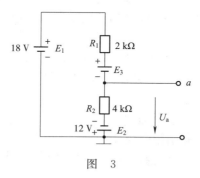

图　3

13. 解:$U_R=I_R\cdot R=5\times100=500(\text{V})$(2 分)。

$U_2=U_R/0.9=500/0.9=555.56(\text{V})$(2 分)。

$U_{反}=\sqrt{2}U_2=1.41\times555.56=785.56(\text{V})$($U_{反}$ 为二极管承受最高反向电压)(2 分)。

$I_D=I_R/2=5/2=2.5(\text{A})$(2 分)。

答:变压器副边电压为 555.56 V,每支二极管承受最高电压为 785.56 V,通过每支二极管的电流为 2.5 A(2 分)。

14. 答:一次额定电流:$I_{1e}=S_e/U_{1e}\sqrt{3}=180/10\sqrt{3}=10.4$ A(5分)。

二次额定电流:$I_{2e}=S_e/U_{2e}\sqrt{3}=180/0.4\sqrt{3}=260$ A(5分)。

15. 答:由于交流用电器多为由电阻和电感串联组成的感性负载,为了既提高功率因数又不改变负载两端的工作电压,通常都采用以下两种方法:

(1)并联补偿法:在感性电路两端并联一个适当的电容器(5分)。

(2)提高自然功率因数:在机械工业中,提高自然功率因数主要是指合理选用电动机,不要用大容量的电动机带动小功率负载,尽量不让电动机、电焊机等感性负载空载运行(5分)。

16. 答:变压器并联运行必须同时满足下列条件:

(1)连接组别必须相同(2分)。

(2)变比必须相等(允许有±0.5%差值)(2分)。

(3)短路电压相等(允许有±10%的差值)(2分)。

除满足上述条件外,并联运行的变压器容量之比不能超过3:1(2分)。

我国规定三相双绕组电力变压器的连接组有:Y,yn0;Y,y0;YN,y0;Y,d11 和 YN,d11 五种,其中常用前三种(2分)。

17. 答:(1)不论高压还是低压设备,使用兆欧表时均须停电,且要保证无突然来电的可能(2分)。

(2)测量双回路高压线路中的某一回路时,双回路均必须停电,否则不准用兆欧表进行测量(2分)。

(3)测量电缆或架空线路绝缘电阻以前,必须先行放电,如遇雷雨天气,应停止工作。测量时应保证无人员在被测设备或线路上工作方可使用兆欧表(3分)。

(4)测量人员和兆欧表所在位置必须适宜,测量用的导线应使用绝缘导线(3分)。

18. 答:产生噪声的主要原因是衔铁吸合不好所致(2分)。

衔铁吸合不好的原因和处理方法如下:

(1)铁芯端面有灰尘、油垢或生锈。处理方法:擦拭,用细砂布除锈(2分)。

(2)短路环损坏、断裂。处理方法:修复焊接短路环或将线圈更换成直流、无声运行(2分)。

(3)电压太低,电磁吸力不足。处理方法:调整电压(2分)。

(4)弹簧太硬,活动部分发生卡阻。处理方法:更换弹簧,修复卡阻部分(2分)。

19. 答:变压器大修的内容如下:

(1)开变压器箱盖,吊出铁芯,清除油泥(1分)。

(2)修铁芯、绕组,分接开关和引出线(1分)。

(3)检修箱壳、箱盖、储油柜、气体继电器、防爆管及各种阀门(1分)。

(4)滤油及换油(1分)。

(5)更换封油密封垫圈(1分)。

(6)检修冷却系统(1分)。

(7)检修测量仪表及信号装置(2分)。

(8)装配后按技术数据进行测试。大修一般5~10年进行一次(2分)。

20. 答:小修是不吊出铁芯进行检修,其项目为:

(1)箱体的接合处是否漏油或破损(1分)。

(2)母线的螺栓接头是否松动(1分)。

(3)绝缘套管是否有放电痕迹和破损,是否要进行清洁工作(1分)。

(4)防爆膜是否完好无损(1分)。

(5)各部位的油阀门有无堵塞(1分)。

(6)测定高压对地、低压对地和高压对低压的绝缘电阻(1分)。

(7)补充油箱的缺油(1分)。

(8)气体继电器的引出线是否腐蚀,如严重腐蚀必须更换(1分)。

(9)检查冷却系统(1分)。

(10)变压器外壳接地是否牢靠。小修周期为每年一次(1分)。

21. 答:(1)首先断开电容器的电源,将电容器充分放电(多次放电)(2分)。

(2)按电容器的额定电压选择兆欧表的电压等级(2分)。

(3)用兆欧表测量放电后的电容器。在摇动兆欧表(电容器充电完毕)时,让兆欧表表针从零慢慢上升到一定数值后不再摆动,其表针稳定后,方是电容器绝缘阻值(2分)。

(4)测量完毕,在兆欧表与电容器连接导线断开后,兆欧表方能停止转动,否则电容放电会烧毁兆欧表(2分)。

(5)若再次测量或测量完毕,需及时放电,以免烧坏兆欧表或电击伤害人员(2分)。

22. 答:开始操作前,应先在模拟图(或计算机防误装置、计算机监控装置)上进行核对性模拟预演,无误后,再进行操作(2分)。操作前先核对设备名称、编号和位置,操作中应认真执行监护复诵制度(单人操作时也应高声唱票),宜全过程录音(2分)。操作过程中应按操作票填写的顺序逐项操作(3分)。每操作完一步,应检查无误后做一个"√"的记号,全部操作完毕后进行复查(3分)。

23. 答:电气设备操作后,无法看到设备实际位置时,可通过设备机械位置指示、电气指示、仪表及各种遥测、遥信信号的变化,且至少应有两个以上指示已同时发生对应变化,才能确认该设备已操作到位(10分)。

24. 答:可以不用操作票的工作一般有:

(1)事故应急处理(3分)。

(2)拉合断路器(开关)的单一操作(3分)。

(3)拉开或拆除全站(厂)唯一的一组接地刀闸或接地线。上述操作在完成后应做好记录,事故应急处理应保存原始记录(4分)。

25. 答:检修设备停电,应把各方面的电源完全断开(任何运用中的星形接线设备的中性点,应视为带点设备)(3分)。禁止在只经开关断开电源的设备上工作。应拉开刀闸,手车开关应拉至试验或检修位置,应使各方面有一个明显断开点(对于有些设备无法观察到明显断开点的除外)(3分)。与停电设备有关的变压器和电压互感器,应将设备各侧断开,防止向停电检修设备反送电(4分)。

26. 答:对电缆及电容器接地前的要求有:电缆及电容器接地前应逐相充分放电(4分),星形接地电容器的中性点应接地,串联电容器及与整组电容器脱离的电容器应逐个放电,装在绝缘支架上的电容器外壳也应放电(6分)。

27. 答:(1)各继电器的校验(1分)。

(2)单机柜的整组试验(1分)。

(3)整段继电保护装置的整组试验(1分)。

(4)对于计算机保护器,根据厂家要求无需解体检修,只对其进行试验(1分)。

(5)检查清扫继电保护回路元件,紧固各接线端子(2分)。

(6)高压柜盘面各种表计、按钮、开关、信号继电器等电气元器件的标识(2分)。

(7)二次原理图的校对、修改(2分)。

28. 答:电力系统保护装置的重要性在于能够有选择地迅速切除故障,保证其他非故障设备的继续运行及防止故障设备的进一步损坏,缩小故障范围,提高供电可靠性(5分)。

电力系统继电保护装置的种类很多,常用的有过流保护;电流、电压速断保护;线路阻抗保护;差动保护;瓦斯保护;系统接地保护等(5分)。

29. 答:运行变压器常见故障的划分方法通常有:按变压器本体可分为内部故障和外部故障,即把油箱内发生的各相绕组间的相间短路、绕组的匝间短路、绕组或引线与箱体接地等称为内部故障,而油箱外部发生的套管闪络、引出线间的相间短路等故障称为外部故障(5分);按变压器结构可分为绕组故障、铁芯故障、油质故障、附件故障;按回路可分为电路故障、磁路故障、油路故障;从故障发生的部位可分为绝缘故障、铁芯故障、分接开关故障、套管故障等(5分)。

30. 答:(1)值班人员在值班时间应按时作息,坚守工作岗位,随时准备停送电或事故处理等紧急操作,不得擅自离开岗位,当发生故障或有复杂操作时当值人员应集中控制室,在任何情况下,应有专人监盘,以利于监视运行动态(1分)。

(2)值班人员在值班时间内的主要任务是:做好设备运行维护、一般性设备缺陷处理,运行操作,事故处理,按时检查巡视设备,抄录表计,计算电量,清洁卫生等工作。应严格执行各种规章制度、反事故措施及上级的指示,拒绝执行违反规程制度的指令指示,并及时报告上级单位(1分)。

(3)在设备发生事故时,值班人员应迅速正确判断原因,采取措施,防止事故扩大,确保设备的正常运行。对损坏设备,应设法修复,对重大设备损坏事故,站内能处理时应迅速报调度处理,并做好事故现场安全措施,随时准备进行抢修(1分)。

(4)变电所厂房、宿舍周围应经常保持环境清洁卫生,清除杂草、杂物,种植花草树木,美化环境,搞好文明生产(1分)。

(5)做好企业管理工作,各站根据实际情况,设立考勤员、资料管理员、材料工具管理员、技术安全员、生活管理员等(1分)。

(6)做好变电所的安全保卫工作,发现可疑情况及时报告保卫部门(1分)。

(7)做好所内技术资料管理工作,设立各式记录本,悬挂各式图表,保持图纸资料完整无缺(1分)。

(8)值班人员应熟悉和执行安全规程以及有关现场规程、制度和上级指示(1分)。

(9)值班期间应严肃认真,在接班前五小时内及值班期间不准饮酒,禁止用所内电话闲谈,不得在所内会客,不得大声喧闹及谈笑(1分)。

(10)值班人员应积极参加所内抢修和设备维护管理工作,以及其他工作任务(1分)。

31. 答:(1)进行一切倒闸操作时必须思想高度集中,坚持贯彻"安全第一"的方针(1分)。

(2)一切倒闸操作必须根据命令执行。对命令有疑问,应提出意见,发令人坚持意见时,应立即执行。但如执行命令后将会危及人身或设备安全时,应拒绝并立即报告上一级领导

(2分)。

(3)对于直接威胁人身安全和损坏设备的事故。处理时可不经调度员或上级许可,先行操作,但事后应尽快报告调度员和上级(2分)。

(4)除紧急停、送电和事故处理外,一般倒闸操作应尽可能避免在交接班时进行(1分)。

(5)倒闸操作前,正、副值人员必须明确操作目的和顺序,全面考虑可能发生的意外和后果,并做好一切准备(1分)。

(6)倒闸操作中,必须严格执行"操作五制",即操作票制,核对命令制,图板学习制,监护、唱票、复诵制和检查汇报制。当听到调度电话时,应停止操作,收听电话,弄清情况后再操作(2分)。

(7)倒闸操作后,全面检查操作质量,并及时汇报,做好记录(1分)。

32. 答:(1)断路器表面应清洁,各部件完整牢固,无发热变色现象(1分)。

(2)套管拉杆及绝缘子等瓷件无污、无损、无放电现象(1分)。

(3)油标指示应在规定的范围内,油筒无渗漏,油色正常(1分)。

(4)分合闸指示器指示正常(0.5分)。

(5)断路器的分合闸线圈无焦味冒烟及烧伤现象(1分)。

(6)油筒内部无杂声和放电声(0.5分)。

(7)少油断路器应检查其支架接地情况(0.5分)。

(8)SN1、SN2型断路器操作后应检查软铜片无断裂(1分)。

(9)操作机构应完整无锈蚀(0.5分)。

(10)传动销子连杆完整无断裂(0.5分)。

(11)油压缓冲或弹簧缓冲器应完整良好(0.5分)。

(12)发生故障跳闸后和天气突变应特殊检查巡视(2分)。

33. 答:(1)隔离电源:在电气设备停电或检修时,用隔离开关将需停电设备与电流隔离,形成明显可见的断开点,以保证工作人员和设备安全(2分)。

(2)倒闸操作(改变运行方式):将运用中的电气设备进行三种形式状态(运行、备用、检修)下的改变,将电气设备由一种工作状态改变成另一种工作状态(2分)。

(3)拉合无电流或小电流电路的设备(3分)。

(4)高压隔离开关虽然没有特殊灭弧装置,但触头间的拉合速度及开距应具备小电流和拉长拉细电弧灭弧能力(3分)。

34. 答:(1)应急照明灯和灯光疏散指示标志应在其外面加设玻璃或其他不燃烧透明材料制成的保护罩(3分)。

(2)疏散通道出口处的疏散指示标志应设在门框边缘或门的上部(3分)。

(3)疏散通道中,疏散指示标志(包括灯光式)宜设在通道两侧及拐弯处的墙面上(3分)。

(4)疏散指示标志应为绿色(1分)。

变配电室值班电工(高级工)习题

一、填空题

1. 高压隔离开关没有专门灭弧装置,不允许(　　　)拉闸。

2. 远动装置的遥信(YX)功能是采集变配电所内断路器、隔离开关、继电器装置情况,并将该信息送到(　　　)。

3. 远动装置的用途就是远距离进行(　　　),由控制端发出命令,被控端接收并执行。

4. 自动闭塞配电所内,应装设(　　　)及调压装置。

5. 远动装置主要有控制端、(　　　)、传输通道三部分组成。

6. 对新安装的调压变压器试送电时,进行(　　　)次冲击合闸,应无异常现象。

7. 备用电源自投装置指当工作电源因故障失去电压后,(　　　)将备用电源投入的装置。

8. 电力配电室常用的继电保护有失压保护、过流保护和(　　　)保护。

9. 高压开关出现拒绝分闸故障时,在紧急情况下且电气原因无法电动跳闸时允许(　　　)跳闸。

10. 弹簧储能装置在运转过程中,因马达故障或马达电源中断,及马达控制装置故障,造成储能不到位,如果开关合上带负荷时,应将马达电源断开,取下电源熔丝,(　　　)使弹簧储能到位。

11. 断路器着火时,应迅速将故障开关与带电部分隔离,切断着火断路器的各侧电源及控制电源、储能电机电源,然后进行(　　　)。

12. 对危害(　　　)和身体健康的行为,电工有权提出批评、检举和控告。

13. 电力系统是指通过电力网连接在一起的发电厂、(　　　)及用户的电气设备的总体。

14. 在电力系统中,连接各种电压等级的输电线路、各种类型的变配电所及用户的电缆和架空线路构成的输、配电力的网络称(　　　)。

15. 电力网按其在系统中的作用不同,分为输电网和(　　　)。

16. 决定供电电能指标的主要因素有(　　　)、频率、可靠性和正弦波形及三相电压的对称性。

17. 电压和(　　　)是衡量电力系统电能质量的两个基本参数。

18. 额定电压又称标称电压,是指电气设备的正常工作电压,是在保证电气设备规定的使用时限,能达到额定出力的长期(　　　)、经济运行的工作电压。

19. 负荷率是指一段时间内平均有功功率与(　　　)有功功率负荷之比的百分数。

20. 过电压是指在电气设备上或线路上出现的(　　　)正常工作要求的电压。

21. 在电力系统中,按过电压产生的原因不同,可分为(　　　)和雷电过电压两种。

22. 接闪器就是专门用来接受直接(　　　)的金属物体。

23. 避雷器是用来防护雷电产生的过电压波沿线路侵入变配电所或其他建筑物内,以免危及被保护设备的(　　)。

24. 避雷器的型式主要有(　　)和排气式两种。

25. 有功功率与无功功率的比值称为(　　)。

26. 在工厂供电系统中提高功率因数的方法很多,一般可分为两大类,即提高自然功率因数和(　　)。

27. 提高自然功率因数是指不经人工补偿而采取措施改善设备工况,减少工厂供用电设备的(　　)需用量,使功率因数提高的方法。

28. 人工补偿是指采用能供应无功功率的(　　),对用电设备所需无功功率进行补偿的方法。

29. 凡与电力系统连接并向电网输入 50 Hz 以上频率电流的设备统称(　　)。

30. 电压在电网中快速、短时的变化称为(　　)。

31. 电缆与热力管道、热力设备之间的净距,平行时应不小于(　　)m,交叉时应不小于 0.5 m。

32. 根据国家规定,配电系统接地形式有 TN、TT 和(　　)三种。

33. TN 系统是指电力系统有一点直接接地,电气装置的外露可导电部分通过保护线与(　　)相连接。

34. 上、下布置的交流母线为(　　)排列。

35. TT 系统是指电力系统有一点直接接地,电气设备的外露可导电部分,通过(　　),接至与电力系统接地点无关的接地极。

36. 常用电光源按其发光原理,可分为(　　)光源、气体放电光源、高强度放电灯和其他光源。

37. 绝缘监察装置的作用是判别(　　)系统中的单相接地故障。

38. 一台完整的计算机应包括(　　)、键盘和显示器。

39. 在变压器耦合式放大器中,变压器对直流不起作用,前后级静态工作点互不影响,而变压器可以变换阻抗,所以该方式广泛应用于(　　)放大器。

40. 变压器的零序电流保护动作电流按躲过变压器低压侧最大不平衡电流来整定,动作时一般取(　　)s。

41. 稳压管工作在反向击穿的情况下,管子两端才能保持(　　)电压。

42. CPU 由(　　)和控制器组成。

43. 在串联稳压电路中,如果输入电压上升,调整管压降跟着上升,才能保证输出电压(　　)。

44. 在大接地电流系统中,当线路发生单相接地时,零序保护动作于(　　)。

45. 配电室控制信号一般可分为事故信号、预告信号和(　　)。

46. 三相半波可控整流电路各相触发脉冲相位差是(　　),触发脉冲不能在自然换相点之前加入。

47. 拉线安装完毕,VT 型线夹或花篮螺栓应留有(　　)螺杆丝扣长度,以方便线路维修调整用。

48. 直埋电缆与热力管道交叉时,应大于或等于最小允许距离,否则在接近或交叉点前 1 m 范围内,要采用隔热层处理,使周围土壤的温升在(　　)℃以下。

49. 触发电路必须具备同步电压形成、（　　）、脉冲形成和输出三个基本环节。

50. 铁路自动闭塞供电系统一般在电源侧装设隔离变压器，其二次中性点不接地，因此，自闭供电系统属（　　）系统。

51. 直流电机改善换向常用方法为选用适当的电刷、移动电刷的位置和（　　）。

52. 直埋电缆敷设时，电缆上、下均应铺不小于 100 mm 厚的砂子，并铺保护板或砖，其覆盖宽度应超过电缆直径两侧（　　）mm。

53. 电缆埋入非农田地下的深度不应小于（　　）m。

54. 电动机从空载到额定负载时，转速下降不多，称为硬机械特性，转速下降较多，称为（　　）特性。

55. 电缆从地下引至电杆、设备、墙外表面或屋外行人容易接近处，距地面高度（　　）m 以下的一段需穿保护管或加装保护罩。

56. 直流电动机的调速方法有改变电枢回路电阻、改变励磁电流和（　　）三种。

57. 晶闸管-直流电机调速系统的三个静态指标是调速范围、静差率和（　　）。

58. 同步电动机和异步电动机相比，区别是它的转速恒定不变和（　　）没有关系。

59. 当电压互感器（　　）熔丝熔断时，应立即停止有关保护装置，或切换至并联的另一组电压互感器上，并报告调度拉开刀闸，然后进行检查和恢复故障。

60. 架空电力线路严禁跨越爆炸危险场所，两者之间最小水平距离为杆塔高度的（　　）倍。

61. 在运行的电流互感器二次回路上工作时，严禁将（　　）。

62. 自闭变电所是为适应铁路行车信号用电点多、线长、（　　）、供电可靠性要求高的特点而设的行车信号供电专用变电所。

63. 三相五柱式电压互感器二次侧辅助绕组接线为开口三角形，所反映的是（　　）电压。

64. 当电容器严重爆炸或起火时，应立即切断电容器（　　），然后进行救火，对带电设备应使用干式灭火器，即二氧化碳或四氯化碳、1211 灭火器、干粉灭火器，不得使用泡沫灭火器灭火。

65. 电流互感器将接有仪表和继电器的低压系统与高压系统隔离，利用电流互感器可以获得（　　）和仪表所需的电流。

66. 在电流互感器的接线方式中，两相 V 式及（　　）式接线的接线系数 $K_w=1$，即流入继电器线圈的电流就是电流互感器的二次电流。

67. 电流互感器二次接地属于（　　）接地，防止一次绝缘击穿，二次串入高压，威胁人身安全，损坏设备。

68. 反时限过流保护一般采用感应式电流继电器，操作电源由交流电源直接提供，而定时限过流保护均采用电磁式电流继电器，操作电源由（　　）专门提供。

69. 线路过流保护动作，电流的整定原则是：电流继电器的返回电流应大于线路中的（　　）。

70. 线路过流保护的动作时间是按（　　）时限特性来整定的。

71. 为了确保保护装置有选择地动作，必须同时满足灵敏度和（　　）相互配合的要求。

72. 在运行的电压互感器二次回路上工作时，严禁（　　）。

73. 电容器开关跳闸后，应查明（　　）的动作情况，并对开关、刀闸、电流互感器、电压互感器、电缆及电容器进行外观检查分析，查明各部件无明显故障征兆时，可对电容器组进行试送电，若试送电再跳闸，就必须对各部件进行试验检查，未查明故障原因不允许投入运行。

74. 变压器的零序过流保护接于变压器（　　）的电流互感器上。

75. 变压器运行中发现有任何不正常情况时（如漏油、油枕内油面高度不够、发热不正常、声响不正常），应迅速查明原因，用一切方法将其消除，并立即报告值班调度以及公司主管部门，将经过情况记录在（　　）记录及缺陷记录簿内。

76. 瓦斯保护是根据变压器内部故障时会产生出气体这一特点设置的。轻瓦斯保护应动作于信号，重瓦斯保护应动作于（　　）。

77. 变压器绝缘油中的总烃、乙炔、（　　）含量高，说明设备中有电弧放电缺陷。

78. 变压器差动保护比较的是各侧电流的（　　）。

79. 不得将运行中变压器的瓦斯保护和（　　）保护同时停用。

80. 当高压电动机发生单相接地其电容电流大于 5 A 时，应装设接地保护，可作用于信号或（　　）。

81. 变压器着火时，应立即断开各侧（　　），开启事故放油阀，使油面低于着火点，开启灭火措施，确保变压器的安全。

82. 自动重合闸装置一般采用由操作把手位置与（　　）位置不对时启动的方式。

83. 自动重合闸装置动作后应能（　　），准备下次动作。

84. 按照重合闸和继电保护的配合方式可分为重合闸前加速保护，重合闸后加速保护和（　　）。

85. 通常三相一次自动重合闸装置由启动元件、延时元件、一次合闸脉冲元件和（　　）元件四部分组成。

86. 短路电流周期分量有效值，在短路全过程中是个始终不变的值，取决于短路线路的电压和（　　）。

87. 避雷器应与保护设备（　　）装在被保护设备的雷电波侵入侧。

88. 作业时间是指直接用于完成生产任务，实现工艺过程所消耗的时间。按其作用可分为基本时间与（　　）。

89. 在电气设备上工作，保证安全的组织措施为：工作票（操作票）制度、工作许可制度、工作监督制度、（　　）、转移和终结制度。

90. 电子计算机应有以下三种接地：逻辑接地、功率接地、（　　）。

91. 变压器停电退出运行，首先应（　　）各侧负荷。

92. 接线图主要是以电力系统的一次供电设备为主，把变配电所内高电压电气设备相互间的（　　）绘制成图。

93. 导体长期发热所允许通过的电流决定于导体表面的放热能力和导体（　　）。

94. 三相变压器的额定电压，无论原边或副边均指其线电压，额定电流指（　　）。

95. 从安全角度来考虑，无论是电压互感器还是电流互感器，在运行中其（　　）都应可靠接地。

96. 导线中 BLV 型是（　　）。

97. 只有三角形接法的异步电动机才能采用星/三角启动，这属于降压启动，若是（　　）不宜采用。

98. 阅读电气原理图的一般方法是先从主电路找出相应的控制电路,再分析控制电路得出(　　)电路的工作状态。

99. 已知一只二极管的正向压降为 0.7 V,通过它的电流为 50 mA,此情况下,二极管的正向电阻为(　　)Ω。

100. 在同一供电线路中不允许一部分电气设备采用保护接地,另一部分电气设备采用(　　)。

101. 在多级放大电路中,级间耦合方式有阻容耦合和(　　)耦合两种。

102. 整流电路通常包括电源变压器、整流电路、滤波电路、(　　)等几种。

103. 晶体三极管工作在放大状态时,发射极加正向电压,集电极加(　　)电压。

104. 一般架空导线不能像一般导线那么选,要特别注意(　　)问题。

105. 异步电动机在负载不变时,假定转速高,则转差偏小,转子受到的电磁转矩变小,迫使转速降低;假定转速偏低,则转差偏大,转子受到的电磁转矩变(　　),迫使转速升高,结果使转子转速稳定。

106. 电流的三段保护:无时限电流速断保护;带时限电流速断保护;(　　)。

107. 集肤效应与电流频率、导体材料的电阻系数以及导体(　　)有关。

108. 非破坏性试验一般测量绝缘电阻、(　　),测量绝缘介质损失角正切、测量沿绝缘表面的电压分布等。

109. 防止电缆绝缘击穿的措施:防止机械损伤;提高终端头和中间接头的施工质量;(　　);敷设电缆应保证质量。

110. 电气设备的安装施工,一般可分为工程设计、施工准备、全面安装、(　　)和试运行。

111. 当异步电动机的机械负载减小时,它的转速上升,电枢反电动势增大,电枢电流(　　)。

112. 在自动控制系统中常用的反馈形式有电流反馈、电压反馈、转速反馈和(　　)反馈。

113. 单板机主要应用于数据采集、数据处理和(　　)等。

114. 分析放大电路的基本方法有图解法和(　　)。

115. 电网中的远动装置通常具备有遥测、遥信、遥控和(　　)四种功能。

116. 直流电机改善换向的常用方法为装设换向极移动电刷位置、(　　)。

117. Z—80 单板机是由(　　)、存储器输入、输入接口三部分组成。

118. 三相交流同步电动机的工作特点有功率因数可以在滞后到超前的范围内调节、转速恒定、效率较高和(　　)。

119. 电力拖动系统包括:传输机械能的传动机构和按生产机械要求控制传输机械能的电动机以及(　　)的控制设备。

120. 高压电力电缆预防性试验主要项目有:测量绝缘电阻、直流耐压试验、(　　)。

121. 对保护用继电器的要求:动作值的误差要小;接点要可靠;返回时间要短;(　　)。

122. 可控硅直流调速系统中,产生振荡或不稳定现象是由于反馈调节系统反应迟缓、系统内的(　　)放大作用太强所致。

123. 电动机的启动特性由启动电流、启动转距、启动时间、(　　)、启动时绕组的损耗和发热等因素决定的。

124. 在直流电动机的三相全控桥式反并联可逆系统中,为了满足调速和快速制动的要求，对晶闸管装置要求能工作在晶闸管整流和（   ）两种工作状态。

125. 交磁放大机的控制绕组将给定电压与（   ）之差作为控制绕组的输入信号。

126. 放大器耦合电路的技术要求有两个单极放大器之间相互影响小、两个单极放大器原有的工作状态不受影响、（   ）、尽量减小信号损失。

127. 判断母线发热的方法有变色漆测温计、试温蜡片测温计、半导体测温计和（   ）测温仪四种。

128. 大气过电压的幅值取决于雷电参数和防雷措施，与电网额定电压（   ）。

129. 电介质的极化有四种形式即电子式极化、（   ）极化、偶极式极化、夹层极化。

130. 钟罩式变压器整体起吊时，应将钢丝绳系在下节油箱专供起吊整体的吊耳上并必须经过钟罩上节对应的（   ）以防止变压器倾倒。

131. 过电流保护的接线方法有：三相三继电器三相完全星形接线；两相双继电器不完全星形接线，两相单继电器（   ）。

132. 顺序控制是操作次序按事先规定的顺序逐次进行各个阶段的控制，这种顺序控制多用于发电机的并列和（   ）及自动电梯等方面。

133. LC 振荡器的基本电路有三种，它们分别是变压器耦合式振荡器、电感三点式振荡器和（   ）振荡器。

134. 常用的正弦波晶体管振荡器有两种类型，它们是 LRC 振荡器和（   ）。

135. 机床控制系统中，常见的基本控制线路有时间、速度、（   ）、步进等控制线路。

136. 遥测装置可分为发送、传送线路及接收三个组成部分，将被测量传送到远距离时，用直接传送法容易产生误差，一般采用把被测量变成电压或（   ）值以外的量。

137. 远动装置由调度装置、调度和（   ）装置组成。

138. 改变三相异步电动机的转速有三种方法：改变磁极对数、改变转差率和改变电源频率。常用的是（   ）。

139. 直流电机按励磁方式不同可分为他励、并励、串励和（   ）四种。

140. 电动机空载试验的目的是测定空载电流和空载损耗及检查装配质量和运转情况，短路试验的目的是测定短路电压和（   ）。

141. 互感器副边的额定电压和额定电流统一规定为 100 V 和（   ）A。

142. 电机绝缘电阻每 1 kV 工作电压不得小于 1 MΩ，一般三相 380 V 的电动机绝缘电阻应大于（   ）MΩ 方可使用。

143. 选择高压架空线路的导线时，应先计算机械强度和经济电流密度；选择低压动力线路的导线时，应先计算发热条件；选择照明线路的导线时，应先计算（   ），然后再验算其他条件。

144. 高压配电线路允许的电压损失值为 5%；低压配电线路允许的电压损失值为（   ）%。

145. 在架空线路中，属于拉力不平衡的电杆有终端杆、转角杆和跨越杆等，为了使电杆承受的拉力达到平衡，上述各种电杆都应装设（   ）。

146. 架空线路采用的防雷措施有：装设避雷线、装设管型避雷器、装设保护间隙和使用（   ）。

147. 电力系统发生单相接地故障时，有零序电流和零序电压，采用（   ）保护是自动切除单相接地故障的最有效方法。

148. 容量在 750～1 000 kVA 的电力变压器应装设过电流保护、速断保护、瓦斯保护和（　　）保护。

149. 电力变压器的经济运行是指整个电力系统的有功损耗最小,且能获得（　　）的设备运行方式。

150. SN10—10 型少油断路器的操作试验分为慢速试验和（　　）两种试验。

151. 配电线路应尽可能深入负荷中心,以减少电能损耗和（　　）。

152. 电力电缆在运行中可能发生的故障有单相接地、多相接地、相间短路、断线和（　　）的闪络性故障。

153. 单相设备接在三相线路中,其中最大负荷相的设备容量不超过三相平均设备容量的（　　）%,则可认为该三相线路负荷是平衡的。

154. 示波器等电子显示设备的基本波形为（　　）和锯齿波。

155. 单稳态电路输出脉冲宽度取决于（　　）的大小。

156. 晶闸管逆变器是一种将直流电能转变为（　　）的装置。

157. 直流电机在带负荷后,对于直流发电机来讲,它的磁极物理中心线是顺电枢旋转方向偏转一个角度。对于直流电动机来讲,它的磁极物理中心线是（　　）偏转一个角度。

158. 直流电动机的机械特性是指电动机端电压和剩磁电流等于（　　）时,电动机转速与转矩的关系。

159. 带有速度、电流的双闭环调速系统,启动时,升速的主要阶段速度调节器处于（　　）状态。

160. 单相半波整流电路的直流输出电压值是交流电压值的（　　）倍。

161. 深槽鼠笼型交流异步电动机的启动性能比普通鼠笼型交流异步电动机好得多,它是利用（　　）来改善启动性能的。

162. 突然停电将产生大量废品,大量减产,在经济上造成较大损失的用电负荷为（　　）。

163. 大型直流电机的补偿绕组应与电枢绕组（　　）。

164. 继电器中用作距离保护的测量元件是（　　）继电器。

165. 调速系统主电路如果为三相半波整流电路,则主电路电流的检测应采用（　　）。

166. 对 35 kV 的电缆进线段要求在电缆与架空线的连接处装设（　　）避雷器。

167. 调相机是向电网提供（　　）电源的设备。

168. 用电设备最理想的工作电压就是它的（　　）。

169. 若发现变压器的油温较平时相同负载和相同冷却条件下高出（　　）℃时,应考虑变压器内部已发生故障。

170. 无功经济当量指在电力网络中任意一点,由于减少无功功率而减少（　　）的损耗。

171. 高压开关设备的接地装置的接地电阻（　　）Ω。

172. 1 kV 以上的电气设备和 1 kV 以下的中性点不接地系统中的电气设备均应采用保护接地;在 1 kV 以下的中性点接地系统中的电气设备均应采用（　　）。

173. 倒闸作业票使用后保存（　　）。

174. 三绕组电压互感器的辅助二次绕组是接成（　　）。

175. 测量电流互感器极性的目的是为了保证（　　）。

176. 配电室常用安全工具有高压验电器、低压验电笔、接地线、绝缘手套、（　　）和安全帽。

177. 电力作业"三票一簿"指停电作业工作票、带电作业工作票、倒闸作业票和（　　）。

178. 保证安全的技术措施为停电、验电、（　　）、设置标示牌及防护物。

179. 直流母线电压不能过高或过低，允许范围一般是（　　）%。

180. 自动闭塞信号变压器二次端子，波动幅度不应超过额定值的（　　）%。

181. 电气设备发生绝缘击穿，外壳带电，当工作人员触及外壳时，将造成人身触电事故。为防止这种触电事故的发生，最有效最可靠的方法应采用（　　）。

182. 高压开关柜的"机械联锁"是确保设备和（　　）安全，防止误操作的重要措施。

183. 断路器手车或其他元件手车在柜内有三个位置：断开/试验位置；（　　）位置；中间位置。

184. 从（　　）位置抽出手车前，必须确认断路器已处于分闸状态。如果断路器未分闸，抽出手车之前必须先将断路器分闸。

185. 一般情况下，不需要人直接进行断路器的合、分闸操作。手车面板上设有（　　）按钮，供调试人员在调试断路器时使用。

186. 断路器手车面板上仅设有（　　）分闸按钮，断路器的合闸需靠电动，供调试人员在调试断路器时使用。

187. 进行接地开关分闸操作前应首先确认柜体的后盖板已经完全盖好，确认接地开关处于（　　）状态。

188. 装设接地线时应接触良好，必须先接（　　），后接导体端。

189. 当母线、刀闸发热温度达到（　　）℃时，应报告调度值班员，并根据发热情况作相应处理。

二、单项选择题

1. 企业新职工上岗前必须进行厂级、车间级、班组级三级安全教育，三级安全教育的时间不得少于（　　）学时。

(A)8　　　　　　(B)20　　　　　　(C)40　　　　　　(D)60

2. 计算机保护系统中，（　　）输入通道的设置是为了实时地了解断路器及其他辅助继电器的状态，以保证保护动作的正确性。

(A)模拟量　　　　(B)开关量　　　　(C)控制量　　　　(D)脉冲量

3. 遥信输入回路最常用的隔离有（　　）。

(A)变送器隔离　　　　　　　　　(B)光电耦合隔离

(C)继电器隔离　　　　　　　　　(D)变送器隔离结合光电耦合隔离

4. 计算机监控系统将取自变换器的各模拟电量变成（　　）的电压。

(A)0～5 V　　　　(B)4～20 V　　　　(C)0～12 V　　　　(D)12～36 V

5. 若发现六氟化硫气体断路器漏气时，应立即远离现场。室外应远离漏气点（　　）以上。

(A)4 m　　　　　　(B)6 m　　　　　　(C)8 m　　　　　　(D)10 m

6. 绝缘子表面可见烧伤痕迹，但并未失去绝缘性能是因为（　　）而造成。

(A)放电闪络　　　　(B)机械损伤　　　　(C)击穿　　　　(D)安装不当

7. 突然中断的供电将造成人身伤亡危险,或重大设备损坏且难以修复,或给国民经济带来很大损失,用电负荷属(　　)。

(A)一级负荷　　　　(B)二级负荷　　　　(C)三级负荷　　　　(D)四级负荷

8. 作业人员安全带的身后余绳最大长度不超过(　　)。

(A)0.8 m　　　　(B)1 m　　　　(C)1.1 m　　　　(D)1.2 m

9. 安全带的正确挂扣方法是(　　)。

(A)低挂高用　　　　　　　　　　(B)高挂低用

(C)平挂平用　　　　　　　　　　(D)可视实际情况确定

10. 锯割软钢、黄铜、铸铁宜选用(　　)齿锯条。

(A)粗　　　　(B)中　　　　(C)细　　　　(D)细变中

11. 錾削硬钢或铸铁时,楔角应取(　　)。

(A)30°～50°　　　　(B)50°～60°　　　　(C)60°～70°　　　　(D)70°～80°

12. 钻大孔时,应(　　)。

(A)速度快些,进给量大些　　　　(B)速度慢些,进给量小些

(C)速度快些,进给量小些　　　　(D)速度慢些,进给量大些

13. 当所内高压设备发生接地故障时,工作人员不得接近故障点(　　)的范围以内。

(A)6 m　　　　(B)4 m　　　　(C)10 m　　　　(D)8 m

14. 《全国供用电规则》规定电网频率变动范围为:电网容量在3 000 MVA以上者,频率允许变动(　　)。

(A)±0.2 Hz　　　　(B)±0.4 Hz　　　　(C)±0.5 Hz　　　　(D)±0.3 Hz

15. 变电所(站)的自用电量的计算范围是(　　)。

(A)包括生活用电在内的所有一切电量　　(B)包括检修用电在内的一切用电量

(C)变电所(站)用设备专用电　　　　　　(D)所有供出电量总和

16. 电力安全管理应以(　　),结合本单位的实际情况和季节特点进行检查和指导。

(A)检查为主　　　　(B)制度为主　　　　(C)指导为主　　　　(D)预防为主

17. 当空气中氧含量低于(　　)时,不能使用自吸过滤式防毒面具。

(A)18%　　　　(B)20%　　　　(C)21%　　　　(D)30%

18. 安全带的使用期限为(　　),发现异常应提前报废。

(A)3～5年　　　　(B)4～6年　　　　(C)5～7年　　　　(D)6～8年

19. 静电电压最高可达(　　),可现场放电,产生静电火花,引起火灾。

(A)50 V　　　　(B)数万伏　　　　(C)220 V　　　　(D)380 V

20. 在易燃易爆场所穿(　　)最危险。

(A)布鞋　　　　(B)胶鞋　　　　(C)带钉鞋　　　　(D)劳保鞋

21. 在遇到高压电线断落地面时,导线断落点(　　)内,禁止人员进入。

(A)10 m　　　　(B)20 m　　　　(C)30 m　　　　(D)40 m

22. (　　)是我国法律制度框架中非常重要的法律规范,它调整合同双方的权利义务关系,保证合同的正常运行,保护合法的交易活动,维持市场交易秩序,从而促进社会主义市场经济的繁荣。

(A)《劳动教养法》　　　(B)《交通法》　　　(C)《宪法》　　　(D)《合同法》

23. LN2—10 型六氟化硫断路器灭弧是利用电弧电流通过环形电极流过线圈产生磁场,该磁场与电弧电流相互作用使(　　　),六氟化硫气体被加热,压力升高,在喷口形成气流而将电弧冷却过零时熄灭。

(A)磁场旋转　　　(B)电弧旋转　　　(C)气体旋转　　　(D)六氟化硫旋转

24. LN2—10 型六氟化硫断路器(　　　)装于一个底箱上。

(A)三极　　　(B)三相　　　(C)二相　　　(D)单相或单极

25. 35 kV 铅包电缆最大允许的高度差是(　　　)。

(A)3 m　　　(B)5 m　　　(C)15 m　　　(D)20 m

26. 磁电系测量机构与分流器(　　　)构成磁电系电流表。

(A)并联　　　(B)串联　　　(C)混联　　　(D)过渡连接

27. 直流电压表的测量机构一般都是(　　　)仪表。

(A)磁电系　　　(B)电磁系　　　(C)整流系　　　(D)电动系

28. 功率表是(　　　)仪表。

(A)磁电系　　　(B)电磁系　　　(C)整流系　　　(D)电动系

29. 为了保证电能表的准确度,其安装倾斜度的标准是(　　　)。

(A)小于 5°　　　(B)小于 15°　　　(C)小于 30°　　　(D)严格垂直安装

30. 下列是指针式万用表操作技法,排序正确的是(　　　)。

①测量前应认真检查表笔位置

②根据测量对象,将转换开关拨到相应挡位

③读数时,要根据测量的对象在相应的标尺读取数据

④测量

(A)①③②④　　　(B)①④②③　　　(C)①②③④　　　(D)③②④①

31. 选择兆欧表的原则是(　　　)。

(A)兆欧表的额定电压要大于被测设备的工作电压

(B)一般都选择 1 000 V 的兆欧表

(C)选用准确度高、灵敏度高的兆欧表

(D)兆欧表测量范围与被测绝缘电阻的范围相适应

32. 常用的互感器式钳形电流表,由整流系仪表和(　　　)组成。

(A)电动系　　　(B)电磁系　　　(C)磁电系　　　(D)电流互感器

33. 在使用电容表测量电容前,应对被测电容(　　　)。

(A)充电　　　(B)直接测量　　　(C)认真观察　　　(D)放电

34. 示波器上观察到的波形,是由(　　　)完成的。

(A)灯丝电压　　　(B)偏转系统　　　(C)加速极电压　　　(D)聚焦极电压

35. 使用相序表测量电源相序时,若相序错误则会(　　　)提示。

(A)不一定　　　(B)蜂鸣报警　　　(C)在显示屏　　　(D)无

36. 中性点直接接地的三相系统由系统发生单相接地时,通过接地点的短路电流很大,一般在(　　　)电压的电力网中采用。

(A)3～10 kV　　　(B)20～60 kV　　　(C)60～80 kV　　　(D)220 kV 及以上

37. 变压器励磁涌流含有大量高次谐波,其中以(　　)谐波为主。

(A)二次　　　　　　(B)三次　　　　　　(C)五次　　　　　　(D)八次

38. 采用(　　)可进行无功功率补偿。

(A)自动装置　　　　(B)低周减载装置　　(C)感性负荷装置　　(D)容性负荷装置

39. 提高功率因数是为了(　　)。

(A)增大视在功率　　　　　　　　　　　(B)减少有功功率

(C)增大无功电能消耗　　　　　　　　　(D)减少无功电能消耗

40. 提高电网功率因数的方法之一是并联补偿(　　)器组。

(A)电阻　　　　　　(B)电感　　　　　　(C)电容　　　　　　(D)阻抗

41. 采取无功补偿设备调整系统电压时,对系统来说(　　)。

(A)调整电压的作用不明显

(B)既补偿了系统的无功容量,又提高了系统的电压

(C)不起无功功率补偿的作用

(D)只起调整电压的作用

42. 提高功率因数可使(　　)损失大大下降。

(A)电压　　　　　　(B)电流　　　　　　(C)功率　　　　　　(D)负载

43. 电力系统发生短路时,短路电流的非周期分量和周期分量之比为(　　)。

(A)大于1　　　　　(B)等于1　　　　　(C)小于1　　　　　(D)等于0.5

44. 电力系统发生短路会引起(　　)。

(A)电流增大,电压不变　　　　　　　　(B)电流增加,电压降低

(C)电压升高,电流增大　　　　　　　　(D)电压升高,电流减少

45. 发生三相对称短路时,短路电流中包含有(　　)分量。

(A)正序　　　　　　(B)负序　　　　　　(C)零序　　　　　　(D)无序

46. 高压电路发生三相短路时,其短路冲击电流有效值 I_{sh} 的经验计算公式为(　　)。

(A)$I_{sh}=2.55I_k$　　(B)$I_{sh}=1.51I_k$　　(C)$I_{sh}=1.94I_k$　　(D)$I_{sh}=2.5I_k$

47. 计算高压电动机无时限接地保护的动作电流时,其可靠系数 k_{rel} 的取值为(　　)。

(A)1.5~2　　　　　(B)4~5　　　　　　(C)1.8~2.0　　　　(D)7~8

48. 三相电力系统中短路电流最大的是(　　)。

(A)三相短路　　　　(B)两相短路　　　　(C)单相接地短路　　(D)两相接地短路

49. 变压器的铁芯必须(　　)。

(A)一点接地　　　　(B)两点接地　　　　(C)三点接地　　　　(D)多点接地

50. 变压器的功率是指变压器的(　　)之比的百分数。

(A)总输出与总输入　　　　　　　　　　(B)输出有功功率与输入总功率

(C)输出有功功率与输入有功功率　　　　(D)输出无功功率与输入无功功率

51. 两台容量相同的变压器并联运行,在两台变压器原、副绕组构成的回路中出现"环流"可能的原因是连接组别不同或变压比不相等,出现负载分配不均匀的原因是(　　)。

(A)短路电压不相等　　　　　　　　　　(B)连接组别

(C)变压比不相等　　　　　　　　　　　(D)以上答案都不正确

52. 变电所室外地下,按机械强度要求,人工接地体(不考虑腐蚀的影响)圆钢的直径不应

小于(　　)。

　　(A)8 mm　　　　　　(B)10 mm　　　　　　(C)16 mm　　　　　　(D)25 mm

53. 系统单相接地时,显示故障线路的装置称为(　　)。

　　(A)接地保护装置　　　　　　　　　　　(B)人工接地检测装置

　　(C)小电流接地检测装置　　　　　　　　(D)自动接地检测装置

54. 雷击除了产生直击雷过电压外,还会出现(　　)过电压。

　　(A)冲击　　　　　(B)感应雷　　　　　(C)弧光　　　　　(D)闪电

55. 雷电是由大气中带有大量(　　)的雷云放电形成的。

　　(A)电子　　　　　(B)电压　　　　　(C)电荷　　　　　(D)电流

56. 防止雷电的最有效方法之一是(　　)。

　　(A)降低杆塔高度　　　　　　　　　　　(B)降低导线悬挂高度

　　(C)降低接地电阻值　　　　　　　　　　(D)增大接地引下线截面

57. 为防止(　　)危害,常采用避雷针或避雷线将雷电流导入大地。

　　(A)电击　　　　　(B)感应雷　　　　　(C)过电压　　　　　(D)直击雷

58. 故障出现时,保护装置动作将故障部分切除,然后重合闸,若是稳定性故障,则立即加速保护装置动作将断路器断开,叫(　　)。

　　(A)重合闸前加速保护　　　　　　　　　(B)重合闸后加速保护

　　(C)二次重合闸保护　　　　　　　　　　(D)再重合闸保护

59. 自动重合闸中电容器的充电时间一般为(　　)。

　　(A)1.5～2.5 s　　(B)0.5～0.7 s　　(C)5～10 s　　(D)2.5～5 s

60. 自动重合闸装置只适用于架空线路,而不适用于(　　)线路。

　　(A)电缆　　　　　(B)一般　　　　　(C)照明　　　　　(D)低压动力

61. 利用电磁继电器来实现直流电动机的失磁保护时,应将电流继电器与励磁绕组(　　)。

　　(A)串联　　　　　(B)并联　　　　　(C)并联或串联　　　　　(D)混联

62. 变压器速断保护动作电流按躲过(　　)来整定。

　　(A)最大负荷电流　　　　　　　　　　　(B)激磁涌流

　　(C)变压器低压母线三相短路电流　　　　(D)最小负荷电流

63. 定时限过流保护装置的动作电流整定原则是动作电流大于最大负荷电流,动作时间的整定原则是(　　)。

　　(A)电流大于最大负荷电流

　　(B)动作电流等于额定负荷电流

　　(C)动作电流小于最大负荷电流

　　(D)采用阶梯原则,比下一级保护动作时间大一个时间差 $\Delta t = 0.5$ s

64. 当二次回路电压超过 400 V 的线路经过端子板连接时,端子板应(　　)。

　　(A)不涂色　　　　(B)涂白色　　　　(C)涂红色　　　　(D)涂绿色

65. 当设备发生碰壳漏电时,人体接触设备金属外壳所造成的电击称作(　　)。

　　(A)直接接触电击　　(B)间接接触电击　　(C)静电电击　　(D)非接触电击

66. 从防止触电的角度来说,屏护和间距是防止(　　)的安全措施。

(A)电磁场伤害　　(B)间接接触电击　　(C)静电电击　　(D)直接接触电击

67. 下列电源中可用做安全电源的是(　　)。

(A)自耦变压器　　(B)分压器　　(C)蓄电池　　(D)调压器

68. 防止人身遭受电击,最根本的是对电气工作人员或用电人员进行(　　),严格执行有关安全用电和安全工作规程,防患于未然。

(A)安全教育和管理　　　　　　　　(B)技术考核

(C)学历考核　　　　　　　　　　　(D)思想道德考察

69. (　　)电气设备是具有能承受爆炸而不致受到损坏,而且通过外壳任何结合面或结构孔洞,不致使内部混合物爆炸的电气设备。

(A)增安型　　(B)本质安全型　　(C)隔爆型　　(D)充油型

70. 下列不属于高压隔离开关检修内容项目的是(　　)。

(A)动静触头　　　　　　　　　　　(B)转动部位是否灵活

(C)是否缺润滑油　　　　　　　　　(D)电源电压

71. 断路器开合短路故障能力的数据是(　　)。

(A)额定短路开合电流的峰值　　　　(B)最大单相短路电流

(C)断路电压　　　　　　　　　　　(D)最大运行负荷电流

72. 断路器的跳合闸位置监视灯串联一个电阻,其目的是为了(　　)。

(A)限制通过跳闸线圈的电流　　　　(B)补偿灯泡的额定电压

(C)防止因灯座短路造成断路器误跳闸　(D)防止灯泡过热

73. 少油断路器中油的作用是(　　)。

(A)绝缘　　(B)灭弧　　(C)冷却　　(D)绝缘和灭弧

74. 断路器的关合电流是指,保证断路器能可靠关合而又不会发生触头熔焊或其他损伤时,断路器所允许通过的(　　)。

(A)最大正常工作电流　　　　　　　(B)最大过负荷电流

(C)最大短路电流　　　　　　　　　(D)最大正常工作电压

75. 10 kV 开关柜柜门与柜内接地闸刀动作次序正确的是(　　)。

(A)先合接地闸刀才能打开柜门　　　(B)先打开柜门才能合接地闸刀

(C)柜门与接地闸刀同时操作　　　　(D)可视实际情况操作

76. 高压开关主触头主要试验项目为(　　)。

(A)老化程度　　(B)直流电阻　　(C)绝缘电阻　　(D)交流电压

77. KYN×800—10 型高压开关柜利用(　　)来实现手车隔离开关与断路器之间的联锁。

(A)电磁锁　　(B)程序锁　　(C)机械联锁　　(D)人工锁

78. RGC 高压开关柜最多由(　　)个标准单元组成。

(A)3　　(B)4　　(C)5　　(D)6

79. 六氟化硫断路器灭弧室的含水量应小于(　　)。

(A)50 ppm　　(B)80 ppm　　(C)100 ppm　　(D)150 ppm

80. 六氟化硫气体在电弧作用下会产生(　　)。

(A)低氟化合物　　(B)氟气　　(C)气味　　(D)氢气

81. 在 RGC 型高压开关柜型号中,用(   )表示空气计量单位。

(A)RGCC　　　　(B)RGCM　　　　(C)RGCF　　　　(D)RGFF

82. 在 RGC 型高压开关柜中 3 个工位开关的定义是(   )。

(A)关合/隔离/实验　　　　　　(B)关合/实验/接地

(C)关合/隔离/接地　　　　　　(D)关合/实验/手动

83. RGC 型高压开关柜常用于额定电压(   )的单母线连接变电所中。

(A)1～10 kV　　　(B)3～24 kV　　　(C)3～35 kV　　　(D)1～35 kV

84. KYN××800—10 型高压开关柜小车室中部设有悬挂小车的轨道,右侧轨道上设有(   )。

(A)开合主回路触头盒遮挡帘板的机构　　(B)防止小车滑脱的限位装置

(C)小车运动横向限位装置　　　　　　　(D)小车运动纵向限位装置

85. KYN××800—10 型高压开关柜的专用摇把顺时针转动矩型螺杆时,使小车(   )。

(A)接地　　　(B)向前移动　　　(C)向后移动　　　(D)不移动

86. 高压开关柜的五防联锁功能是指(   )。

(A)防误合断路器,防误分断路器,防带电拉合隔离开关,防带电合接地刀闸,防带地线合断路器

(B)防误合断路器,防带电拉合隔离开关,防带电合接地刀闸,防带接地线合断路器,防误入带电间隔

(C)防误合断路器,防带电合隔离开关,防带电合接地刀闸,防带接地线合断路器

(D)防误合断路器,防误分断路器,防带电拉合隔离开关,防带电合接地刀闸

87. 下列不属于整流柜检修内容的是(   )。

(A)面板仪表检查　　　　　　　(B)柜内快熔检查

(C)柜内可控硅检查　　　　　　(D)清扫高压室

88. 在单相全控桥整流电路中,两对晶闸管的触发脉冲,应依次相差(   )。

(A)180°　　　(B)60°　　　(C)360°　　　(D)120°

89. 电气设备试验按作用要求可分为(   )。

(A)高压试验和特性试验　　　　(B)电气试验和机械试验

(C)型式试验和压力试验　　　　(D)绝缘试验和特性试验

90. 主变等整套设备必须在额定参数下进行(   )的满负荷联合试运行,并消除试运行中发现的问题后,方可办理交接手续。

(A)24 h　　　(B)36 h　　　(C)48 h　　　(D)72 h

91. 电气设备的三大绝缘试验包括(   )。

(A)线圈直流电阻、绝缘电阻、泄漏电流试验

(B)绝缘电阻、泄漏电流、介质损失角试验

(C)接触电阻、直流电阻、绝缘电阻试验

(D)吸收比、极化指数、绝缘电阻试验

92. 通过高电压试验的手段,掌握设备绝缘状况的试验称为(   )。

(A)工频耐压试验　　(B)绝缘试验　　(C)交接试验　　(D)预防性试验

93. 压缩机绝对不允许在(   )的情况下运转,故除了冷却系统中有漏斗及润滑系统的

油池,有液面指示可直接观察外,都装有压力继电器。

(A)没有负荷 　　　　　　　　　　(B)没有冷却水或润滑油

(C)没有冷却水 　　　　　　　　　　(D)没有润滑油

94. 新安装使用的空气压缩机试车空载运行时间不少于( )。

(A)72 h 　　　　(B)48 h 　　　　(C)24 h 　　　　(D)8 h

95. 下列不是直流屏检修内容的是( )。

(A)充电模块检修 　　　　　　　　　(B)蓄电池巡检仪检修

(C)放电装置检修 　　　　　　　　　(D)操作机构检修

96. 备用电源自投入装置也可用于变电所备用( )自动投入。

(A)站用变压器 　　(B)电压互感器 　　(C)主变压器 　　(D)电流互感器

97. 交流屏检修项目主要有监控装置检查、屏体检查、母线检查、端子排检查、电缆空洞检查和( )检查等。

(A)变频器 　　　　(B)润滑油 　　　　(C)主变压器 　　(D)熔断器

98. 当工作电源因故障断开后,能自动而迅速地将备用电源投入工作的装置称为( )装置,简称为 BZT 装置。

(A)备用电源自投入 　　(B)备用负荷 　　(C)备用电机 　　(D)备用励磁系统

99. 结合滤波器在电力载波通道中所起的作用是( )。

(A)载波机与高压电力线间高频信号的通路

(B)抑制干扰及阻抗匹配作用

(C)对高频信号具有足够大的阻抗

(D)提高发信电平放大信号

100. 电网终端较偏远的( )变电站,可采用无人值守的方式运行。

(A)110 kV 　　　　(B)60 kV 　　　　(C)6 kV 　　　　(D)35 kV

101. 无人值班变电站的运行监视、抄表记录、开关操作、调有载变压器分接头等,是通过远方的( )实施监控的。

(A)运行人员 　　　　(B)操作人员 　　　　(C)调度员 　　　　(D)负责人

102. 变电站综合自动化重要环节的计算机保护应具有( )功能。

(A)故障记录、断电保护 　　　　　　(B)故障记录

(C)断电保持 　　　　　　　　　　　(D)瞬时闭合,延时打开

103. 变电站综合自动化系统 CRT 屏幕进行操作闭锁功能,只能输入正确的( )。

(A)操作票 　　　　(B)口令 　　　　(C)操作命令 　　(D)操作口令

104. 在配电自动化中,安装在开闭所和配电变电站内部的自动化设备属于( )。

(A)RTU 　　　　(B)FTU 　　　　(C)MTU 　　　　(D)DTU

105. 在电网监控自动化中,对电力系统的设备操作,是靠( )来完成的。

(A)遥信 　　　　(B)遥控 　　　　(C)遥调 　　　　(D)遥测

106. 10 kV 线路首端发生金属性短路故障时,作用于断路器跳闸的继电保护是( )保护。

(A)过电流 　　　　　　　　　　　　(B)速断

(C)按频率降低,自动减负荷 　　　　(D)按频率降低,自动增负荷

107. 电力系统实行统一调度的基本原则是（　　）。

(A)统一计划、分级调度、统一控制、分级指挥

(B)统一计划、统一调度、分层控制、分级指挥

(C)统一计划、分级调度、分层控制、统一指挥

(D)分级计划、统一调度、统一控制、分级指挥

108. 下面哪项不属于变电站计算机监控系统站控层（　　）。

(A)主计算机　　　　(B)测控装置　　　　(C)终端服务器　　　　(D)数据通信网关

109. 变电站计算机监控系统的结构模式主要有集中式和（　　）两种类型。

(A)主控式　　　　(B)被拉式　　　　(C)分层分布式　　　　(D)集控式

110. 某变电站某开关事故跳闸后，主站收到保护事故信号，而未收到开关变位信号，下列原因中最可能的是（　　）。

(A)通道设备故障　　　　　　　　(B)保护装置故障

(C)开关辅助接点故障　　　　　　(D)主站计算机故障

111. 监控系统对设备控制的优先级由低到高顺序为（　　）。

(A)远方调度/站控层/间隔层　　　　(B)站控层/远方调度/间隔层

(C)远方调度/间隔层/站控层　　　　(D)间隔层/站控层/远方调度

112. 保护装置在数字化变电站中属于（　　）。

(A)变电站层　　　　(B)间隔层　　　　(C)链路层　　　　(D)过程层

113. 不间断电源(UPS)供电系统中主要用到（　　）。

(A)电力电缆　　　　(B)接地电缆　　　　(C)控制电缆　　　　(D)以上都是

114. "五防"是指：防止误分、合断路器；防止带负荷分、合隔离开关；防止带电挂(合)接地线(接地刀闸)；防止带接地线(接地刀闸)合断路器(隔离开关)和（　　）。

(A)防止误入带电间隔　　　　　　(B)防止触电

(C)防止冒险作业　　　　　　　　(D)防止违章作业

115. 计算机五防闭锁装置在操作过程中，若钥匙发出警告时，不论何种原因，应（　　）。

(A)保持当前操作状态　　　　　　(B)视实际情况决定

(C)继续进行操作　　　　　　　　(D)立即停止操作

116. 六氟化硫气体具有良好的热传导能力，散热能力随（　　）而提高。

(A)气压增大　　　　(B)气压减小　　　　(C)电压上升　　　　(D)电压下降

117. 六氟化硫断路器的每日巡视检查中应定时记录（　　）。

(A)气体压力和含水量　　　　　　(B)气体温度和含水量

(C)气体压力和温度　　　　　　　(D)温度和湿度

118. 六氟化硫全封闭组合电器有（　　）结构。

(A)固定式和移动式　　　　　　　(B)单相式和三相式

(C)固定单相式　　　　　　　　　(D)移动三相式

119. 配电室的门必须向（　　）开，以便发生事故时疏散。

(A)内外两面　　　　　　　　　　(B)内

(C)外　　　　　　　　　　　　　(D)可根据实际情况酌情

120. 变压器由于在低负荷期间负荷系数小于1，而在高峰负荷期间允许的过负荷及由于

夏季欠负荷(其最大负荷低于变压器的额定容量)而在冬季允许的过负荷,两项过负荷之和对油浸自冷和油浸风冷变压器是不超过其额定容量的 30%,对强油循环风冷或水冷变压器是(   )。

(A)20%　　　　　(B)25%　　　　　(C)30%　　　　　(D)35%

121. 变压器在进行层间耐压试验时,如果频率维持不变,那么铁芯中的磁通密度将(   )。

(A)减小一倍　　　(B)逐渐增减　　　(C)保持不变　　　(D)增加一倍

122. 变压器突然短路时,其短路电流的幅值一般为其额定电流的(   )。

(A)15%～20%　　(B)25%～30%　　(C)35%～40%　　(D)45%～50%

123. 变压器的温升是指变压器所测量部位的温度与(   )之差。

(A)周围环境温度　　　　　　　　　(B)铁芯的温度

(C)任意部位的温度　　　　　　　　(D)绕组的温度

124. 变压器调整电压的分接引线一般从(   )引出。

(A)一次绕组　　　(B)低压绕组　　　(C)二次绕组　　　(D)高压绕组

125. 变压器投切时会产生(   )。

(A)操作过电压　　(B)气过电压　　　(C)雷击过电压　　(D)系统过电压

126. 高压并联电容器,总容量大于 300 kvar 时,应采用(   )控制。

(A)跌落式熔断器　(B)高压负荷开关　(C)高压断路器　　(D)电磁继电器

127. 三相电容器内部为三角形接线,电容器额定电压与线路线电压相符时采用(   )。

(A)串联　　　　　(B)并联　　　　　(C)三角形接线　　(D)星形接线

128. 三个单相电压互感器接成 Y0/Y0 形,可用于对 6～10 kV 线路进行绝缘监视,选择绝缘监察电压表量程应按(   )来选择。

(A)相电压　　　　(B)3 倍电压　　　(C)5 倍电压　　　(D)线电压

129. 两台单相电压互感器接成 V/V 形,其总容量为(   )。

(A)两台容量之差　　　　　　　　　(B)两台容量和的 58%

(C)单台容量　　　　　　　　　　　(D)两台容量之和

130. 三相五柱三绕组电压互感器接成 Y0/Y0/△形,在正常运行中,其开口三角形的两端出口电压为(   )。

(A)0　　　　　　　(B)相电压　　　　(C)线电压　　　　(D)100 V

131. 3～10 kV 系统发生单相接地时,电压互感器允许继续运行的时间应按厂家规定,如厂家无明确规定,则应(   )。

(A)断开互感器一次回路　　　　　　(B)照常运行

(C)最多继续运行 5 h,并加强监视　　(D)禁止继续运行

132. 能保护各种相间短路和单相接地短路的电流互感器的接线形式是(   )。

(A)一相式　　　　(B)两相 V 形　　　(C)两相电流差　　(D)三相星形

133. 两只电流互感器(在 U、W 相)和一只过电流继电器接成的两相电流差接线,能反映各种相间短路故障,但灵敏度不同,其中灵敏度最高的是(   )短路故障。

(A)U、V 相　　　(B)V、W 相　　　(C)U、W 相　　　(D)U、V、W 相

134. 高压电流互感器在运行中必须使(   )。

(A)二次线圈有一点接地　　　　　　　(B)二次线圈有两点接地

(C)二次线圈不接地　　　　　　　　　(D)接不接地均可

135. 不能用管材代替电缆线芯接线端子,主要原因是(　　)。

(A)接触电阻大　　　　　　　　　　　(B)机械强度不够

(C)端部密封不严,容易从端部吸潮、进水　(D)导电性差

136. 黏性油浸纸绝缘电缆泄漏电流的三相不平衡系数不大于(　　)。

(A)1　　　　　(B)2　　　　　(C)3　　　　　(D)4

137. 35 kV 输电线路采用钢芯铝绞线时,最小允许截面是(　　)。

(A)100 mm²　　　(B)16 mm²　　　(C)35 mm²　　　(D)50 mm²

138. 架设临时线路时,室外高度不应低于(　　)。

(A)3.5 m　　　(B)4 m　　　(C)5 m　　　(D)6 m

139. 高压线路先按(　　)来选择截面积。

(A)机械强度　　　(B)经济电流密度　　　(C)允许电压损失　　　(D)发热条件

140. 母线与隔离开关长期允许工作温度,一般不超过(　　),环境温度按 25℃计,为了便于监视各个接头温度,应贴示温蜡片。

(A)70℃　　　(B)80℃　　　(C)90℃　　　(D)100℃

141. FL(R)N—12 型负荷开关的联锁机构使负荷开关在合闸时不能进行(　　)的合闸操作。

(A)分闸　　　(B)接地开关　　　(C)操作机构储能　　　(D)熔断器

142. 高压断路器是在正常或故障情况下(　　)高压电路的专用电器。

(A)接通　　　　　　　　　　　(B)接通或断开

(C)断开　　　　　　　　　　　(D)以上都是错误的

143. 真空断路器的主要部分是真空灭弧室,它是由(　　)等部分组成。

(A)动触头和静触头　　　　　　　(B)静触头和屏蔽罩

(C)动触头、静触头、屏蔽罩　　　　(D)动触头、静触头、屏蔽罩、绝缘外壳

144. 对电磁式电压互感器做三倍工频感应耐压试验的目的是(　　)。

(A)发现匝间绝缘的优点　　　　　　(B)发现绕组对铁芯间绝缘的缺陷

(C)发现绕组对地间绝缘的缺陷　　　(D)发现匝间绝缘的缺陷

145. 35 kV 电压互感器大修后,在 20℃时的介电损耗不应大于(　　)。

(A)2.5%　　　(B)3.0%　　　(C)3.5%　　　(D)4.0%

146. 10 kV 电流互感器一次侧最大负荷电流一般不超过额定电流的(　　)。

(A)1.5 倍　　　(B)2 倍　　　(C)3 倍　　　(D)4 倍

147. 管型避雷器正确的安装方法是将管型避雷器的(　　)固定。

(A)上端　　　(B)开口端　　　(C)闭口端　　　(D)下端

148. 当主供变配电所发生故障短路或断线时,主供变配电所断路器自动跳闸,备用变配电所快速自动投入,转换时间小于(　　)。

(A)0.5 s　　　(B)0.35 s　　　(C)0.2 s　　　(D)0.12 s

149. 选择变压器的容量要综合考虑各方面的因素,我国目前选择负荷率在(　　)为宜。

(A)50%左右　　　(B)70%左右　　　(C)80%左右　　　(D)30%左右

150. 用手触摸变压器的外壳时,如有麻电感,可能是变压器(　　)。

(A)内部发生故障　　　(B)过负荷引起　　　(C)外壳接地不良　　　(D)静电

151. 35 kV 接地线应用多股软铜线和专用线夹固定在导线上,导线截面积应符合短路电流要求,但不得小于(　　)。

(A)35 mm²　　　(B)30 mm²　　　(C)25 mm²　　　(D)15 mm²

152. 操作电源采用硅整流器带电容储能的直流系统时,当出现短路故障时,电容储能是用来作(　　)的。

(A)事故照明　　　(B)故障信号指示　　　(C)跳闸　　　(D)保护作用

153. 电缆导体长期工作,允许工作温度最高的是(　　)。

(A)黏性纸绝缘电缆　　　　　　　(B)聚氯乙烯绝缘电缆

(C)交联聚乙烯绝缘电缆　　　　　(D)以上答案均不正确

154. 10 kV 和 35 kV 线路对于一个断路器两条电缆出线时,为进行接地保护,可以(　　)。

(A)在一个电缆终端头上装零序电流互感器,用一套接地保护

(B)分别装设两只零序电流互感器,用两套接地保护

(C)分别装两只零序电流互感器且二次侧采用电气并联,用一套接地保护

(D)分别装设多只零序电流互感器,用多套接地保护

155. 交联电缆终端头或中间接头制作工艺中,涂硅油的主要目的是(　　)。

(A)增加绝缘　　　(B)完善屏蔽结构　　　(C)排除气隙　　　(D)作真空保护

156. 纸绝缘电缆在平均气温为(　　)时,应预先加热,再安装。

(A)0℃以下　　　(B)5℃以下　　　(C)−5℃以下　　　(D)任何温度均可

157. 交联电缆钢带接地线截面应不小于 10 mm²,铜屏蔽接地线截面应不小于(　　)。

(A)10 mm²　　　(B)25 mm²　　　(C)35 mm²　　　(D)45 mm²

158. 纸绝缘电缆搪铅(封铅)是安装工作中一项关键工艺,其目的是(　　)。

(A)改善电场分布　　　(B)密封防潮　　　(C)连接接地线　　　(D)增强屏蔽作用

159. 架空线路为公网及专线时,定期巡视周期为(　　)。

(A)每天　　　(B)每周　　　(C)每月　　　(D)每季

160. 架空线路导线与建筑物的垂直距离在最大计算弧垂情况下,3~10 kV 线路不应小于(　　)。

(A)2.5 m　　　(B)3 m　　　(C)4 m　　　(D)5 m

161. 电流速断保护的动作时间是(　　)。

(A)瞬时动作　　　　　　　　　　(B)比下一级保护动作时间大 0.5 s

(C)比下一级保护动作时间大 0.7 s　　(D)比下一级保护动作时间大 1.5 s

162. 对于二相差式保护接线方式,当一次电路发生三相短路时,流入继电器线圈的电流是电流互感器二次电流的(　　)。

(A)$\sqrt{3}$ 倍　　　(B)2 倍　　　(C)1 倍　　　(D)$2\sqrt{3}$ 倍

163. 为校验继电保护装置的灵敏度,应用(　　)电流。

(A)三相短路　　　(B)两相短路　　　(C)单相接地短路　　　(D)两相接地短路

164. 定时限过流保护的动作值是按躲过线路(　　)电流整定的。

(A)最大负荷　　　　　(B)平均负荷　　　　　(C)末端短路　　　　　(D)最小负荷

165.定时限过流保护动作时限的级差一般为(　　　)。

(A)0.5 s　　　　　(B)0.7 s　　　　　(C)1.5 s　　　　　(D)3 s

166.定时限过流保护的保护范围是(　　　)。

(A)本线路的一部分　　　　　　　　　(B)本线路的全长

(C)本线路及相邻线路的全长　　　　　(D)所有线路的全长

167.重合闸继电器中,与时间元件 KT 串接的电阻 R_5 的作用是(　　　)。

(A)限制短路电流

(B)限制流入 KT 线圈电流,以便长期工作而不致过热

(C)降低灵敏度

(D)提高灵敏度

168.高压电动机当容量超过 2 000 kW 时,应装设(　　　)。

(A)过负荷保护　　　(B)差动保护　　　(C)速断保护　　　(D)接地保护

169.当高压电动机过负荷保护作用于跳闸时,其继电保护接线方式应采用(　　　)。

(A)三角形接线　　　　　　　　　(B)星形接线

(C)两相差或两相 V 形接线　　　　(D)以上都不对

170.阀型避雷器之所以称为阀型的原因,是因为在大气压过电压时,它允许通过很大的(　　　)。

(A)额定电流　　　(B)冲击电流　　　(C)工频电流　　　(D)短路电流

171.杆上避雷器下引线,铜绝缘线截面不应小于(　　　)。

(A)10 mm^2　　　(B)16 mm^2　　　(C)25 mm^2　　　(D)35 mm^2

172.KYN××800—10 型高压开关柜额定电压是(　　　)。

(A)800 V　　　(B)10 kV　　　(C)800 kV　　　(D)100 kV

173.我国规定 10 kV 及以下高压供电电压偏差为(　　　)。

(A)±5%　　　(B)±7%　　　(C)±10%　　　(D)±15%

174.将多个高压开关柜在发电厂、变电所或配电所安装后组成的电力装置称为(　　　)。

(A)成套配电装置　　　(B)控制装置　　　(C)配电装置　　　(D)变电装置

175.罐式六氟化硫断路器的特点有(　　　)。

(A)占地面积大　　　　　　　　(B)耗材少

(C)制造工艺要求不高　　　　　(D)可加装电流互感器

176.相同的条件下六氟化硫气体的灭弧能力大约是空气灭弧能力的(　　　)倍。

(A)2　　　(B)10　　　(C)100　　　(D)1 000

177.变电所开关控制、继电保护、自动装置和信号设备所使用的电源称为(　　　)。

(A)交流操作电源　　　　　　　(B)直流操作电源

(C)操作电源　　　　　　　　　(D)稳压电源

178.如果网线需送 DC 1 500 V 电时,要先拆除(　　　)避免造成短路。

(A)电源　　　(B)隔离　　　(C)接地装置　　　(D)负荷

179.在加有滤波电容的整流电路中,二极管的导通角总是(　　　)180°。

(A)大于　　　(B)等于　　　(C)小于　　　(D)不等于

180. 当 10 kV 电力变压器气体继电器动作发出报警后要采集继电器内的气体并取出油样,迅速进行气体和油样的分析。若气体为灰白色,有剧臭且可燃,则应采取的处理意见是(　　)。

(A)允许继续运行　　　　　　　　　　　(B)立即停电检修

(C)进一步分析油样　　　　　　　　　　(D)以上都不对

181. 低压屏柜与高压屏柜不能靠在一起安装,必须符合规定的安全距离。每一屏柜都必须有良好的(　　)。

(A)保护接零　　　(B)抗干扰措施　　　(C)屏蔽保护　　　(D)保护接地

182. 计算机保护装置的 CPU 执行存放在(　　)中的程序。

(A)RAM　　　　　(B)ROM　　　　　(C)EPROM　　　　(D)EEPROM

183. 控制屏上的红绿灯正确的位置,从屏面上看是(　　)。

(A)红灯在右,绿灯在左　　　　　　　　(B)红灯在左,绿灯在右

(C)不一定　　　　　　　　　　　　　　(D)都在一起

184. 变配电所事故信号是用来表示断路器在事故情况下的工作状态。表示断路器在继电保护动作使之自动跳闸的信号是(　　),同时还有事故声响和光字牌显示。

(A)红灯闪光　　　(B)绿灯闪光　　　(C)同时闪烁　　　(D)都不闪烁

185. 六氟化硫全封闭组合电器,可根据各种接线要求进行(　　)。

(A)选择　　　　　(B)搭配　　　　　(C)组合　　　　　(D)布置

186. LN2—10 型六氟化硫断路器是综合应用(　　)和压气原理进行灭弧的。

(A)旋弧纵吹　　　(B)纵吹　　　　　(C)横吹　　　　　(D)双吹

187. 变电所内需用火工作时,必须严格执行用火(　　)。

(A)灭火知识　　　　　　　　　　　　　(B)消防器材的使用

(C)专业常识　　　　　　　　　　　　　(D)工作票制度

188. 变电站内遇到电气设备着火时,值班长应立即命令值班人员将有关设备切断电源,再进行救火以防止发生(　　)。

(A)伤亡事故　　　(B)踩踏事故　　　(C)停电事故　　　(D)触电事故

189. 当电网发生故障,如有一台变压器损坏时,其他变压器(　　)过负荷运行。

(A)不允许　　　　　　　　　　　　　　(B)允许长时间

(C)允许作短时间　　　　　　　　　　　(D)以上答案均不正确

三、多项选择题

1. 输电网是以高压甚至超高电压将(　　)或变电所之间连接起来的输电网络,所以又称为电力网中的主网架。

(A)发电厂　　　　(B)发电机　　　　(C)变压器　　　　(D)变电所

2. 电能质量是指供给用电单位受电端电能品质的优劣程度。电能质量主要包括(　　)两部分。

(A)电流质量　　　(B)电压质量　　　(C)频率质量　　　(D)功率质量

3. 工作接地分为(　　)。

(A)直接接地　　　　　　　　　　　　　(B)中性点直接接地

(C)非直接接地　　　　　　　　　(D)中性点非直接接地

4.低压系统接地形式有(　　)。

(A)TN 系统接线　　(B)TT 系统接线　　(C)TI 系统接线　　(D)IT 系统接线

5.JZN03 型电力监控管理系统包括系统监视主机、(　　)等。

(A)打印机　　　　　　　　　　　(B)通信管理机

(C)综合保护测控装置　　　　　　(D)智能配电仪表装置

6.变压器负载运行时,由于变压器内部的阻抗压降,二次电压将随(　　)的改变而改变。

(A)一次电压　　　(B)负载电流　　　(C)负载功率因数　　(D)外界环境

7.变压器并联运行的目的有(　　)。

(A)提高供电可靠性　　　　　　　(B)提高变压器运行经济性

(C)可以减少总备用容量　　　　　(D)提高供电安全性

8.变压器理想并联运行的条件有(　　)。

(A)变压器的连接组标号相同　　　(B)变压器的电压比相等

(C)变压器的阻抗电压相等　　　　(D)变压器的容量相同

9.消防控制室是设有火灾自动报警设备和消防设施控制设备,用于(　　)火灾报警信号,控制相关消防设施的专门处所,是利用固定消防设施扑救火灾的信息指挥中心,是建筑内消防设施控制中心枢纽。

(A)接收　　　　(B)显示　　　　(C)处理　　　　(D)排除

10.变电所消防装置检修时要进行各种联动操作试验,通过(　　)确认设备运行是否正常,有无异声、故障,打印机是否正常打印,走纸是否流畅,备用电源是否处于充电状态,电压是否稳定等确定设备是否正常。

(A)操作　　　　(B)仔细观察　　　(C)听　　　　(D)看

11.干式变压器是指(　　)不浸渍在绝缘液体中的变压器。

(A)铁芯　　　　(B)高压套管　　　(C)分接开关　　　(D)绕组

12.气体绝缘变压器是在密封的箱壳内充以六氟化硫气体代替绝缘油,利用六氟化硫气体作为变压器的(　　)。

(A)过渡介质　　　(B)绝缘介质　　　(C)冷却介质　　　(D)防腐介质

13.停用电压互感器,应将(　　)停用,以免造成装置失压误动作。

(A)有关保护　　　(B)自动装置　　　(C)二次侧熔丝　　(D)一次侧隔离开关

14.当电力监控管理系统出现信号中断故障时应(　　)等检查。

(A)检查上位机是否发出信号　　　(B)检查通信装置是否工作正常

(C)检查下位机工作是否正常　　　(D)检查控制回路电源是否正常

15.电流互感器分为(　　)两类互感器。

(A)测量用电流互感器　　　　　　(B)保护用电流互感器

(C)接地用电流互感器　　　　　　(D)绝缘用电流互感器

16.测量用电流互感器和保护用电流互感器的标准准确度不同:标准用 0.2、0.1、0.05、0.02、0.01 级;计量用 0.25、0.55 级,一般测量用 0.2、0.5、1.0、3.0 级,保护用(　　)级。

(A)3PX　　　　(B)5PX　　　　(C)8PX　　　　(D)10PX

17.高压断路器按断路器的安装地点可分为(　　)。

(A)地上　　　　　　(B)户外　　　　　　(C)地下　　　　　　(D)户内

18. 真空断路器是将其(　　)触头安装在"真空"的密封容器内而制成的一种断路器。

(A)安全　　　　　　(B)动　　　　　　(C)静　　　　　　(D)真空

19. 六氟化硫断路器是采用具有优质(　　)的六氟化硫气体作为灭弧介质的断路器。

(A)绝缘性能　　　(B)灭弧性能　　　(C)安全性能　　　(D)稳定性能

20. 六氟化硫断路器具有(　　)等优点。

(A)灭弧性能强　　(B)不自燃　　　　(C)体积小　　　　(D)安全性高

21. 常用断路器的额定电流等级为 200 A、400 A、(　　)A、1 600 A、2 000 A、3 150 A。

(A)600　　　　　　　(B)630　　　　　　　　(C)800

(D)1 000　　　　　　(E)1 250

22. 高压断路器根据使用灭弧介质,可分为(　　)类型。

(A)油断路器　　　(B)空气断路器　　(C)六氟化硫断路器　(D)真空断路器

23. 真空断路器将逐步成为(　　)和高压用户变电所 3～35 kV 电压等级中广泛使用的断路器。

(A)企业　　　　　　(B)发电厂　　　　(C)工业　　　　　　(D)变电所

24. 真空灭弧室的绝缘外壳主要用(　　)材料制作。

(A)玻璃　　　　　　(B)陶瓷　　　　　(C)塑料　　　　　　(D)金属

25. 六氟化硫断路器应该设有(　　)。以避免污染环境,保证环境安全。

(A)跳闸弹簧　　　(B)气体检漏设备　(C)气体回收装置　(D)导向板

26. 六氟化硫断路器在结构上可分为(　　)两种。

(A)支柱式　　　　　(B)卧式　　　　　(C)罐式　　　　　　(D)箱式

27. 罐式六氟化硫断路器特别适用于(　　)的变电所。

(A)环境温度较高　(B)多地震　　　　(C)无污染　　　　(D)污染严重地区

28. 断路器的操动机构,是用来控制断路器(　　)和维持合闸状态的设备。

(A)跳闸　　　　　　(B)短路　　　　　(C)合闸　　　　　　(D)接地

29. 操动机构应符合的基本要求有(　　)。

(A)足够的操作力　　　　　　　　　(B)较高的可靠性

(C)动作迅速　　　　　　　　　　　(D)具有自由脱扣装置

30. 弹簧储能操动机构的缺点是(　　)。

(A)操动机构的结构复杂　　　　　　(B)加工工艺要求高

(C)机件强度要求高　　　　　　　　(D)安装调试困难

31. 液压操动机构的优点是(　　)。

(A)体积小、操作功大　　　　　　　(B)动作平稳、无噪声

(C)速度快　　　　　　　　　　　　(D)不需要大功率的合闸电源

32. 六氟化硫断路器的巡视检查,每日定时记录六氟化硫气体的(　　)。

(A)浓度　　　　　　(B)温度　　　　　(C)状态　　　　　　(D)气体压力

33. 六氟化硫断路器发生意外爆炸或者严重漏气等事故,值班人员接近设备要谨慎,尽量选择从"上风"接近设备,必要时要(　　)。

(A)戴防毒面具　　(B)冲进现场抢救设备(C)关闭门窗　　　(D)穿防护服

34. 变电所消防设施及消防器材应每月进行一次全面( )。

(A)检查　　　　(B)维护　　　　(C)保养　　　　(D)修理

35. SE—900C 分布式电网监控系统是一个功能齐全、使用灵活而且扩展性极强的系统。整个系统由多个运行模块所组成,按( )的设计思想进行设计,在使用和维护上非常方便。

(A)多进程　　　　(B)多任务　　　　(C)人性化　　　　(D)个性化

36. 隔离开关按有无接地刀闸分( )。

(A)带接地刀闸　　(B)单极式　　　　(C)无接地刀闸　　(D)双极式

37. 隔离开关操动机构分为( )。

(A)气动式操动机构　　　　　　　　(B)手力式操动机构

(C)电动操动机构　　　　　　　　　(D)液压操动机构

38. 隔离开关采用操动机构进行操作,以保证操作( ),同时也便于在隔离开关与断路器之间安装防止误操作闭锁装置。

(A)安全　　　　(B)可靠　　　　(C)效率　　　　(D)便捷

39. 在 3～35 kV 小容量装置中,熔断器可用于保护( )。

(A)线路　　　　(B)变压器　　　　(C)电动机　　　　(D)电压互感器

40. 高压熔断器按动作特征可分为( )。

(A)固定式　　　　(B)户内式　　　　(C)自动跌落式　　(D)户外式

41. 高压成套配电装置将电气主电路分成若干个单元,将每个单元的( ),以及保护、控制、测量等设备集中装配在一个整体柜内。

(A)断路器　　　　(B)隔离开关　　　(C)电流互感器　　(D)电压互感器

42. 高压成套配电装置由多个高压开关柜在( )或配电所安装后组成的电力装置称为成套配电装置。

(A)发电厂　　　　(B)变电所　　　　(C)变压器　　　　(D)发电机

43. 高压成套配电装置按其结构特点可分为( )。

(A)金属封闭式　　　　　　　　　　(B)金属封闭铠装式

(C)金属封闭箱式　　　　　　　　　(D)六氟化硫封闭组合电器

44. 高压成套配电装置按断路器的安装方式可分为( )。

(A)电动式　　　　(B)固定式　　　　(C)手车式　　　　(D)户内式

45. 开关柜应具有"五防"联锁功能,即( )。

(A)防误分、合断路器　　(B)防带负荷拉合隔离刀闸　　(C)防带电合接地刀闸

(D)防带接地线合断路器　　(E)防误入带电间隔

46. 输电线路( ),是电力网的骨干网架。

(A)输送容量大　　　　　　　　　　(B)送电距离远

(C)线路电压等级高　　　　　　　　(D)输送容量小

47. 从地区变电所到用户变电所或城乡电力变压器之间的线路,是用于分配电能的,称为配电线路,配电线路又可分为( )。

(A)高压电力线路　　　　　　　　　(B)低压电力线路

(C)强电压电力线路　　　　　　　　(D)弱电压电力线路

48. 电力线路按架设方式可分为( )两大类。

(A)低压配电线路 (B)架空电力线路

(C)高压电力线路 (D)电力电缆线路

49. 裸导线的种类有( )。

(A)铜绞线、铝绞线 (B)钢芯铝绞线 (C)轻型钢芯铝绞线

(D)加强型钢芯铝绞线 (E)铝合金绞线 (F)钢绞线

50. 架空绝缘导线按电压等级可分为( )。

(A)中压绝缘线 (B)低压绝缘线 (C)高压绝缘线 (D)中低压绝缘线

51. 一般情况下 SE—900C 电网监控系统都运行于( )环境下,当这个运行环境遭到破坏后应该重装系统。

(A)Windows 2000 (B)Windows XP (C)Linux (D)Mac OSX

52. SE—900C 电网监控系统运行在多任务的环境下,原则上是允许开很多窗口的,数目基本上不受限制。只是在系统正常运行时( )会无谓地耗费系统资源,占用系统运行时间,而且使得运行环境的布局变得零乱。用户在实际使用中最好只开两三个画面调用窗口。

(A)开过多的窗口 (B)启动过多的应用程序

(C)后台程序运行过多 (D)开启不必要的软件

53. 架空导线的选择应使所选导线具有足够的导电能力与机械强度,能满足线路的技术、经济要求,确保( )地传输电能。

(A)安全 (B)经济 (C)可靠 (D)便捷

54. SE—900C 电网监控系统发生后台机数据不更新故障时,应进行( )操作,以便解决问题。

(A)检查网络是否中断

(B)检查网络线连接是否牢固

(C)检查前置机工作是否正常

(D)在前置系统的“变位模拟”菜单项中模拟一个遥信动作以检测网络传输是否正常

55. 架空电力线路按巡视的性质和方法不同,线路巡视一般可分为( )。

(A)定期巡视 (B)夜间巡视 (C)特殊巡视 (D)故障巡视

(E)登杆塔巡视 (F)监察巡视

56. 架空电力线路常见故障有( )。

(A)导线损伤、断股、断裂 (B)倒杆、接头发热

(C)导线对被跨越物放电事故 (D)单相接地、两相短路

(E)三相短路 (F)缺相

57. 电力电缆重做终端头、中间头和新做中间头的电缆,必须( )全部合格后,才允许恢复运行。

(A)清理擦拭 (B)核对相位 (C)摇测绝缘电阻 (D)做耐压试验

58. 电力电缆线路投入运行后,经常性的巡视检查是( )的有效措施。

(A)及时发现隐患 (B)节约电能 (C)组织维修 (D)避免引发事故

59. JZN03 型电力监控管理系统是电力系统终端用户从 10 kV 开闭站到 400 V 低压配电室进行“( )”以及故障就地自动应急处理的最佳解决方案。采用该系统后可以真正做到变电站的无人或少人值守及与用户的实时互动。

(A)遥信　　　　　　　(B)遥测　　　　　　　　(C)遥控　　　　　　　(D)遥调

60. 电力电缆线路常见故障有(　　)。

(A)短路性故障　　　　(B)接地性故障　　　　(C)断线性故障　　　　(D)混合性故障

61. 电力系统运行中,出现危及电气设备绝缘的电压称为过电压。过电压对(　　)是很危险的,必须采取相应的保护措施。

(A)人身安全　　　　　　　　　　　　(B)供电保障

(C)电气设备　　　　　　　　　　　　(D)电力系统安全运行

62. 电力系统中的工频过电压一般由(　　)时引起。

(A)线路空载　　　　　　　　　　　　(B)线路过热

(C)单相接地　　　　　　　　　　　　(D)三相系统中发生不对称故障

63. 操作过电压是指电力系统中由于(　　),使设备运行状态发生改变。

(A)雷电　　　　　　　(B)操作　　　　　　　　(C)事故　　　　　　　(D)特殊原因

64. 在电力系统运行操作时,比较容易发生操作过电压的常见操作项目有(　　)。

(A)切、合高电压空载长线路　　　　　(B)切、合空载变压器

(C)切、合电容器　　　　　　　　　　(D)开断高压电动机

65. 在高压电力系统内一般使用(　　)作为防雷保护。

(A)阀型避雷器　　　　(B)保护间隙　　　　　(C)排气式避雷器　　　(D)针型避雷器

66. 电气设备在运行中,由于(　　)等原因,可能造成电气设备故障或异常工作状态。

(A)外力破坏　　　　　(B)内部绝缘击穿　　　(C)过负荷　　　　　　(D)误操作

67. 电气设备在运行中,在各种故障中最多见的是短路,其中包括(　　)。

(A)三相短路

(B)两相短路

(C)大电流接地系统的单相接地短路

(D)变压器、电机类设备的内部线圈匝间短路

68. 针对电气设备发生故障时的各种形态及电气量的变化,设置了各种继电保护方式,如(　　)等。

(A)电流过负荷保护、过电流保护　　　(B)电流速断保护、电流方向保护

(C)低电压保护、过电压保护　　　　　(D)电流闭锁电压速断保护

(E)差动保护、距离保护　　　　　　　(F)高频保护、瓦斯保护

69. 继电保护中常用的继电器分为(　　)。

(A)电磁型电流继电器　　　　　　　　(B)电磁型电压继电器

(C)GL 系列感应型过电流继电器　　　　(D)电磁型时间、中间和信号继电器

70. 变压器继电保护中,气体保护具有(　　)的特点。

(A)成本低　　　　　　(B)灵敏度高　　　　　(C)动作迅速　　　　　(D)接线简单

71. 变压器继电保护中,(　　)都是变压器的快速保护,属于主要保护。

(A)电压速断　　　　　(B)电流速断　　　　　(C)气体保护　　　　　(D)电流差动

72. 高压电动机常用的电流保护为(　　)。

(A)电流速断保护　　　(B)过负荷保护　　　　(C)过电流保护　　　　(D)过电压保护

73. 计算机综合自动化能实现对变电站正常运行时各项主要参数的(　　)。

（A）自动采集　　　　　（B）自动处理　　　　　（C）打印　　　　　（D）显示

74. 计算机综合自动化能实现当系统发生短路事故时,自动记录事故发生的（　　）。

（A）时间　　　　　　　　　　　　　　　（B）短路电流大小

（C）开关跳闸情况　　　　　　　　　　　（D）继电保护动作情况

75. 采用计算机综合自动化的变电所,其继电保护均为计算机保护,计算机保护具有
（　　）等特点,并可对故障时电流、电压各种参数自动记录、储存,以便随时查验。

（A）体积小　　　　　（B）功能全　　　　　（C）动作灵敏　　　　　（D）快速

76. 变电所操作电源 EPS 可实现蓄电池运行维护的（　　）,大大提高了变电所安全运行
的可靠性。

（A）自动化　　　　　（B）智能化　　　　　（C）快速化　　　　　（D）安全化

77. 变配电室值班电工应根据工作需要熟练掌握继电保护与二次回路的（　　）。

（A）保养清理　　　　　（B）工作原理　　　　　（C）接线方式　　　　　（D）运行注意事项

78. 变电所里应做到备有（　　）的有关图纸,并与实际相符。继电保护和二次回路的验
收试验资料齐全。

（A）变配电室房屋主体结构　　　　　　　（B）上、下水管路平面图

（C）全部继电保护　　　　　　　　　　　（D）二次回路

79. 变电所里,（　　）应详细列表写明,放置在明显便于查找的地方。

（A）继电保护整定值　　　　　　　　　　（B）继电保护投入使用情况

（C）继电保护规格、型号　　　　　　　　（D）继电保护装置维修次数

80. 继电保护的投运或退出应根据调度部门的命令执行,并做好记录。具体执行时要（　　）。

（A）填写命令票　　　　　　　　　　　　（B）执行操作监护制度

（C）复诵制度　　　　　　　　　　　　　（D）有工作票签发人在场

81. 变电所操作电源必须保证（　　）。在变电所运行状态时,不允许出现操作电源间断
供电的情况。

（A）电压稳定　　　　　（B）电流稳定　　　　　（C）安全可靠　　　　　（D）容量足够

82. 备用电源自动投入装置,是指当工作电源因故障自动跳闸后,备用电源自动投入。备
用电源自动投入装置可以用于（　　）。

（A）动作合上备用电源线路的断路器　　　（B）动作断开备用电源线路的断路器

（C）动作合上备用变压器的断路器　　　　（D）动作断开备用变压器的断路器

83. 电力系统中,（　　）中直接与生产和输配电能有关的设备称为一次设备。

（A）发电厂　　　　　（B）配电所　　　　　（C）生产车间　　　　　（D）供电局

84. 电力系统中一次设备包括（　　）等。

（A）变压器　　　　　　　（B）断路器　　　　　　　（C）隔离开关

（D）母线　　　　　　　　（E）互感器

85. 电对人体的伤害,主要来自电流。电流流过人体时,电流的热效应会引起肌体（　　）。

（A）烧伤　　　　　（B）破坏　　　　　（C）炭化　　　　　（D）过敏

86. 人体电阻由（　　）组成。

（A）体内电阻　　　　　（B）体外电阻　　　　　（C）内脏电阻　　　　　（D）表皮电阻

87. 电流对人体的作用与人的（　　）有很大的关系。

(A)年龄　　　　　　(B)性别　　　　　　(C)身体　　　　　　(D)精神状态

88. 电击方式有( )两种。

(A)直接电击　　　　(B)触摸电击　　　　(C)间接电击　　　　(D)非触摸电击

89. 人体与带电体的直接接触电击可分为( )。

(A)单相电击　　　　(B)两相电击　　　　(C)雷电电击　　　　(D)静电电击

90. 接地保护包括电气设备( )。

(A)间接接地　　　　(B)保护接地　　　　(C)工作接地　　　　(D)中性点接地

91. 在中性点直接接地的低压供电系统,将电气设备如( )的中性线与接地装置相连,这种接地方式称为工作接地。

(A)发电机　　　　　(B)变压器　　　　　(C)电动机　　　　　(D)高压柜

92. 辅助安全用具配合基本安全用具使用时,能起到防止工作人员遭受( )等伤害。

(A)接触电压　　　　(B)跨步电压　　　　(C)电弧灼伤　　　　(D)间接触电伤害

93. 绝缘杆主要用于接通或断开( ),装卸携带型接地线、带电测量和试验等工作。

(A)断路器开关　　　(B)地刀　　　　　　(C)隔离开关　　　　(D)跌落式熔断器

94. 使用绝缘杆时,工作人员应该( ),以加强绝缘杆的保护作用。

(A)戴绝缘手套　　　(B)穿绝缘靴　　　　(C)戴安全帽　　　　(D)系安全带

95. JZN03型电力监控管理系统可对中、低压配电柜、( )等多种变电、配电设备进行全方位的监测和控制。

(A)直流屏　　　　　(B)变压器　　　　　(C)UPS电源　　　　(D)柴油发电机组

96. 绝缘杆应定期进行绝缘试验,一般每年试验一次。用作测量的绝缘杆每半年试验一次。绝缘杆一般每三个月检查一次,检查( )。

(A)有无污物　　　　(B)有无裂纹　　　　(C)有无机械损伤　　(D)有无绝缘层破坏

97. 绝缘夹钳是用来( )高压熔断器或执行其他类似工作的工具,主要用于35 kV及以下电力系统。

(A)安装　　　　　　(B)拆卸　　　　　　(C)清理　　　　　　(D)维护

98. 携带型电压指示器,一般称为验电器。验电器分为( )两类。

(A)高压验电器　　　(B)特殊验电器　　　(C)低压验电器　　　(D)遥控验电器

99. 高压验电器使用前确认验电器电压等级与被测( )的电压等级是否一致。

(A)地线　　　　　　(B)框架　　　　　　(C)设备　　　　　　(D)线路

100. 辅助电气安全用具包括( )。

(A)绝缘手套　　　　　　　　(B)绝缘靴　　　　　　　　(C)绝缘鞋

(D)绝缘垫　　　　　　　　　(E)绝缘站台　　　　　　　(F)绝缘毯

101. 一般性防护安全用具没有绝缘性能,主要用于防止停电检修的设备突然来电工作人员( )等事故发生。

(A)走错间隔　　　　(B)误登带电设备　　(C)电弧灼伤　　　　(D)高空坠落

102. 发电厂、变配电所电气部分常用的安全提示有( )。

(A)禁止类安全牌　　　　　　　　　　(B)警告类安全牌

(C)允许类安全牌　　　　　　　　　　(D)指令类安全牌

103. 近电报警器是一种新型安全防护用具,它适合在有电击危险的环境里进行( )时使用。

(A)巡查　　　　(B)作业　　　　(C)休息　　　　(D)清理卫生

104. 电气工作安全组织措施是指在进行电气作业时,将与(　　)有关的部门组织起来,加强联系、密切配合,在统一指挥下,共同保证电气作业的安全。

(A)检修　　　　(B)试验　　　　(C)运行　　　　(D)清理

105. 在电气设备上工作,保证安全的电气作业组织措施有:(　　)。

(A)工作票制度　　　　　　　　(B)工作许可制度

(C)工作监护制度　　　　　　　(D)工作间断、转移和终结制度

106. 在电气设备上进行任何电气作业,都必须填用工作票,并依据工作票布置安全措施和办理(　　)手续,这种制度称为工作票制度。

(A)开工　　　　(B)间断　　　　(C)终结　　　　(D)延时

107. 工作票的种类有(　　)。

(A)第一种工作票　　　　　　　(B)第二种工作票

(C)第三种工作票　　　　　　　(D)第四种工作票

108. 第一种工作票的使用范围(　　)。

(A)在高压电气设备上工作,需要全部停电或部分停电

(B)在高压室内的二次接线盒照明回路上工作,需要将高压设备停电或作安全措施

(C)在低压电气设备上工作,需要全部停电或部分停电

(D)在高压室内的一次接线盒照明回路上工作,不需要将高压设备停电或作安全措施

109. 第二种工作票的使用范围(　　)。

(A)带电作业和在带电设备外壳上工作

(B)在控制盘、低压配电盘、低压配电箱、低压电源干线上工作

(C)在二次接线回路上工作,无需将高压设备停电

(D)在转动中的发电机、同期调相机的励磁回路或高压电动机转子电阻回路上工作

(E)非当班值班人员用绝缘杆和电压互感器定相或用钳形电流表测量高压回路的电流

110. 对于无需填用工作票的工作,可以通过口头或电话命令的形式向有关人员进行布置和联系。如(　　)。

(A)注油　　　　(B)取油样　　　　(C)测接地电阻　　　　(D)悬挂警告牌

111. 口头或电话命令,必须清楚正确,值班人员应将(　　)详细记入操作记录簿中,并向发令人复诵,核对一遍。对重要的口头命令或电话命令,双方应进行录音。

(A)发令人　　　　(B)负责人　　　　(C)工作任务　　　　(D)操作者

112. 填写工作票时,应查阅电气一次系统图,了解系统的运行方式,对照系统图,填写(　　)。

(A)工作地点　　　　(B)工作内容　　　　(C)安全措施　　　　(D)注意事项

113. 工作票的签发应遵守(　　)。

(A)工作票签发人不得兼任所签发工作票的工作负责人

(B)工作许可人不得签发工作票

(C)整台机组检修,工作票必须由车间主任、检修副主任或专责工程师签发

(D)外单位在本单位生产设备系统上工作的由管理该设备的生产部门签发

114. 工作票上所列的计划停电时间不能作为开始工作的依据,计划送电时间也不能作为恢复送电的依据,而应严格遵守( ),严禁约时停、送电。

(A)工作间隔制度 　　　　　(B)工作许可制度

(C)工作终结制度 　　　　　(D)恢复送电制度

115. 工作中,( )任何一方不得擅自变更安全措施,值班人员不得变更有关检修设备的运行接线方式。

(A)工作监护人　　(B)工作票签发人　　(C)工作负责人　　(D)工作许可人

116. 工作监护制度是指工作人员在工作过程中,工作负责人必须始终在场,对工作人员的安全认真监护,及时纠正违反安全的( )的制度。

(A)行为　　　　(B)动作　　　　(C)态度　　　　(D)想法

117. 在全部停电和部分停电的电气设备上工作时,必须完成的技术措施有( )。

(A)停电　　　　　　　　　(B)验电

(C)挂接地线　　　　　　　(D)装设遮栏和悬挂标示牌

118. 接地线由( )两部分组成。

(A)三相短路部分　　(B)接地部分　　(C)连接部分　　(D)绝缘部分

119. 电气误操作归纳起来有( )。

(A)带负荷拉、合隔离开关　　　　(B)带地线合闸

(C)带电挂接地线　　　　　　　　(D)误拉、合断路器

(E)误入带电间隔

120. 防止误操作的组织措施有( )。

(A)操作命令和操作命令复诵制度　　(B)操作票制度

(C)操作监护制度　　　　　　　　　(D)操作票管理制度

121. 防止误操作闭锁装置有( )。

(A)机械闭锁　　(B)电气闭锁　　(C)电磁闭锁　　(D)计算机闭锁

122. 电气设备的"五防"功能有( )。

(A)防止带负荷拉、合隔离开关　　　(B)防止带地线合闸

(C)防止带电挂接地线　　　　　　　(D)防止误拉、合断路器

(E)防止误入带电间隔

123. 操作票填写好后,一定要经过三级审查,即( )。

(A)填写人自审　　　　　　(B)监护人复审

(C)值班负责人审查　　　　(D)工作负责人审查

124. 保证变电所工作和运行安全的规章制度有( )。

(A)工作票　　　　　　(B)操作票　　　　　　(C)交接班制度

(D)设备巡回检查制度　(E)设备定期试验轮换制度

125. 变电所常见事故类别有( )。

(A)断路　　(B)短路　　(C)错误接线　　(D)错误操作

126. 引发电气火灾要具备两个条件,即( )。

(A)有易燃的环境　　(B)无易燃的环境　　(C)引燃条件　　(D)有引燃物

127. 常用灭火器有( )。

(A)二氧化碳灭火器 　　(B)干粉灭火器 　　(C)泡沫灭火器
(D)"1211"灭火器 　　(E)水或干砂

128. 六氟化硫是一种简单窒息剂,暴露在氧气含量小于 19.5% 的大气中会导致人员( )、失去意识甚至死亡。暴露在氧气小于 12% 的大气中会使人无任何征兆的失去知觉,会失去自我救护的能力。

(A)头晕 　　(B)昏迷 　　(C)口水增多
(D)反应迟钝 　　(E)反胃 　　(F)呕吐

129. 六氟化硫在高压电弧的作用下或高温时会发生部分分解,其分解物有( )等含有剧毒和强腐蚀性,即使微量泄漏也能造成人身及设备的伤害。

(A)四氟化硫(SF_4)、氟化亚硫酰(SOF_2)

(B)氟化硫酰(SO_2F_2)

(C)二氟化硫(SF_2)、氟化硫(S_2F_2)

(D)氟化氢(HF)、十氟化二硫(S_2F_{10})

(E)三氟化铝(AlF_3)

(F)十氟化二硫一氧($S_2F_{10}O$)

130. 高次谐波对电力网有很大的危害,它不仅影响电网的质量,而且还对电网的可靠性有很大的影响,严重时会造成( )。

(A)继电保护误动 　　(B)烧毁其他计算机装置
(C)烧毁计算机保护线路板 　　(D)烧毁数字电度表

131. 高通滤波装置可以很好地滤掉高次谐波,( )。

(A)提高功率因数 　　(B)降低无功损耗 　　(C)提高有功功率 　　(D)降低有功功率

132. 高通滤波装置常见故障包括( )等。

(A)短路故障 　　(B)电容器损坏 　　(C)设备过负荷 　　(D)滤波器失谐

133. 高通滤波装置检修时应注意( )。

(A)各个电气元件之间连接紧固无松动

(B)电气元件外观无破损、灰尘

(C)电气元件与连接导线之间连接紧固无松动

(D)放电线圈无需检修

134. 高通滤波装置停电后( ),因为高通滤波装置内的电容器需要一个放电过程。

(A)不能立即送电 　　(B)可以立即送电
(C)需要 $10\sim15$ min 后送电 　　(D)需要 $1\sim2$ h 后送电

135. 电路中功率因数小于 1 的负载一般为( )。

(A)电阻性负载 　　(B)电容性负载 　　(C)电感性负载 　　(D)阻抗性负载

136. 六氟化硫设备维护、检修包括( )。

(A)定期维护检查(小修) 　　(B)临时检查(临修)
(C)大修 　　(D)固定点维修

137. 巡视检查进入六氟化硫设备高压室前,应先( ),确认无误后方可进入。

(A)检查六氟化硫气体泄漏报警装置应无报警信号

(B)强力通风 15 min 后,巡视人员方可进入高压室

(C)检查空气中六氟化硫气体监测仪显示数据,应低于报警值(1 000 ppm)

(D)分、合闸指示器指示清晰正确,且与实际运行状态一致

138. 六氟化硫组合电器安装完毕后进行调试时如发现异常情况,应立即断开电源,并经( )后方可进行检查。

(A)放电　　　　　　　　　　　(B)接地

(C)悬挂"止步,高压危险"警示牌　　(D)设遮栏

139. 铠装型开式交流金属封闭开关柜合闸失灵的机械回路故障一般有( );断路器与手车的联锁装置调整不到位,造成机构分闸脱扣板未复位;断路器未进到开关柜位置,造成控制回路未接通、机构分闸脱扣板未复位;各传动环节在转动过程中存在卡滞及碰撞现象。

(A)分闸半轴未复位,有卡滞现象,或分闸半轴与扇形板的扣接深度太小,合不上闸

(B)合闸半轴有卡滞观象,未复位(合闸半轴上扭簧掉)或半轴与扇形板的扣接量小,扣不住

(C)合闸半轴上的脱扣板固定螺栓松动,造成电动合闸时有缓冲行程,合闸力减小,合不上闸

(D)合闸铁芯卡滞或动铁芯运动,行程过长或过短,造成合闸力过小,合不上闸

(E)由于长时间碰撞,造成半轴与扇形板长度变化,合闸半轴打开后,扇形板与合闸半轴相碰,造成合不上闸的现象

(F)机构储能弹簧力小造成合闸力小

140. 铠装型开式交流金属封闭开关柜分闸失灵的电气回路故障一般有( )等。

(A)控制回路无电　　　　　　(B)辅助开关触点接触不良

(C)操作电源电压过低或无电源　　(D)控制分闸回路的熔断器接触不良或熔断

(E)分闸线圈接触不良或断线

141. 铠装型开式交流金属封闭开关柜分闸失灵的机械回路故障一般有( );断路器本体与机构的调整不当,造成合闸不到位,也会产生不分闸的现象等。

(A)分闸半轴有卡滞现象或分闸半轴与扇形板的扣接深度太大,不分闸

(B)分闸半轴上的脱扣板固定螺栓松动使分闸力减小,分不了闸

(C)分闸铁芯有卡滞或动铁芯的运动行程过短,造成分闸力减小,分不了闸

(D)分闸半轴与扇形板接触面产生毛刺或变形,分闸半轴打开后相碰,分不了闸

(E)分闸弹簧力小或断路器接触行程小造成分闸力过小

(F)各传动环节在转动过程中存在卡滞及碰撞现象

142. 铠装型开式交流金属封闭开关柜操作机构不储能的电气回路故障一般有( )等。

(A)机械储能传动环节有卡滞

(B)机械储能后保持不住

(C)机构电动储能正常,而用储能把手手动不储能,这是由于滑座的装配太紧

(D)电机轴上的单相轴承坏了或轴承与轴的静配合发松

143. 铠装型开式交流金属封闭开关柜操作机构储能不到位的故障一般有( )等。

(A)储能轴卡滞,转动不灵活　　(B)储能电机被行程开关过早切断操作电源

(C)机构拨叉打开过早　　　　　(D)机械储能后保持不住

144. 真空断路器维修时,应结合预防性试验清扫( )等元件表面的积灰和污物。

(A)真空灭弧室　　　(B)绝缘杆　　　(C)支持绝缘子　　　(D)接线端子

145. 真空断路器的真空室寿命如出现(　　)情况时,说明真空灭弧室寿命已到,须更换。

(A)真空灭弧室的储存期或使用期超过产品说明书的规定年限,国产真空灭弧室一般在15~20年(从出厂日算起)

(B)真空灭弧室的真空度下降至$6.6×10^{-2}$ Pa

(C)真空灭弧室触头的累计磨损量超过产品使用说明书的规定值,国产产品一般为3 mm,多数产品在动触杆上有允许磨损量警戒标志(点或线),当磨损量累计超过3 mm时,合闸后即看不见警戒标志

(D)机械合分操作次数超过产品使用说明书规定值

(E)额定短路电流开断累计次数超过产品电寿命次数

(F)真空灭弧室动触杆拨出力手感有明显变化或玻璃泡屏蔽罩颜色有明显变深,且工频耐压不合格

146. 真空断路器的弹簧储能式操动机构布置在断路器的前半部,分为(　　)。

(A)合闸单元　　　(B)分闸单元　　　(C)传动部分　　　(D)辅助单元

147. 直流开关柜结构上分各种功能小室,通常有(　　)等。

(A)低压室　　　(B)断路器手车室　　　(C)母线室　　　(D)电缆室

148. 直流开关柜主要用于直流牵引供电系统,作为直流电能分配,实现对馈线、接触网或接触轨等设备的(　　)和上位监控设备的总线通信。

(A)测控　　　(B)保护　　　(C)遥控　　　(D)传输

149. 直流开关柜主要由(　　)四大部件组成。

(A)断路器　　　(B)隔离开关　　　(C)隔离器变送器

(D)终端保护　　　(E)控制回路

150. 继电保护装置是直流开关柜的关键装置之一,可实现对馈线柜、进线柜、负极柜等设备的全面监控和保护,一旦继电保护装置出现问题,将出现(　　)等故障。

(A)直流开关柜不测控　　　(B)直流开关柜不保护

(C)直流开关柜不自诊断　　　(D)直流开关柜总线通信功能失灵

151. 直流开关柜运行时,只有手车在(　　)位置时,才允许断路器合闸。

(A)工作位　　　(B)试验位

(C)任意位置　　　(D)试验位与工作位之间

152. 直流开关柜在调试、检修时,只有断路器处于分闸位置时,断路器手车才能抽出或插入,当手车在(　　)位置时断路器可以进行分、合闸操作。

(A)工作　　　(B)试验　　　(C)移开　　　(D)任何

153. 直流开关柜检修项目一般包括(　　)。

(A)开关柜体清扫检查　　　(B)绝缘子及爬电距离检查

(C)机构检查、调整　　　(D)绝缘测试

154. 直流开关柜检修后的目标是(　　)。

(A)开关绝缘合格　　　(B)开关分合闸正常

(C)操作指示正常　　　(D)设备清洁

155. 额定电压为DC 1 800 V的直流开关柜允许运行的电压等级是(　　)。

(A)DC 750 V　　　(B)DC 1 500 V　　　(C)DC 3 000 V　　　(D)DC 6 000 V

156. 额定电压为 DC 3 600 V 的直流开关柜允许运行的电压等级是(　　)。

(A)DC 750 V　　　(B)DC 1 500 V　　　(C)DC 3 000 V　　　(D)DC 6 000 V

157. 整流柜内设超温跳闸,采用两套温控装置,分别为(　　)。

(A)一套给表头显示装置　　　　　　　　(B)一套给可变程序控制器输入部分

(C)一套给报警装置　　　　　　　　　　(D)一套给跳闸回路

158. 整流柜正常运行时,发出超温报警跳闸信号故障,可能的原因是(　　)。

(A)测温探头故障　　　　　　　　　　　(B)可变程序控制器内部程序故障

(C)控制回路断电　　　　　　　　　　　(D)线路短路

159. 整流柜运行前的调试工作主要分为:(　　)等。

(A)主柜调试　　　(B)控制柜调试　　　(C)远控屏调试　　　(D)上位机调试

160. 整流柜主回路的保护一般有(　　)、外部故障、急停具有故障声光报警并切断主回路等保护功能。

(A)过流　　　　　(B)快熔断　　　　　(C)缺相　　　　　(D)整流元件超温

161. 整流柜在日常运行时,应每 2 h 进行一次巡视检查,观察整流柜是否有(　　)。

(A)异常发热　　　(B)异常气味　　　(C)异常声响　　　(D)异常振动

162. 再生制动能量吸收装置所采用的吸收方案主要有(　　)4 种。其中电阻耗能型是将制动能量消耗在吸收电阻上,这是目前国内外应用比较普遍的方案。

(A)电阻耗能型　　　(B)电容储能型　　　(C)飞轮储能型　　　(D)逆变回馈型

163. 再生制动能量吸收装置设备现场调试的主要项目有(　　)。

(A)一般性检查　　　　　　(B)保护系统检查　　　　　　(C)模拟功能试验

(D)主电路送电　　　　　　(E)动态试验

164. 再生制动能量吸收装置正常运行时,发出电容电压过高报警,这时应检查(　　)。

(A)整流器是否运行正常　　　　　　　　(B)直流网压是否确实过高

(C)传感器工作是否正常　　　　　　　　(D)电源工作是否正常

165. 再生制动能量吸收装置正常运行时,发出 PT 失压报警,这时应检查(　　)。

(A)PT 柜交流互感器是否工作正常　　　　(B)交流网压是否正常

(C)主控制箱模拟信号板是否正常　　　　(D)直流网压是否正常

166. 再生制动能量吸收装置运行期间,对所有设备保证每日巡视,应定期用毛刷或吸尘器清扫(　　)、开关器件表面的灰尘。

(A)绝缘子　　　(B)IGBT 模块　　　(C)熔断器　　　　(D)电容器

167. CMV 系列高压固态软启动装置是采用最新理念设计的高压电机软启动装置,主要适用于(　　)启动和停止的控制与保护。

(A)三相高压鼠笼式异步电动机　　　　(B)三相高压同步电动机

(C)多速电动机　　　　　　　　　　　(D)步进电机

168. 高压固态软启动装置的保护功能有(　　)、启动超时、过压保护、欠压保护、相序保护、接地保护等。

(A)缺相保护　　　　　(B)运行过流保护　　　　　(C)相电流不平衡保护

(D)过载保护　　　　　(E)欠载保护

169. 高压固态软启动装置在运行中出现可控硅过热报警故障,应(　　)。
(A)检查风机是否可靠工作　　　　　　　(B)检查控制电源电压是否过低
(C)检查启动时是否启动频度过高　　　　(D)检查三相电源是否可靠

170. 高压固态软启动装置在运行中出现 SCR 异常报警故障,这时应该(　　)。
(A)检查 SCR 是否损坏　　　　　　　　(B)检查软启动装置输入是否缺相
(C)检查软启动装置输出是否缺相　　　　(D)检查电机是否烧毁

171. 直流屏日常运行时,巡视人员应每天记录直流屏的运行情况,如(　　),发现问题及时处理。
(A)电压值　　　　　(B)电流值　　　　　(C)电阻值　　　　　(D)功率值

172. 交流屏的测量回路配备了(　　)等。
(A)电压测量　　　　(B)电流测量　　　　(C)电阻测量　　　　(D)电量测量

173. PGD 系列直流电源屏广泛用于(　　)、工矿企业、邮电通信等场所的直流电源系统。
(A)电站　　　　　　(B)变电所　　　　　(C)城乡电网　　　　(D)铁道系统

174. PGD 系列直流屏高频开关电源整流模块的保护功能有(　　)原边过流保护等。
(A)输入过/欠压保护　　　(B)输出过压保护/欠压告警　　　(C)短路回缩
(D)缺相保护　　　　　　 (E)过温保护

175. PGD 系列直流屏高频开关电源整流模块故障报警异常原因一般有(　　)交流缺相 E34、原边过流 E35、输出过压 E36 等。
(A)输入交流断电　　　　　(B)模块内部故障　　　　　(C)输出欠压 E31
(D)模块过温 E32　　　　　(E)交流过欠压 E33

176. 交流屏在正常供电时,系统总是工作在 I 路,对备用自投回路是否正常无法确定,为保证在需要时能顺利地自动切换到备用回路对负载供电,必须在一定时间间隔内对(　　)等工况进行验证,确认完好。
(A)备自投控制器　　　　　　　　(B)中间继电器的接点
(C)执行元件　　　　　　　　　　(D)线路的接触部位

177. 交流屏信号告警回路只有在系统出现故障时才起作用,所以在日常检查这一回路是否正常时,应通过(　　)进行检查。
(A)外观检查　　　　(B)试验按钮检查　　　(C)短路检查　　　　(D)开路检查

178. 直流屏 GZDW 智能高频开关直流系统具有的电池管理功能是(　　)等。
(A)监控电池的充电电压　　　　　　(B)监控电池的充放电电流
(C)环境温度补偿　　　　　　　　　(D)维护性定期均充

179. 直流屏更换的电池必须是(　　)的电池。对使用年限较长,性能差异较大的电池,不建议更换新的电池,可直接撤消该电池,直至电压无法满足要求更换整组电池。
(A)同品牌　　　　(B)同规格型号　　　(C)不同品牌　　　(D)不同规格型号

180. 逆变器是通过半导体功率开关的(　　),把直流电能转变成交流电能的一种变换装置,是整流变换的逆过程。
(A)开通　　　　(B)关断　　　　(C)截止　　　　(D)反向

181. 逆变器投运前的本体检查有(　　);检查逆变器交、直流侧接线是否已连接完毕。

　　(A)检查所有紧固件、连接件是否松动　　(B)检查逆变器内部是否有异物
　　(C)检查逆变器室通风是否良好　　(D)检查逆变器柜体下部电缆通道是否清洁

182. 逆变器投运前的调试有(　　　);逆变器大功率带载时,禁止直接分断交直流侧的断路器,可通过触摸屏菜单发出关机指令,减小对电网的冲击等。
　　(A)通电前,设备交、直流侧的断路器应处于断开状态
　　(B)测量设备接地电阻,小于 4 Ω
　　(C)检查光伏组串的开路电压的一致性
　　(D)带电检查光伏组串与汇流箱、汇流箱与直流柜、直流柜与逆变器的正负极性应一致
　　(E)逆变器初次带电调试时,按照 10%、30%、60%、100% 负载逐步投入,时间间隔 5 min 左右
　　(F)运行时应无电气异味,无异常声,散热正常,接线端子无发黑以及无打火现象

183. 消防设施一般由(　　　)、防排烟系统、防火门、防火卷帘等组成。
　　(A)火灾事故广播　　　　　　　　　(B)关断火灾自动报警系统
　　(C)自动灭火系统　　　　　　　　　(D)消防通信系统

四、判 断 题

1. 生产设备必须抢修,延长工作时间每日不得超过一小时。(　　　)

2. 电工严重违反劳动纪律或者违反单位规章制度,单位可以解除劳动合同。(　　　)

3. 因自然灾害等原因断电,供电人应当按照国家有关规定及时抢修。(　　　)

4. 用电人逾期不交电费的,应当按照约定支付违约金。(　　　)

5. 用电人应当按照国家有关规定和当事人的约定安全用电。(　　　)

6. 10 kV 变配电设备或线路过电流保护的动作电流是按躲开被保护设备(包括线路)的最大工作电流来整定的,并配以动作时限。(　　　)

7. 定时限过电流保护的动作时间与短路电流大小成反比关系,短路电流越大,动作时间越短。(　　　)

8. 电流速断保护的动作电流要选得大于被保护设备(线路)末端的最大短路电流,这就保证了上、下级速断保护的动作的选择性。(　　　)

9. 电流速断保护能保护线路全长,过电流保护不能保护线路全长。(　　　)

10. 采用电流速断保护的高压线路,在其末端是有一段"死区"不能保护的,为了能使"死区"内发生故障时也能得到保护,要与带时限过电流保护配合使用。(　　　)

11. 对 6~10 kV 小电流接地系统,在电缆终端盒处安装零序电流互感器是为线路采取单相接地保护。当发生单相接地故障时,零序电流互感器的二次侧将流过与零序电流成比例的电流,使继电器动作,发出报警信号。(　　　)

12. 安装有零序电流互感器的电缆终端盒的接地线,必须穿过零序电流互感器的铁芯,发生单相接地故障时,继电器才会动作。(　　　)

13. 架空线路也是用零序电流互感器进行单相接地保护。(　　　)

14. 变压器电流速断保护的动作电流按躲过变压器最大负荷电流来整定。(　　　)

15. 10 kV 电力变压器过负荷保护动作后,经一段延时发出警报信号,不作用于跳闸。(　　　)

16. 10 kV 电力变压器气体继电器保护动作时,轻瓦斯信号是声光报警,重瓦斯动作则作用于跳闸。(　　　)

17. 并联电容器装设处,不宜装过电压保护。(　　　)

18. 检查常用继电器的触头,动合触头在闭合后,应有足够的压力,即可动部分动作至最终位置时,动合触头接触后应有一定的超行程。(　　　)

19. 修理继电器触头时,可以使用砂纸、锉刀来锉平触头烧伤处。(　　　)

20. 短路冲击电流有效值就是短路后第一个周期的短路电流有效值。当高压电路短路时,短路冲击电流有效值是短路电流周期分量有效值的 1.51 倍。低压电路短路冲击电流有效值是短路电流周期分量的有效值的 1.09 倍。(　　　)

21. 两相电流互感器 V 形接线能反映三相四线制系统中各相电流。(　　　)

22. 两只电流互感器、一只继电器接成的两相电流差线路,能反映各种相间短路或三相短路,但其灵敏度是各不相同的。(　　　)

23. 两只电流互感器和三只电流表成 V 形接线时,由于二次侧公共线中流过的电流是其他两相电流之和,因此公共线中所接电流表是其他两相电流表读数之和。(　　　)

24. 两台单相电压互感器接成 V/V 形接线,可测量各种线电压,也可测量相电压。(　　　)

25. 三相三柱电压互感器一次绕组中性点不允许接地,只能用于测量三相线电压,不能用于监察各相绝缘。(　　　)

26. 三台单相电压互感器接成 Y0/Y0 形,其一次侧中性点接地,二次侧可以反映各相的对地电压,因此可以用于绝缘监察装置。(　　　)

27. 高压静电电压表是利用静电感应原理制成的,电压越高,静电力产生的转矩越大,指针的偏转越大。它只能用于测量直流电压而不能用于测量交流电压。(　　　)

28. 一次性重合闸装置,只对暂时性故障动作一次,对永久性故障重合闸装置不动作。(　　　)

29. 电磁式电流继电器(DL 型)调整返回系数时,调整动片的初始位置,将动片与磁极间距离加大,可以使返回系数减小。(　　　)

30. 使过流继电器触头闭合的最小电流就是继电器的返回电流。(　　　)

31. 继电保护装置的主要作用是通过预防或缩小事故范围来提高电力系统运行可靠性,最大限度地保证安全可靠供电。(　　　)

32. 一般说来,继电器的质量越好,接线越简单,所包含的接点数目越少,则保护装置的动作越可靠。(　　　)

33. 气体(瓦斯)保护装置的特点是动作迅速,灵敏度高,能反映变压器油箱内部的各种类型的故障,也能反映油箱外部的一些故障。(　　　)

34. 定时限过流保护装置的时限一经整定,其动作时间便固定不变了。(　　　)

35. 对于线路的过电流保护装置,保护时限采用阶梯整定原则,越靠近电源,动作时间越长,故当动作时限达一定值时,应配合装设过流速断保护。(　　　)

36. 变压器的差动保护装置的保护范围是变压器及其两侧的电流互感器安装地点之间的区域。(　　　)

37. 自动重合闸装置只适用于电缆线路,而不适用于架空线路。(　　　)

38. 为防止并联电容器过负荷,应装设过负荷保护装置。(　　)

39. 相对于工厂变配电所的容量来说,电力系统的容量可以认为是无穷大,在计算短路电流时,认为系统阻抗为零。(　　)

40. 对 10 kV 变配电所,低压短路时,计算短路电流时可不计电阻的影响。(　　)

41. 高压电路中发生短路时,短路冲击电流值可达到稳态短路电流有效值的 2.55 倍。(　　)

42. 短路稳态电流是包括周期分量和非周期分量的短路电流。(　　)

43. 短路时间是包括继电保护装置动作时间与断路器固有分闸时间之和。(　　)

44. 由于短路后电路的阻抗比正常运行时电路的阻抗小得多,故短路电流比正常运行时的电流大几十倍甚至几百倍。(　　)

45. 采用电磁操动机构的断路器控制回路和信号系统中,当手动控制开关 SA 在合闸位置时,由于继电保护动作使断路器跳闸,其辅助触点 QF1-2 复位,接通闪光电源,使绿灯闪光,则说明出现了跳闸事故。(　　)

46. 断路器在合闸位置时红灯亮,同时监视着跳闸回路的完好性。(　　)

47. 操作电源采用硅整流器带电容储能的直流系统,当出现短路故障时,电容储能是用来使绿灯闪光的。(　　)

48. 利用一个具有电压电流线圈的防跳继电器或两个中间电器组成的防跳继电器,可以防止因故障已断开的断路器再次合闸,即避免断路器合闸—跳闸的跳跃现象,使事故扩大。(　　)

49. 在小电流接地系统中,当发生单相接地时,三相线电压还是对称的,而三相相电压则不再对称,接地相电压为零,另两相电压也下降。(　　)

50. 高压断路器弹簧储能操动机构,可以使用交流操作电源,也可以用直流操作电源。当机械未储能或正在储能时,断路器合不上闸。(　　)

51. 柜内、屏内设备之间或与端子排的连接导线应是绝缘线,不允许有接头。(　　)

52. 柜内、屏内的二次配线可以使用铝芯绝缘导线。(　　)

53. 检查二次接线的正确性时,可借用电缆铅皮作公共导线,也可用一根芯线作公共线,用电池和氖灯泡依次检查各芯线或导线是否通路。(　　)

54. 变配电所装有两台硅整流装置,其中一台容量较小,在直流"＋"极间用二极管 VD 隔离。其作用是防止较小容量的整流柜向合闸母线供电,从而保证操作电源可靠。(　　)

55. 在变配电所变压器保护和 6～10 kV 线路保护的操作电源处,分别装有补偿电压用的电容器组,其作用是保证断路器在故障下能跳闸。(　　)

56. 断路器电磁操动机构的电源只能是交流电源。(　　)

57. 事故信号用来显示断路器在事故下的工作状态。红信号灯闪光表示断路器自动合闸,绿信号灯闪光表示断路器自动跳闸。(　　)

58. 用电流互感器供电的操作电源,只有发生短路事故时或过负荷时才能使继电器动作,断路器跳闸。(　　)

59. 密封镉镍蓄电池在(20±5)℃的环境温度下充电,先以 4 A 充电 5 h 后,转入 0.1～0.2 A 浮充电即可使用。(　　)

60. 变配电所中断路器的合闸、跳闸电源是操作电源。继电保护、信号设备使用的电源不

是操作电源。( )

61. 对直流电源进行监察的装置,作用是防止两点接地时可能发生的跳闸。为此在 220 V 直流电源电路中任何一极的绝缘电阻下降到 15～20 kΩ 时,绝缘监察装置应能发出灯光和声响信号。( )

62. 密封蓄电池经过长期搁置,电池容量会不足或不均。这是活性物质发生较大的化学变化引起的,一般可经过 1～2 次活化恢复容量。( )

63. 运行中的电流互感器和电压互感器必须满足仪表、保护装置的容量和准确度等级的要求。电流互感器一般不得过负荷使用,电流最大不得超过额定电流的 10%。电压互感器承受的电压不得超过其额定值的 5%。( )

64. 3～35 kV 电压互感器高压熔断器熔丝熔断时,为防止继电保护误动作,应先停止有关保护,再进行处理。( )

65. 电压互感器一次熔丝接连熔断时,可更换加大容量的熔丝。( )

66. 电流互感器接线端子松动或回路断线造成开路,处理时应戴线手套,使用绝缘工具,并站在绝缘垫上进行处理。如消除不了,应停电处理。( )

67. 真空断路器的真空开关管可长期使用。( )

68. 油浸风冷变压器工作中无论负荷大小,均应开风扇吹风。( )

69. 新装变压器或检修后变压器投入运行时,其差动保护及重气体保护与其他保护一样,均应立即投入运行。( )

70. 强迫油循环风冷和强迫油循环水冷变压器,当冷却系统发生故障(停油停风或停油停水)时,只允许变压器满负荷运行 20 min。( )

71. 更换电压互感器时,要核对二次电压相位、变压比及计量表计的转向。当变压比改变时,应改变计量表计的倍率及继电保护定值。( )

72. 35 kV 变压器有载调压操作可能引起轻瓦斯保护动作。( )

73. 并联电容器的运行电压超过其额定电压 1.1 倍时,或室内温度超过 40℃时,都应将电容器停止运行。( )

74. 电缆终端头的接地线应采用绝缘线,自上而下穿过零序电流互感器再接地。( )

75. 运行中发现电压表回零或指示不正常时,应首先检查电压表是否损坏,然后再检查熔断器熔丝是否熔断。( )

76. 硅整流器和电容储能装置的交流电源应有两路,每星期应对硅整流的电源互投装置进行一次传动试验,每班应对电容储能装置作放电试验一次。在遇有停电时,还应用电容储能装置对断路器进行跳闸传动试验。( )

77. 带有整流元件的回路,不能用绝缘电阻表摇测绝缘电阻,如欲测量绝缘电阻,应将整流元件焊开。( )

78. 对于电缆,原则上不允许过负荷,即使在处理事故时出现过负荷,也应迅速恢复其正常电流。( )

79. 并联电容器故障跳闸后,值班人员应检查电容器有无外部放电闪络、鼓肚、漏油、过热等现象。如外部没有明显故障,可停用半小时左右,再试送电一次。如试送不良,则应通过试验检查确定故障点。( )

80. 运行中电流表发热冒烟,应短路电流端子,甩开故障仪表,再准备更换仪表。( )

81. 运行中出现异常或事故时,值班人员应首先复归信号继电器,再检查记录仪表、保护动作情况。(　　)

82. 在安装电缆终端头和接头时,由于剥除了每相绝缘外所包的半导电屏蔽层,改变了原有电场分布,从而产生了对绝缘极为不利的切向电场,为此必须在电缆附件中采取改善电场分布的措施。(　　)

83. 在中低压交联电缆附件的安装中,必须考虑采用具有金属外壳的防潮密封结构。(　　)

84. 为改善电缆半导电层切断处绝缘表面的电位分布,所得用的应力控制层材料的体积电阻率越高越好。(　　)

85. 预制型电缆终端头和中间接头的主要特点是集电缆终端头或中间接头的内、外绝缘和屏蔽,改善电场分布的应力锥和密封为一体预先制成,从而简化了安装工艺。(　　)

86. 电缆终端头除内绝缘外,还应有良好的外绝缘。用于户外,尤其是用有机材料作外绝缘时,要考虑大气老化对绝缘性能的影响,应保证在恶劣气候条件下安全运行。为此,带电导体外露部分相间及对地要有足够的距离。(　　)

87. 绕包型接头所用带材主要有天然橡胶自粘带、丁基橡胶自粘带、乙丙橡胶自粘带、硅橡胶自粘带等。(　　)

88. 纸绝缘电缆在安装之前应严格地校验潮气,不得在雨天、雾天、大风天进行电缆头的安装。(　　)

89. 纸绝缘电缆包缠油浸绝缘带时,应一边包一边涂电缆油,以排除层间的气隙。(　　)

90. 对交联电缆剥除半导电层后,清洁主绝缘时,用不掉毛的浸有清洁剂的细布或纸擦绝缘表面的污物和导电物质,擦拭时只允许从半导电层向绝缘层单方向擦。(　　)

91. 制作交联电缆热塑型终端头时,在剥除电缆外护套、钢带、内护套及填料后,用三叉手套热缩在三芯电缆根部,其目的是将三芯电缆变成三个单芯电缆来安装。(　　)

92. 高压电动机为保护相间短路,可设置电流速断保护,其动作电流的整定,应按躲过最大负荷电流不计算。(　　)

93. 工厂计算机监控系统的上位机(主机)与下位(前沿)机的通信联系可以通过 RS232 串行口联系。(　　)

94. 工厂计算机监控系统采集的数据包括模拟量、开关量和脉冲量。其中模拟量(如电压、电流等)必须经过辅助变换器及滤波后,再经过模数转换器(A/D)才能进入计算机。(　　)

95. 用高级语言编写的程序执行速度慢,往往不能满足实时控制的要求,所以处于前沿的计算机系统的应用软件,一般用汇编语言编写。(　　)

96. 在晶闸管可控整流电路中,导通角越大,则输出电压的平均值就越大。(　　)

97. 晶闸管整流装置触发系统性能的调整,如:定相、调零、调节幅值、开环、闭环、脉冲性锁、载流保护等,可根据调试仪器使用情况任意进行。(　　)

98. 在小接地电流系统正常运行时,电压互感器二次侧辅助绕组的开口三角处有 100 V 电压。(　　)

99. 电流互感器的一、二次线圈同名端是按减极性表示的。(　　)

100. 所谓接线系数是指继电器中电流与电流互感器一次电流之比。(　　)

101. 35 kV 线路装设的过流保护是线路的主保护或后备保护。（　　）

102. 速断保护的主要缺点是受系统运行方式变化的影响较大。（　　）

103. 无时限电流速断保护的保护范围是线路的 70%。（　　）

104. 断路器跳闸时间加上保护装置的动作时间，就是切除故障的时间。（　　）

105. 变压器的过负荷保护动作接于跳闸。（　　）

106. 三绕组变压器低压侧的过流保护动作后，不仅跳开本侧断路器，还跳开中压侧断路器。（　　）

107. 变压器的零序保护是线路的后备保护。（　　）

108. 一般在小接地电流系统发生单相接地故障时，保护装置动作，断路器跳闸。（　　）

109. 变压器瓦斯保护和差动保护的作用及保护范围是相同的。（　　）

110. 变压器的纵联差动保护，由变压器两侧的电流互感器及电流继电器等构成。（　　）

111. 变压器差动保护反映该保护范围内变压器的内、外部故障。（　　）

112. 运行的变压器轻瓦斯动作，收集到的为黄色不易燃的气体，可判断变压器为木质故障。（　　）

113. 中性点不接地系统的配电变压器保护电流一般采用三相完全星形接线，以提高灵敏度。（　　）

114. 中性点不接地系统的变压器套管发生单相接地属于变压器故障，应将电源迅速断开。（　　）

115. 激磁时浪涌电流对变压器有很大的危险，因为这个冲击电流很大，可能达到变压器额定电流的 6～8 倍。（　　）

116. 误碰保护使断路器跳闸后，自动重合闸不动作。（　　）

117. 普通重合闸的复归时间取决于重合闸电容的充电时间。（　　）

118. 对电力系统的稳定性干扰最严重的是发生三相短路故障。（　　）

119. 在配电系统短路故障中，两相接地占的比例最大。（　　）

120. 电力系统发生短路故障时，系统网络的总阻抗会突然增加。（　　）

121. 电力系统在很小的干扰下能独立恢复它的初始状态的能力，称为静态稳定。（　　）

122. 电力系统发生故障时，系统频率会降低，电流电压的相位角也会增大。（　　）

123. 接于中性点接地系统的变压器，在进行冲击合闸检查时，其中性点必须接地。（　　）

124. 变压器的纵联差动保护，由变压器两侧的电流互感器及电流继电器等构成。（　　）

125. 当架空线路发生相间短路时，会产生零序电流和零序电压。（　　）

126. 额定电压 6 kV 聚氯乙烯绝缘电缆的长期允许工作温度是 65℃。（　　）

127. 电压互感器的额定容量 S_{2n} 是指相当于最高准确级的容量。（　　）

128. 电视、示波器等电子显示设备的基本波形为矩形波和锯齿波。（　　）

129. 晶闸管逆变器是一种将直流电能转变成交流电能的装置。（　　）

130. 母线与电抗器端子的连接，当其额定电流为 1 500 A 及以上时，应采用磁性金属材料制成的螺栓。（　　）

131. 引进盘、柜内用于晶体管保护、控制等逻辑回路的控制电缆。当采用屏蔽电缆时，其屏蔽层应予以接地，如不采用屏蔽电缆时，则其备用芯应有一根接地。（　　）

132. 整流装置进行空载和轻载试验，应在主回路和二次回路系统调试和整定前进行。（　　）

133. 所谓电力系统的稳定性是指系统无故障时间的长短。（　　）

134. 用有载调压变压器的调压装置调整电压时，对系统来说补偿不了无功不足的情况。（　　）

135. 某个负载的复数阻抗的幅角就是这个负载的功率因数角，也就是负载电压与电流的相位差。（　　）

136. 电容器的放电回路必须装熔丝。（　　）

137. 用作观察和记录的冲击波放电瞬间变化的脉冲现象的仪器是高压示波器。（　　）

138. 阀型避雷器装在变配电所母线上的接地装置的接地电阻 $R \leqslant 10\ \Omega$。（　　）

139. 与 100 kVA 的以上变压器连接的接地装置的接地电阻 $R \leqslant 10\ \Omega$。（　　）

140. 整流柜内设超温跳闸，采用两套温控装置，一套给表头，一套给可变程序控制器，可变程序控制器负责跳闸开出。PT100 探头随温度变化内阻增加，所以回路开路时会误报警，因此回路中端子排接点必须紧固好，以防误跳闸。（　　）

141. 整流柜主回路绝缘摇测时，要短封硅元件以防击穿。（　　）

142. 整流柜交流回路中设有操作过电压阻容保护，在摇测绝缘时，必须解开连接电缆。（　　）

143. 整流柜设备应安装在通风干燥，没有腐蚀性气体远离热源的场所。（　　）

144. 整流柜设备在正常情况下，每月应维护一次，经常清除机内灰尘，每半年检修一次。（　　）

145. 直流屏工作时，当控制负荷或动力负荷需较大的冲击电流（如断路器的分、合闸）时，由充电单元和蓄电池共同提供直流电源。（　　）

146. 当变电所交流中断时，直流屏的蓄电池组单独提供直流电源供负荷使用。（　　）

147. 直流屏高频开关电源模块将 50 Hz 交流电源经整流滤波成为直流电源，逆变部分将直流逆变为高频交流（20～300 kHz），通过变压器隔离，高频经整流和滤波后输出（直流电）。（　　）

148. 直流屏高频开关电源模块故障现象有系统报警：模块故障光字灯亮，音响（电铃或蜂鸣器）报警；模块面板上的故障指示灯闪烁，显示屏上无电压、电流显示等。（　　）

149. 直流屏计算机监控器故障现象有系统报警、音响报警、监控故障光字灯亮等。（　　）

150. 交流屏都设置了双电源，用户可以自行设置手动及自动双电源切换回路。（　　）

151. 直流屏电池组是直流系统中不可或缺的重要组成部分，智能高频开关直流系统应具有先进的电池管理功能，如监控电池的充电电压、充放电电流、环境温度补偿、维护性定期均充等。（　　）

152. 变压器保护中过电流保护具有时延，不能满足快速切除故障的要求，属于后备保护。（　　）

153. 电力线路的电流速断保护只能保护线路全长的一部分，因此不是主保护。（　　）

154. 10 kV 电力线路的继电保护主要采用过电流保护和电流速断保护两种。（　　）

155. 在电力线路的电流速断保护死区内发生故障，任何保护均不会反应。（　　）

156. GL 型继电器包括电磁元件和感应元件两部分。电磁元件构成带时限过电流保护，感应元件构成电流速断保护。（　　）

157. 感应型过电流继电器需配以时间继电器和中间继电器才可构成过电流保护。（　　）

158. 过电流继电器的动作电流除以返回电流称为返回系数。（　　）

159. 过电流继电器的返回电流总是小于动作电流，因此返回系数总是小于1。（　　）

160. 对于环网线路中，通常都设置电流方向保护。（　　）

161. 自动重合闸装置可以弥补继电保护选择性的不足。（　　）

162. 二次回路的编号，根据等电位的原则进行。（　　）

163. 原理接线图仅表示二次回路的动作原理。（　　）

164. 直流回路编号从正电源出发，以偶数序号开始编号。（　　）

165. 继电保护应具有选择性、快速性、灵敏性、可靠性，以保证正确无误而又迅速地切断故障。（　　）

166. 高压电动机常用的电流保护有电流速断保护、过负荷保护。（　　）

167. 中小容量的高压电容器组普遍采用电流速断、延时电流速断作为相间短路保护。（　　）

168. 当发生电流速断保护动作跳闸时，电力变压器、电力电容器、电力电缆不允许合闸试送电。（　　）

169. 电阻耗能型的再生制动能量吸收装置的主要缺点是只能将电能转换为热能排掉，造成能源浪费，而且电阻散热会导致环境温度升高，因此需要相应的通风装置，即增加了相应的电能消耗。（　　）

170. 电容储能型的地铁再生制动能量吸收装置是将制动能量吸收到大容量电容器组中，当供电区间有列车需要取流时将所储存的电能释放出去，其主要缺点是要设置体积庞大的电容器组，且电容因频繁处于充放电状态而导致使用寿命减短。（　　）

171. 飞轮储能型的地铁再生制动能量吸收装置的基本原理与电容储能型一样，只是储能元件为飞轮电机，但由于飞轮长时间处于高速旋转状态，且飞轮质量也很大，故摩擦耗能问题严重，飞轮工作寿命减短。（　　）

172. 逆变回馈型地铁再生制动能量吸收装置是将车辆制动时的直流电逆变成工频交流电与车站内低压 AC 380 V 电网并网，将电能消耗在站内电梯、照明、通风等用电设施上，该吸收方案有利于能源的综合利用，实现了节能，但是技术复杂，设备投资很大。（　　）

173. 计算机监控系统的不间断电源通常采用交流和直流双重供电。（　　）

174. 计算机监控系统中的通信管理机是用于变电所与变电所之间进行数据通信，通信方式为光纤以太网及备用的载波通道。同时通信管理机还用于与上级电力调度进行远动通信，具有远程数据功能。（　　）

175. 高压开关柜电气闭锁与电磁闭锁的电源回路，应与保护和信号回路分开，各种闭锁装置均应有专用工具（钥匙）进行解锁。（　　）

176. 高压柜防误操作装置的传动部分应定期进行润滑，保持动作灵活。锁栓部分应无弯曲变形、卡涩、松动现象。计算机防误装置禁止在计算机上装载或运行任何与装置无关的游戏软件和光盘、移动存储器。（　　）

177. 高压柜的五防装置中,常规防误闭锁方式主要有 4 种:机械闭锁,程序锁,电气联锁和电磁锁。( )

178. 六氟化硫断路器在进行日常巡回工作时,要观察运行中的断路器外部有无异常,记录密度继电器表盘的压力值,对极端天气的温度变化导致气压降低应及时进行补气。( )

179. 六氟化硫断路器在充气时,气瓶应斜放,端口低于底部,可以减少瓶中水分进入设备。( )

180. 火灾自动报警设备和消防设施控制设备,用于接收、显示、处理火灾报警信号,控制相关消防设施的专业设备。( )

181. 一般区域型或集中区域兼容型火灾报警控制器常采用壁挂式结构,适合安装在墙壁上,占用空间较小。( )

182. 火灾报警控制器接通电源后,无火灾报警、故障报警、屏蔽、监管报警、自检等发生时所处的状态是正常监视状态。( )

183. 变电站综合自动化系统是将变电站的二次设备利用计算机技术、现代通信技术,通过功能组合和优化设计,对变电站执行自动监视、测量、控制和调整的一种综合性的自动化系统。( )

184. 变电站综合自动化系统的事件顺序记录对远动主站而言,事件顺序记录特指保护跳闸及其相关信息,由于对时的原因,事件顺序记录在站内应用较好,但站间的应用效果很差。( )

185. 让某一频率以上的信号分量通过,而对该频率以下的信号分量大大抑制的电容、电感与电阻等器件的组合装置称为高通滤波装置。( )

186. 在电力系统中,谐波补偿时用高通滤波器滤除某次及其以上的各次谐波。( )

187. 直流开关柜是地铁直流供电系统中重要的一环,目前最常用的是 DC 1 500 V 架空接触网双边供电方式。( )

188. 目前国内的直流开关柜基本上都是引进国外的技术,国内的直流开关柜还处在起步阶段。( )

189. 由两人进行同一项操作,监护操作时,其中一人对设备较为熟悉者作监护。特别重要和复杂的倒闸操作,由熟练的运行人员操作,运行值班负责人监护。( )

五、简 答 题

1. 简述供电系统中高次谐波的来源。

2. 抑制电力网中的高次谐波的重要措施有哪些?

3. 重合闸重合于永久性故障上对电力系统有什么不利影响?

4. 能耗吸收装置的功能是什么?

5. 能耗吸收装置在什么情况下不得投入工作?

6. 正常巡视检查绝缘子的项目有哪些?

7. 为什么要用快速熔断器作晶闸管的过流保护?

8. 10 kV 变配电所常用哪些继电保护?过电流保护动作电流是按什么原则进行整定的?

9. 气体继电器安装在变压器的什么位置?联通管对变压器油箱顶盖有什么要求?对变压器的倾斜度安装有什么要求?

10. 简述六氟化硫气体监测装置系统组成。

11. 简述供电系统短路的主要原因。

12. 在控制柜、屏上装接二次线路时,对于可动部位(门上电器、控制台、板等)上的接线应怎样装接?

13. 密封镉镍蓄电池组在使用中有什么要求?

14. 常见变配电所断路器控制操动机构有几种? 操作电源有几种?

15. 镉镍密封蓄电池长期搁置后,使用前应怎样活化?

16. 高压油断路器发现有什么情况应停电进行检查处理?

17. 试述变压器并列运行的条件。

18. 对电缆附件的基本要求有哪些?

19. 高压电动机都设有哪些继电保护,使用何种继电器?

20. 评定断路器性能的主要技术指标有哪些?

21. 运用电压互感器应注意哪些问题?

22. 计算机继电保护的特点有哪些?

23. 变配电所应具备哪些规程和制度?

24. 电力变压器的电能节约应从哪两方面考虑?

25. 工厂计算机监控系统要完成的具体工作任务是什么?

26. 工厂监控系统计算机(主机)由几个部分组成?

27. 什么叫"相对标号法"?

28. 简述铁路电力负荷等级内容。

29. 简述调试三相可控整流电路的步骤。

30. 架空线路的工程验收应按几个程序进行? 验收检查合格后,要进行哪些电气试验?

31. 简述自动重合闸装置的作用。

32. 表征电网经济运行的基础数据有哪些?

33. 什么是计算负荷?

34. 高压油断路器大修后的试验和运行中的预防性试验有哪些项目?

35. 如何使直流电动机反转?

36. 装有纵差保护的变压器是否可取消瓦斯保护?

37. 高压电气设备上的缺陷分几类,如何划分?

38. 变配电所的设备技术资料管理有哪些规定?

39. 在带电的电压互感器二次回路上工作时,应注意的安全事项是什么?

40. 简述场效应管的导电原理。

41. 什么是计算机的系统软件?

42. 油断路器安装调整时,与产品的技术规定相对照,应检查哪些部位?

43. 什么是远动装置?

44. 计算机中的接口电路有哪些功能?

45. 计算机的字长取决于哪些因素? 这些因素对计算机的性能有什么影响?

46. 用电设备功率因数降低后将带来哪些不良后果?

47. 简述负荷开关的维修要领。

48. 变电设备检修的一般分类有哪些？

49. 交流回路断线影响的保护主要有哪些？

50. 大修工程的竣工验收要求有哪些？

51. 对继电保护和安全自动装置电源进行操作的要点是什么？

52. 二次回路异常时如何处理？

53. 电容器组切除后,为什么必须 3 min 后才允许再次合闸？

54. 六氟化硫配电装置室及六氟化硫气体试验室通风有何要求？

55. 工作票签发人的安全责任有哪些？

56. 工作许可人的安全责任有哪些？

57. 工作专责监护人的安全责任有哪些？

58. 继电保护装置的检验可分为哪几种？

59. 新安装继电保护装置投入运行的要求是什么？

60. 充电装置异常时如何处理？

61. 直流母线电压过高或过低时如何处理？

62. 需填写二次工作安全措施的情况有哪些？

63. 二次回路查找故障的一般步骤是什么？

64. 变压器重瓦斯保护在什么情况下必须改投信号？

65. 高压断路器常见的故障有哪些？

66. 断路器合闸失灵的原因有哪些？

67. 对绝缘用具应进行哪些项目的外观检查？

68. 设备缺陷根据其威胁安全程度分为哪三类？

69. 电容补偿装置为什么要接在负荷侧的母线上？

70. 何种故障瓦斯保护动作？

六、综 合 题

1. 某单位高压配电线路的计算电流为 100 A,线路末端的三相短路电流 1 500 A。现采用 GL—15/10 型过流继电器,组成两相电流差接线的相间短路保护,电流互感器变流比为 200/5,试计算整定继电器的动作电流。

2. 有 2 个电容器,其中 $C_1 = 10\ \mu F$,额定工作电压为 16 V,$C_2 = 20\ \mu F$,额定工作电压为 25 V,若将两个电容器串联起来,则等效电容是多少？其两端能加的最大电压是多少？

3. 某厂 10 kV 变电所有两台 500 kVA 变压器并列运行,计量用电流互感器的变流比为 75/5,有功电能表常数为 1 800 r/(kW·h),在负荷高峰时间测电能表 2 转需 10 s,问高峰负荷是多少？若该厂平均功率因数为 0.8,则高峰负荷占变压器额定容量的百分比是多少？（写推算步骤）

4. 如何使触电者迅速脱离电源？

5. 如何检查变压器故障？

6. 试述编制变配电所运行方式的意义。

7. 隔离开关常见故障有哪些？怎样排除？

8. 6～10 kV 变配电所的位置有哪些要求？

9. 1 250 kVA 及以下电力变压器、消弧线圈,在进行交接时,试验项目有哪些?

10. 试述真空断路器的工作原理。

11. 为什么在选择高压电气开关时,要进行热态稳定校验?

12. 停电作业安全技术措施包括哪些内容?

13. 制定变配电所运行方式主要考虑的原则是什么?

14. 电力系统保护装置的重要性有哪些? 简述保护装置的种类。

15. 规格为 220 V、5 A 的晶闸管器件,应采用多大电阻器和电容器来作为阻容吸收保护装置?

16. 有一台三相降压变压器,额定容量为 2 000 kVA,变压比为 35 kV/10 kV,若该变压器过电流保护采用两相不完全星形接线,试选用 35 kV 侧电流互感器变压比,并根据所选变压比计算 35 kV 侧过电流保护的二次动作电流。(计算公式中:可靠系数 $K_k = 1.2$,继电器返回系数 $K_f = 0.85$)

17. 在同一供电系统中,为什么不允许有些电气设备采用保护接地,而另一些电气设备采用保护接零?

18. 使用兆欧表应注意哪些安全事项?

19. 某变电所的接地网,接地体全长 $L = 1 500$ m,已知流经接地装置的最大单相短路电流 $I = 1 200$ A,变电所内平均土壤电阻率为 $\rho = 300$ Ω·m,流入接地装置的电流不均匀修正系数 $K_i = 1.25$,系数 $K_m = 1$ 和 $K_s = 0.2$,求接地网的最大接触电压。

20. 试述直流屏蓄电池组的种类和作用。

21. 一台三相变压器,额定容量为 100 kVA,副绕组额定线电压 400 V 向三角形接线的负载供电。负载每相等效电阻为 3 Ω,等效电抗为 2 Ω,问此变压器能否担负上述负载?

22. 保护装置投运前的准备工作有哪些?

23. 如何编制变配电设备检修计划?

24. 继电保护装置的绝缘性能检验一般有哪些内容?

25. 金属封闭式开关设备的"五防"指的是什么?

26. 阀型避雷器在运行中突然爆炸可能是什么原因造成的?

27. 直流屏为什么被称为变电站的"心脏"?

28. 直流柜的计算机综合保护测控单元除了满足直流柜实现保护、监视、控制、测量、通信等功能外,还应满足什么要求?

29. 企业实施全面生产维护的宗旨和目标是什么?

30. 什么是变电站综合自动化系统? 其特点是什么?

31. 电气试验流程包括哪些内容?

32. 什么叫事故处理? 事故处理常用的操作种类有哪些?

33. 继电保护、仪表二次线路发现异常与事故时应怎样处理?

34. 试述直流装置的运行规定及直流系统的事故处理。

35. 试述班组管理的形式。

变配电室值班电工(高级工)答案

一、填 空 题

1. 带负荷	2. 调度所	3. 信息传递	4. 无功补偿
5. 被控制端	6. 5	7. 自动	8. 速断
9. 手动	10. 手摇	11. 灭火	12. 生命安全
13. 变电所	14. 电力网	15. 配电网	16. 电压
17. 频率	18. 安全	19. 最高	20. 超过
21. 内部过电压	22. 雷击	23. 绝缘	24. 阀式
25. 功率因数	26. 进行人工补偿	27. 无功功率	28. 设备
29. 谐波源	30. 电压波动	31. 1	32. IT
33. 该接地点	34. 由上至下	35. 接地保护线	36. 热辐射
37. 小接地电流	38. 主机	39. 功率	40. 0.5~0.7
41. 稳定	42. 运算器	43. 不变	44. 跳闸
45. 位置信号	46. 120°	47. 1/2	48. 10
49. 移相	50. 小电流	51. 加装换向磁极	52. 50
53. 0.7	54. 软机械	55. 2	56. 改变电枢电压
57. 平滑系数	58. 负载大小	59. 一次侧	60. 1.5
61. 电流回路断开	62. 负荷小	63. 零序	64. 电源
65. 保护装置	66. 三相 Y	67. 保护	68. 直流电源
69. 最大负荷电流	70. 阶梯形	71. 动作时间	72. 短路
73. 继电保护	74. 中性点	75. 运行	76. 跳闸
77. 氢	78. 向量和	79. 差动	80. 跳闸
81. 开关	82. 断路器	83. 自动复位	84. 不加速保护
85. 执行	86. 电抗	87. 并联	88. 辅助时间
89. 工作间断	90. 安全接地	91. 断开	92. 电气联系
93. 电阻	94. 线电流	95. 铁芯或副边绕组	96. 铝芯塑料线
97. 满载启动	98. 主	99. 14	100. 保护接零
101. 变压器	102. 稳压电路	103. 反向	104. 机械强度
105. 大	106. 过电流保护	107. 形状和尺寸	108. 泄漏电阻
109. 严防绝缘受潮	110. 交接验收	111. 减小	112. 电流截止负
113. 工业控制	114. 计算法	115. 遥调	116. 正确选用电刷
117. 中央处理 CPU	118. 稳定性能较好	119. 电动机运转	120. 测定泄漏电流
121. 消耗功率要小	122. 偏差	123. 启动的可靠性	124. 有源逆变

125. 反馈电压　　126. 信号不失真　　127. 红外线　　128. 无直接关系

129. 离子式　　130. 吊耳导向　　131. 差电流连接　　132. 解列

133. 电容三点式　　134. LC 振荡器　　135. 行程　　136. 电流

137. 执行　　138. 改变磁极对数　　139. 复励　　140. 短路损耗

141. 5　　142. 0.5　　143. 允许电压损失　　144. 4

145. 拉线　　146. 瓷横担绝缘子　　147. 零序电流　　148. 温度信号

149. 最佳经济效益　　150. 快速试验　　151. 有色金属消耗　　152. 不稳定击穿

153. 15　　154. 矩形波　　155. 充电电容　　156. 交流电能

157. 逆电枢旋转方向　　158. 额定值　　159. 饱和　　160. 0.45

161. 集肤效应　　162. 二级负荷　　163. 串联　　164. 阻抗

165. 间接测量法　　166. 阀型　　167. 无功　　168. 额定电压

169. 10　　170. 有功功率　　171. $R \leqslant 10$　　172. 保护接零

173. 6 个月　　174. 开口三角形　　175. 外部接线正确　　176. 绝缘靴

177. 安全工作命令记录簿　　178. 接地线　　179. ± 10

180. ± 10　　181. 保护性接地　　182. 人身　　183. 工作

184. 工作　　185. 手动　　186. 手动　　187. 合闸

188. 接地端　　189. 70

二、单项选择题

1. C	2. B	3. B	4. A	5. D	6. A	7. A	8. B	9. B
10. A	11. C	12. D	13. B	14. A	15. C	16. D	17. A	18. A
19. B	20. C	21. D	22. D	23. B	24. A	25. B	26. A	27. A
28. D	29. D	30. C	31. D	32. D	33. D	34. B	35. B	36. D
37. A	38. D	39. D	40. C	41. B	42. C	43. A	44. B	45. A
46. B	47. A	48. A	49. B	50. C	51. A	52. B	53. C	54. B
55. C	56. C	57. D	58. B	59. A	60. A	61. A	62. C	63. D
64. C	65. B	66. D	67. C	68. B	69. C	70. D	71. A	72. C
73. D	74. C	75. A	76. B	77. A	78. C	79. D	80. A	81. B
82. C	83. B	84. B	85. B	86. B	87. D	88. A	89. D	90. D
91. B	92. D	93. D	94. D	95. D	96. C	97. D	98. A	99. B
100. C	101. C	102. A	103. D	104. A	105. B	106. B	107. B	108. B
109. C	110. C	111. A	112. B	113. D	114. A	115. B	116. A	117. C
118. B	119. C	120. D	121. D	122. B	123. B	124. D	125. A	126. C
127. B	128. B	129. B	130. A	131. C	132. D	133. C	134. A	135. C
136. B	137. C	138. A	139. B	140. A	141. B	142. B	143. D	144. D
145. C	146. A	147. C	148. D	149. B	150. C	151. C	152. C	153. C
154. C	155. C	156. B	157. B	158. B	159. C	160. B	161. A	162. A
163. B	164. A	165. A	166. B	167. B	168. B	169. B	170. B	171. C
172. B	173. B	174. A	175. D	176. C	177. C	178. C	179. C	180. B

181. D　　182. C　　183. A　　184. B　　185. C　　186. A　　187. D　　188. D　　189. C

三、多项选择题

1. AD	2. BC	3. AC	4. ABD	5. ABCD	6. BC
7. ABC	8. ABC	9. ABC	10. ABCD	11. AD	12. BC
13. AB	14. ABCD	15. AB	16. BD	17. BD	18. BC
19. AB	20. ABC	21. BDE	22. ABCD	23. BD	24. AB
25. BC	26. AC	27. BD	28. AC	29. ABCD	30. ABCD
31. ABCD	32. BD	33. AD	34. ABC	35. AB	36. AC
37. BCD	38. AB	39. ABCD	40. AC	41. ABCD	42. AB
43. ABCD	44. BC	45. ABCDE	46. ABC	47. AB	48. BD
49. ABCDEF	50. AB	51. AB	52. AB	53. ABC	54. ABCD
55. ABCDEF	56. ABCDEF	57. BCD	58. ACD	59. ABCD	60. ABCD
61. CD	62. ACD	63. BC	64. ABCD	65. ABC	66. ABCD
67. ABCD	68. ABCDEF	69. ABCD	70. BCD	71. BCD	72. AB
73. ABCD	74. ABCD	75. ABCD	76. AB	77. BCD	78. CD
79. AB	80. AB	81. CD	82. AC	83. AB	84. ABCDE
85. AC	86. AD	87. ABCD	88. AC	89. AB	90. BC
91. AB	92. ABC	93. CD	94. AB	95. ABCD	96. BCD
97. AB	98. AC	99. CD	100. ABCDEF	101. ABCD	102. ABD
103. AB	104. ABC	105. ABCD	106. AC	107. AB	108. AB
109. ABCDE	110. ABCD	111. ABC	112. ABCD	113. ABCD	114. BCD
115. CD	116. AB	117. ABCD	118. AB	119. ABCDE	120. ABCD
121. ABCD	122. ABCDE	123. ABC	124. ABCDE	125. ABCD	126. AC
127. ABCDE	128. ABCDEF	129. ABCDEF	130. ABCD	131. AB	132. ABCD
133. ABC	134. AC	135. BCD	136. ABC	137. ABC	138. AB
139. ABCDEF	140. ABCDE	141. ABCDEF	142. ABCD	143. ABC	144. ABCD
145. ABCDEF	146. ABCD	147. ABCD	148. AB	149. ABCD	150. ABCD
151. AB	152. ABC	153. ABCD	154. ABCD	155. AB	156. ABC
157. AB	158. AB	159. ABCD	160. ABCD	161. ABCD	162. ABCD
163. ABCDE	164. ABC	165. ABC	166. ABCD	167. AB	168. ABCDE
169. ABC	170. ABC	171. AB	172. AB	173. ABCD	174. ABCDE
175. ABCDE	176. ABCD	177. AB	178. ABCD	179. AB	180. AB
181. ABCD	182. ABCDEF	183. ABCD			

四、判 断 题

1. ×	2. √	3. √	4. √	5. √	6. √	7. ×	8. √	9. ×
10. √	11. √	12. √	13. ×	14. ×	15. √	16. √	17. ×	18. √
19. ×	20. √	21. ×	22. √	23. ×	24. ×	25. √	26. √	27. ×

28.×	29.√	30.×	31.√	32.√	33.×	34.√	35.√	36.√
37.×	38.×	39.√	40.×	41.√	42.×	43.√	44.√	45.√
46.√	47.×	48.√	49.√	50.√	51.√	52.×	53.√	54.√
55.√	56.×	57.√	58.√	59.√	60.×	61.√	62.√	63.√
64.√	65.×	66.√	67.×	68.×	69.√	70.√	71.√	72.√
73.√	74.√	75.√	76.√	77.√	78.√	79.√	80.√	81.×
82.√	83.×	84.√	85.√	86.√	87.√	88.√	89.√	90.×
91.√	92.×	93.√	94.√	95.√	96.√	97.×	98.×	99.√
100.×	101.√	102.√	103.×	104.√	105.×	106.√	107.√	108.×
109.√	110.√	111.√	112.√	113.√	114.√	115.√	116.√	117.√
118.√	119.√	120.√	121.√	122.√	123.√	124.√	125.√	126.√
127.√	128.√	129.√	130.√	131.√	132.√	133.√	134.√	135.√
136.×	137.√	138.√	139.√	140.√	141.√	142.√	143.√	144.√
145.√	146.√	147.√	148.√	149.√	150.√	151.√	152.√	153.×
154.√	155.√	156.√	157.√	158.√	159.√	160.√	161.√	162.√
163.×	164.×	165.√	166.√	167.√	168.√	169.√	170.√	171.√
172.√	173.√	174.√	175.√	176.√	177.√	178.√	179.√	180.√
181.√	182.√	183.√	184.√	185.√	186.√	187.√	188.√	189.√

五、简 答 题

1. 答：整流设备(1分)，电弧炉(1分)，电力变压器(1分)，气体放电光源(1分)。除上述谐波源外，电炉、感应加热设备、旋转电机、部分家用电器、有磁饱和现象的用电设备以及使用电力电子装置的用电设备，也都产生谐波(1分)。

2. 答：(1)采用多相整流的整流装置(1分)。(2)限制系统中接入的整流装置最大功率(1分)。(3)在整流装置高压侧加 LC 谐振回路，使整流器产生的高次谐波电流大部分流入谐振回路(2分)。(4)采用电力电子技术实现有源滤波(1分)。

3. 答：(1)使电力系统又一次受到故障的冲击(2分)。(2)使断路器的工作条件变得更加严重，因为在很短时间内，断路器要连续两次切断电弧(3分)。

4. 答：能量吸收装置在车辆再生制动时(1分)，其能量不能被其他用电设备和车辆消耗时(1分)，通过线网由能量吸收装置消耗该部分能量(1分)，根据吸收功率的大小自动调节导通比(1分)，维持线网电压恒定(1分)。

5. 答：在车辆处于启动(1分)、加速(1分)、惰行(1分)、停站(1分)或线网无车辆运行(1分)时，不得投入使用。

6. 答：(1)正常巡视检查绝缘子的完整及清洁情况(2分)。(2)特殊天气巡视检查：阴雨、大雾、大雪天气，瓷质部位有无严重的电晕和放电现象(1分)；雷雨后，瓷质部位有无破裂和闪络的痕迹(1分)；冰雹后，瓷质部位有无破损(1分)。

7. 答：因为晶闸管耐过热能力较小(2分)，同样的过流倍数，快速熔断器可以在晶闸管损坏之前先熔断(1分)，而普通熔断器熔断时间较长(1分)，起不了保护作用(1分)。

8. 答：10 kV 变配电所常用的继电保护有：定时限或反时限过电流保护(1分)；电流速断

保护(1分);低电压保护(1分);变压器的气体继电器保护(1分)。

过电流保护的动作电流按照躲过被保护设备(包括线路)的最大工作电流来整定(1分)。

9. 答:气体继电器安装在变压器油箱与储油柜之间的联通管上(2分)。变压器在出厂时,联通管对变压器油箱顶盖有2%~4%的倾斜度(1分)。变压器安装时应使其顶盖沿储油柜方向有1%~1.5%的升高坡度(1分),以保油箱内产生的气体能够畅通通过气体继电器排往储油柜(1分)。

10. 答:六氟化硫气体监测装置主要由四部分组成:采集器(1分)、系统主机(1分)、外围设备(1分)和监控系统(2分)。

11. 答:供电系统短路的原因很多,主要有绝缘的自然老化(1分),设备本身绝缘不合格,绝缘强度不够(1分),维护不周,误操作,较低电压的设备接入较高电压的电路中(1分),供电设备受外力损伤,大气过电压(雷击)气候影响(雨、雪、风、雾等)(1分),鸟兽跨越在裸露的相线之间或相线与接地体之间,或者咬坏设备、导线、电缆的绝缘等(1分)。

12. 答:在控制柜,屏内配置二次线路接线时,用于连接可动部位(门上电器、控制台、板等)的导线,应采用多股软绝缘导线(1分),敷设时应当有余量(1分),线束应有加强绝缘层(如外套塑料管)(1分),与电器连接时,端部应绞紧(1分),不得松散断股,在可动部位两端应用卡子固定(1分)。

13. 答:(1)蓄电池组最好在(20±5)℃的环境温度下,以 4 A 充电 5 h 后,转入 0.1~0.2 A 浮充电并且转入使用(2分)。(2)放电电压下降到 180~190 V 时,应进行充电,充电电流可为 4 A,充电到电压 260 V 之后转入 0.1~0.2 A 浮充电(1分)。(3)严禁蓄电池组过充电或过放电,每只电池放电电压不得低于 1 V,低于 0.5 V 者应予以更换(2分)。

14. 答:断路器操动机构常见的有:电磁操动机构(1分);弹簧操动机构(1分);手柄操动机构(1分)。操作电源有交流、直流两种(2分)。

15. 答:蓄电池长期搁置后,会出现容量不足或不均(1分),这是活性物质发生较大的化学变化所引起的(1分)。可按下列活化使容量恢复:其充、放电时间间隔为 0.5~1 h(1分);此后电池组最好在(20±5)℃的的环境温度下充电(1分),电池组接充电器,以 4 A 充 5 h 后,转入 0.1~0.2 A 浮充电,电压为 216~224 V 即可使用(1分)。

16. 答:发现下列情况之一,应停电检查处理:(1)运行中油温不断升高(1分)。(2)因漏油使油面降低,看不见油面时(0.5分)。(3)油箱内有响声或放电声(1分)。(4)瓷绝缘套管有严重裂纹和放电声(1分)。(5)断路器放油时,发现有较多的炭质或水分(0.5分)。(6)导线接头过热,并有继续上升的趋势(1分)。

17. 答:并列运行条件:(1)电压比相同,允差±0.5%(1.5分)。(2)短路电压值相差<±10%(1分)。(3)接线组别相同(1.5分)。(4)两台变压器的容量比不超过 3∶1(应具体计算后确定)(1分)。

18. 答:对电缆附件的基本要求是:(1)线芯连接好(1分)。(2)绝缘性能好(1分)。(3)密封性能好(1分)。(4)机械性能好(1分)。(5)结构简单,便于安装,具有与当前经济条件相适应的价格(1分)。

19. 答:(1)电流速断保护,可用 GL—15 型继电器的速断部分(1分)。(2)过负荷保护,可用 GL15 型继电器的反时限部分(2分)。(3)重要电动机应有纵差动保护,可用 BCH—2 型差动继电器或 DL—11 型电流继电器(1分)。(4)失压保护可用电压继电器和时间继电器来完成(1分)。

20. 答:主要技术指标有:额定电压、额定电流、额定开断电流(2分)、额定断流容量、极限通过电流(有效值、峰值)、热稳定电流(2分)及分、合闸时间等(1分)。

21. 答:(1)合理选择一、二次熔断器,熔断器应具备消弧、隔弧能力(1分)。

(2)避免超容量、超误差等级运行(1分)。

(3)保证正确的接线及可靠的保护接地(1分)。

(4)电流、电压互感器二次不能混接,在二次线上作业时防止二次线短路(1分)。

(5)防止谐振现象发生(1分)。

22. 答:(1)改善和提高继电保护的动作特性和性能(1分)。

(2)可以方便地扩充其他辅助功能(1分)。

(3)工艺结构条件优越(1分)。

(4)可靠性容易提高(0.5分)。

(5)使用方便(0.5分)。

(6)保护内部动作过程不像模拟式保护那样直观(1分)。

23. 答:(1)变配电所运行规程(1分)。(2)变配电所现场运行规程(1分)。(3)变配电所应至少具备以下八种制度:①值班人员岗位责任制度;②值班人员交接班制度;③倒闸操作票制度;④检修工作票制度;⑤设备缺陷管理制度;⑥巡视检查制度;⑦工具器具管理制度;⑧安全保卫制度(3分)。

24. 答:电力变压器的电能节约:一方面是从选用节能型变压器和合理选择电力变压器的容量来考虑(2分);另一方面从实行电力变压器的经济运行和避免变压器的轻负荷运行考虑(3分)。

25. 答:(1)数据实时采集(1分)。(2)数据处理(0.5分)。(3)打印、制表、显示(1分)。(4)人机对话(0.5分)。(5)无功功率自动调节,自动电压调节(1分)。(6)继电保护、报警(0.5分)。(7)事故处理(0.5分)。

26. 答:主机系统可由一台 Inter586 系统机、键盘(2分)及大屏幕彩色显示器(2分)和一台宽行打印机(1分)组成。

27. 答:"相对标号法"即如果甲、乙两个设备要连接起来,可在甲设备的端子上,标上乙设备的端子编号(3分),在乙设备的端子上,亦标上甲设备的端子标号。这样,两个端子的标号相对应的方法(2分)。

28. 答:(1)中断供电将引起人身伤亡,主要设备损坏,大量减产造成铁路运输秩序混乱的为一级负荷(2分)。

(2)中断供电将引起产品报废,生产过程被打乱,影响铁路运输的为二级负荷(2分)。

(3)不属于一、二级负荷者为三级负荷(1分)。

29. 答:(1)分别调试每相的触发电路(1分)。(2)调试三相触发电路的对称性(1分)。(3)检查并调整三相电源的相序(1分)。(4)检查主要变压器及同步变压器的初、次级绕组极性,并调整使其对应一致(1分)。(5)检查触发电路输出的触发脉冲与所接主电路的晶闸管电压相位是否一致(1分)。

30. 答:架空线路的工程验收应按隐蔽工程验收检查(1分),中间验收检查(1分),竣工验收三个程序的顺序进行(1分)。验收检查合格后要进行线路绝缘测定,线路相位测定和冲击合闸三次三项电气试验(2分)。

31. 答:自动重合闸是一种反事故装置(1分),它主要设置在用户变配电所有架空线路出线的开关上与继电保护装置配合(2分),减少因瞬时性的线路故障造成停电的机会(2分)。

32. 答:表征电网经济运行的基础数据有:日平均负荷(1分),日负荷率(1分),变压器利用率(1分)和设备利用率(2分)。

33. 答:工厂变配电所运行时的实际负荷并不等于所有电气设备的额定负荷之和(2分),因此,在进行工厂变配电所的设计过程中,必须确定一个假定负荷,以便按照此负荷从满足电气设备发热的条件来选择电气设备(3分),我们称它为计算负荷。

34. 答:(1)测量绝缘电阻(1分)。(2)直流泄漏试验(35 kV 及以上的少油断路器才做)(1分)。(3)测量套管介质损失角(1分)。(4)交流耐压试验(1分)。(5)测量触头的接触电阻(0.5分)。(6)绝缘油的试验(0.5分)。

35. 答:方法有两种(1分):(1)保持电枢两端电压极性不变,将励磁绕组反接,使励磁电流方向改变(2分)。(2)保持励磁绕组的电流方向不变,把电枢绕组反接,使通过电枢的电流方向反向(2分)。

36. 答:变压器纵差保护不能代替瓦斯保护(2分),瓦斯保护灵敏、快速,接线简单,可以有效地反映变压器内部故障(1分)。运行经验证明,变压器油箱内的故障大部分是由瓦斯保护动作切除的(1分)。瓦斯保护和差动保护共同构成变压器的主保护(1分)。

37. 答:高压设备上缺陷分三类:(1)危急缺陷,凡不立即处理即随时可能造成事故者(2分);(2)严重缺陷,对人身和设备有严重威胁,但尚能坚持运行者(2分);(3)一般缺陷,对运行影响不大,能坚持长期运行者(1分)。

38. 答:(1)建立设备台账,记录全部设备(包括母线、瓷瓶等)铭牌、技术数据、运行日期(2分)。(2)建立健全设备技术档案,记载设备安装位置、规范、检修记录、试验成绩单、设备定级情况及设备异常运行情况等(3分)。

39. 答:(1)严格防止电压互感器二次侧短路和接地,应使用绝缘工具,戴手套(1分)。(2)根据需要将有关保护停用,防止保护拒动和误动(2分)。(3)接临时负荷应装设专用刀闸和熔断器(2分)。

40. 答:场效应管也是一种由 PN 结组成的半导体器件(1分),它是由电场强弱来改变导电沟道宽窄(1分),在基本不取用信号电流的情况下,控制漏极电流的大小(1分),从而实现信号的放大(1分),所以它是一种电压控制元件(1分)。

41. 答:计算机的系统软件是由计算机的设计者提供的是使用和管理计算机的软件(2分)。它包括:操作系统(1分);各种语言的编译和解释程序(1分);机器的监督管理,故障的检测和诊断程序(1分)。

42. 答:(1)电动合闸后,用样板检查油断路器传动机构中间轴与样板的间隙(2分)。(2)合闸后,传动机构杠杆与止钉间的间隙(1分)。(3)行程、超行程相间(包括同相各断口间)接触的同期性(2分)。

43. 答:远动装置是远距离传送测量(2分)和控制信息(3分)的装置。

44. 答:计算机中的接口电路功能有:

(1)向微处理器反映外围设备的工作情况(1分)。

(2)暂存微处理器给外围设备或外围设备给微处理器的信息(2分)。

（3）记忆微处理器对外围设备的工作指示（2分）。

45. 答：取决于计算机的结构、性能及完成的任务（2分）。字长愈长，代表数值愈大，能表示的数值有效位数也就愈多，计算机的精度也就愈高（3分）。

46. 答：（1）使电力系统内的电气设备容量不能得到充分地利用（1分）。

（2）增加电力网中输电线路上的有功功率损耗和电能损耗（2分）。

（3）功率因数过低，将使线路的电压损失增大，使负荷端的电压下降（2分）。

47. 答：根据分断电流的大小及分合次数来确定负荷开关的检修周期（2分）。工作条件差、操作任务重的易产生静弧触头及喷嘴的烧蚀（1分），烧蚀较重的应予更换（1分），而烧损轻微者可予以修整再用（1分）。

48. 答：变电设备的检修可分为小修（1分）、大修（1分）、临时检修（1分）和事故检修（1分）四类（1分）。

49. 答：交流回路断线时，主要有距离保护，相差高频保护，方向高频保护，高频闭锁保护，母差保护，变压器低阻抗保护，失磁保护，零序保护，电流速断，过流保护，发电机、变压器纵差保护，零序横差保护等（5分）。

50. 答：一般项目可由运行单位有关人员进行验收（2分）；110 kV 及以上主变压器、输电线路、高压断路器等设备的竣工验收由地区电业局生产技术部门进行验收（1分），并在大修报告书或大修质量管理工序卡上作出许可签字（2分）。

51. 答：（1）退出保护装置，拔熔断器时，应先拔"＋"电源，后拔"－"电源，恢复时应先合"－"电源，后合"＋"电源（3分）。（2）线路备用电源自动投入装置在停用时，应先断开直流电源，然后再停交流电源（2分）。

52. 答：（1）熔断器熔断，应尽快更换同规格的熔断器（1分），若再次熔断，即应报告调度查找原因（1分）。（2）端子排连接松动及小母线引线松动（1分），应立即紧固（1分）。（3）指示仪表卡涩、失灵时，应请专业人员处理（1分）。

53. 答：因为电容器组切除后，必须经过 3 min（1分）后才能使电容器极板上的电荷放尽（1分），否则会使电容器因带电荷合闸（1分），而可能造成电容器过电压损坏（2分）。

54. 答：六氟化硫配电装置室及六氟化硫气体试验室（1分），应装设强力通风装置，风口应设置在室内底部（2分），排风口不应朝向居民住宅或行人（2分）。

55. 答：（1）工作必要性和安全性（1分）。（2）工作票上所填安全措施是否正确完备（2分）。（3）所派工作负责人和工作班人员是否适当和充足（2分）。

56. 答：（1）负责审查工作票所列安全措施是否正确完备，是否符合现场条件（1分）。（2）工作现场布置的安全措施是否完善，必要时予以补充（1分）。（3）负责检查检修设备有无突然来电的危险（1分）。（4）对工作票所列内容即使发生很小疑问，也应向工作票签发人询问清楚，必要时应要求作详细补充（2分）。

57. 答：（1）明确被监护人的监护范围（1分）。（2）工作前对被监护人员交待安全措施，告知危险点和安全注意事项（2分）。（3）监督被监护人员遵守《电力安全工作规程》和现场安全措施，及时纠正不安全行为（2分）。

58. 答：（1）新安装装置的验收检验（1分）。（2）定期检验，分为全部检验、部分检验和用装置进行断路器跳合闸试验三种（1分）。（3）补充检验，分为装置履行后的检验，检修和更换一次设备后的检验，运行中发现异常情况后的检验和事故后检验四种（3分）。

59. 答：新安装的继电保护装置必须经过全面的检查试验（2分），只有在各种性能和技术指标均达到要求时，才能在电网中投入运行（3分）。

60. 答：可临时停电处理，在浮充电装置停用期间，可用主充电装置给电池充电（2分）；若仅有浮充电装置时，在浮充电装置停用期间，应尽量减少直流负荷（2分），待充电装置恢复正常后，再根据电池放电情况，尽快进行均衡充电（1分）。

61. 答：(1)过高时，对浮充电方式运行的直流系统，应检查充电装置、单电池电压和接入控制母线的电池个数（2分）。(2)过低时，还应检查各连接部分有无接触不良（2分）。(3)对复式整流和电容贮能的，应检查电源（1分）。

62. 答：(1)在运行设备的二次回路上进行拆、接线工作（2分）。(2)在对检修设备执行隔离措施时，需拆断、短接和恢复同运行设备有联系的二次回路工作（3分）。

63. 答：(1)根据现象分析故障的一般原因（1分）。(2)保持原状，进行外部检查（1分）。(3)根据故障可能性大的、容易出问题的、常出问题的薄弱点，用"缩小范围"的方法逐步查找（1分）。(4)使用正确的方法，查明故障点并排除故障（2分）。

64. 答：运行中加油和滤油（0.5分）；更换净油器和呼吸器硅胶（0.5分）；由运行改为备用（1分）；在瓦斯继电器及二次回路上进行工作（1分）；气温剧降时有可能使油面下降而引起跳闸（1分）；新投运或大修后，变压器内部气体排完之前（1分）。

65. 答：动作失灵故障（1分）；密封失效故障（1分）；绝缘破坏故障（1分）；灭弧故障（1分）；其他故障（1分）。

66. 答：操作不当（1分）；合闸于故障线路，保护后加速动作跳闸（1分）；操作、合闸电源或二次回路发生故障（1分）；开关传动机构或操动机构机械发生故障（2分）。

67. 答：检查安全用具的完整性（1分）；检查安全用具的表面状态（2分）；检查安全用是否安装牢固、可靠（2分）。

68. 答：一类缺陷，对安全运行有严重威胁的缺陷（2分）；二类缺陷，对安全运行有一定威胁的缺陷（1分）；三类缺陷，对安全运行威胁较小的缺陷（2分）。

69. 答：因为接触网的负荷是感性负荷（1分），为了提高功率因数（1分）和滤掉部分高次谐波（1分），减少变电站的损失（1分），提高主变的利用率（1分）。

70. 答：变压器内部的多相短路（1分）；匝间断路；绕组与铁芯或与外壳短路（1分）；铁芯故障（1分）；油面下降或漏油（1分）；分解开关接触不良或导线焊接不牢固（1分）。

六、综 合 题

1. 答：查 GL—15/10 型过电流继电器技术参数得：$K_{re}=0.8$，$K_w=\sqrt{3}$，取 $K_{rel}=1.3$（3分）。

$I_{lmax}=1.5\times I_{30}=1.5\times100$ A（3分）。

继电器的动作电流为：$I_{op}=(1.3\times\sqrt{3})/(0.8\times200/5)\times150$ A$=10.54$ A（4分）。

所以取整定继电器的动作电流为 10 A。

2. 答：(1)串联时等效电容设为 C，即 $1/C=1/C_1+1/C_2$，$C=6.67$ μF（5分）。

(2)电压与容量分配成反比，设总耐压为 U，C_1、C_2 上的电压分别是 U_1、U_2，则 $U_1=C_2\times U/(C_1+C_2)$，$U_2=C_1\times U/(C_1+C_2)$，$U=U_1(C_1+C_2)/C_2=24$ V（5分）。

其两端能加的最大电压是 24 V。

3. 答：(1)电能表转速换算成每小时的转数：3 600/10×2＝720 r/h(3分)。

(2)高峰负荷时的功率 P 的计算：

P＝电压倍率×电流倍率×电表读数/电表常数＝$K_u K_T$×720/1 800＝10 000/100×75/5×720/1 800＝600 kW(3分)。

(3)变电所在负荷($\cos\phi$＝0.8)时的有功容量为 2×500 kVA×0.8＝800 kW。

所以高峰负荷占变压器额定容量的 600/800×100%＝75%(4分)。

4. 答：(1)断开与触电者有关的电源开关(2分)。

(2)用相适应的绝缘物，使触电者脱离电源(2分)。

(3)现场可采用短路法使断路器掉闸或用绝缘棒挑开导线等(3分)。

(4)脱离电源时，应有防止触电者摔伤的措施(3分)。

5. 答：通常可以从以下几方面检查：

(1)外观检查：有无异常声响和气味；温度指示值是否超出规定；油枕油位是否正常，箱外有无渗油；防爆膜是否破裂；高低压引线接头是否因过热而变色；绝缘瓷管是否完整无损(4分)。

(2)对于小型电力变压器应检查熔丝是否符合要求的规格，有无局部损伤或接触不良现象(2分)。

(3)检查继电保护是否按规定的电流和规定的时间发出信号或跳闸(2分)。

(4)检查瓦斯继电器中有无气体产生。如有气体，应从颜色、气味及化学成分等方面分析故障和产生部位(2分)。

6. 答：(1)提高变配电所值班人员交接班效率(2分)。

(2)充分挖掘同一个主接线可能的不同接线方式，提高主接线适应不同环境的能力(2分)。

(3)提高各种运行方式下运行的可靠性，避免运行方式变化时出现新的问题(3分)。

(4)编制运行方式是变配电所供电安全、优质、经济的保证(3分)。

7. 答：运行中的隔离开关，可能出现的故障及排除方法如下：

(1)接触部分过热，过热原因较多，主要是压紧弹簧的弹性减弱或太紧弹簧的螺栓松动所造成的。其次是接触部分的表面氧化，使电阻增加，温度也随之升高，高温又使氧化加剧，循环下去会造成事故。处理时，将过热的隔离开关停电检修(4分)。

(2)瓷瓶损坏：操动隔离开关时用力过猛，或隔离开关与母线连接的较差，造成瓷瓶断裂。瓷瓶损坏后，应立即更换(2分)。

(3)隔离开关分、合不灵活：隔离开关的操动机构或开关本身的转动部分生锈，会引起分、合不灵的故障。在转动部分略加润滑油脂，试动数次，再擦净油脂，即可排除该故障。冬天则考虑冰雪冻结，应采取破冰措施。闸刀与静触头由于严重发热使接触点熔接在一起时，也会造成失灵，此时应停电检修(4分)。

8. 答：其主要要求是：

(1)应尽量靠近负荷中心(1分)。

(2)便于进线和出线，且有宽裕的进出线走廊(2分)。

(3)有运输变压器和其他设备器材的交通通道(2分)。

(4)不妨碍用电单位的扩建发展(1分)。

(5)周围环境要清洁,设在上风头侧,不应设在污染地区,且地势不受水灾威胁(3分)。

(6)远离易爆易燃场所(1分)。

9. 答:(1)测量线圈连同套管一起的直流电阻(1分)。

(2)检查所有分接头的变压比(1分)。

(3)检查三相变压器的接线组别和单相变压器引出的极性(2分)。

(4)测量线圈连同套管一起的交流耐压试验(1分)。

(5)测量穿芯螺栓(可接触到的)、轭铁夹件、绑扎钢带对铁轭、铁芯、油箱及线圈压环的绝缘电阻(3分)。

(6)油箱中绝缘油试验(1分)。

(7)检查相位(1分)。

10. 答:真空断路器的动、静触头是圆盘状触头,置于真空灭弧室内,由于真空中没有气体游离现象,因此电弧能够很快熄灭,但在感性电路中,如果电弧熄灭过快将产生操作过电压,这对供电系统是很不利的,为此要求真空断路器断开时产生电弧,但应在极短时间内在电流第一次经过零点,相对于半个周期熄灭(5分)。在触头刚断开时,在高电场发射和热电发射的作用下产生真空电弧,电弧温度很高使触头表面蒸发,形成离子态的金属蒸汽,电弧继续在金属蒸汽中燃烧,随着触头间隙加大,电弧电流减小,金属蒸汽密度也逐渐减小,当电弧电流第一次经过零点时,由于金属蒸汽迅速扩散凝聚在四周屏蔽罩上,电弧熄灭,触头间隙也除恢复了原有的真空状态,这时虽然动、静触头间有高电压,但间隙不会被击穿(5分)。

11. 答:当高压电气开关的载流部分通过短路电流,特别是冲击电流时,将产生高温和很大的机械作用力(3分)。如果温度升高超过开关的最大允许温度,机械作用力超过开关各部件的强度,将会造成开关的损坏。因此要对高压电气开关在短路时的热效应和作用力进行计算,以验证其热稳定度和动态稳定度,只有开关能承受短路电流或冲击电流引起的高温和机械破坏力,开关才能可靠地运行(7分)。

12. 答:在全部停电作业和邻近带电作业时,必须完成下列安全措施:

(1)停电、验电、接地线、悬挂标示牌及装设防护物(3分)。

(2)停电、验电、接地线工作必须由两人进行(一人操作、一人监护),操作人员应带绝缘手套,穿绝缘鞋,戴防护目镜,用绝缘杆操作(3分)。

(3)人体与带电体之间应保持规定的安全距离(4分)。

13. 答:(1)保证电网的安全经济运行和连续可靠供电(1分)。

(2)潮流分布合理,电气元件不过载(1分)。

(3)便于事故处理,便于限制事故范围,避免扩大事故(1分)。

(4)满足继电保护和自动装置的运行要求(1分)。

(5)短路容量不超过电网内各设备所允许的规定值(1分)。

(6)使电力系统的电能质量符合规定标准(1分)。

(7)保证变配电所用电的可靠性(2分)。

(8)要满足防雷保护(2分)。

14. 答:电力系统保护装置的重要性在于能够有选择地迅速切除故障,保证其他非故障设备的继续运行及防止故障设备的进一步损坏,缩小故障范围,提高供电可靠性(5分)。

电力系统继电保护的种类很多,常用的有过流保护;电流、电压速断保护;线路阻抗保护;差动保护;瓦斯保护;系统接地保护等(5分)。

15. 答:根据经验公式:$R=(2\sim4)U_{fm}/I_D$ 和 $C=(2.5\sim5)\times10^{-3}I_D$(3分)。

得:$R=4\times200/5=160(\Omega)$(取系数4)(3分)。

$C=5\times10^{-3}I_D=5\times10^{-3}\times5=0.25(\mu F)$(取系数5)(4分)。

所以阻容吸收保护装置的电阻为160 Ω,电容为0.25 μF。

16. 答:$I_{N1}=S_N/\sqrt{3}U_N=2\,000/\sqrt{3}\times35=33(A)$,可选用电流互感器变压比为50/5(3分)。

因为二次动作电流 $I_{dzj}=K_KK_{ZX}/[K_f/(I_{N1}/n)]$(3分),其中 n 为互感器变压比;K_K 为可靠系数,取1.2;K_{ZX} 为接线系数,取1;K_f 为返回系数,取0.85。将各数值代入上式得:

$I_{dzj}=1.2\times1/\{0.85/[33/(50/5)]\}=4.66(A)$(4分)。

所以电流互感器变压比可选50/5,二次动作电流为4.66 A。

17. 答:如果在同一供电系统中,混合使用保护接地和保护接零(2分),则当采用保护接地的电气设备发生绝缘击穿故障时,接地电流因为受到保护接地装置的接地电阻的限制(2分),使短路电流不可能很大(2分),因而保护开关不能动作,这样接地电流通过变压器工作接地时,使变压器的中性点电位上升,因而使其他所有采用保护接零的电气设备外壳均带电,这是很危险的,必须严格禁止(4分)。

18. 答:(1)不论高压还是低压设备,使用兆欧表时均须停电,且要保证无突然来电的可能(2分)。

(2)测量双回路高压线路中的某一回路时,双回路均必须停电,否则不准用兆欧表进行测量(2分)。

(3)测量电缆或架空线路绝缘电阻以前,必须先行放电,如遇雷雨天气,应停止工作。测量时应保证无人在被测设备或线路上工作方可使用兆欧表(3分)。

(4)测量人员和兆欧表所站位置必须适宜,测量用的导线应使用绝缘导线(3分)。

19. 答:最大接触电压 $U_i=K_mK_i\rho I/L=1\times1.25\times300\times1\,200/1\,500=300(V)$(8分)。

所以变电所接地网的最大接触电压为300 V(2分)。

20. 答:电力系统常用蓄电池的种类:镉镍电池,防酸隔爆铅酸蓄电池,阀控式密封铅酸蓄电池(5分)。

作用:根据不同电压等级要求,蓄电池组由若干个单体电池串联组成,是直流系统重要的组成部分。正常运行时,充电单元对蓄电池进行浮充电,并定期均充。当交流失电情况下,直流电源由蓄电池组提供(5分)。

21. 答:负载每相阻抗为:$Z=\sqrt{R^2+X_L^2}=\sqrt{3^2+2^2}=3.6(\Omega)$(3分)。

每相的电流为:$I_\phi=U_\phi/Z=400/3.6=111(A)$(2分)。

由相、线之间的关系,求出线电流:$I_\lambda=\sqrt{3}I_\phi=\sqrt{3}\times111=192(A)$(2分)。

由变压器额定容量,求出副边额定电流:$I_e=S/\sqrt{3}U_e=100\,000/(\sqrt{3}\times400)=144(A)$(3分)。

因为 $I_\lambda>I_e$,所以该变压器超载,即不能担负上述负载。

22. 答:(1)调试人员应拆除所有试验设备,恢复保护装置的正常接线,检查各保护套保护装置有无异常(3分)。(2)调试人员应对保护装置和回路接线变动部分加以说明,并修改现场值班人员所保存的有关图纸和资料,向运行值班负责人交待保护装置的检验结果、运行注意事项,并做好记录(4分)。(3)运行值班人员根据调度指令投入压板(3分)。

23. 答:检修计划包括年度计划和三年滚动计划。年度计划每年编制一次,三年滚动计划主要是对三年中后两年需要在大修中安排的重大特殊项目进行预安排。

年度计划的编制程序如下(1分):

(1)主管部门深入现场,摸清设备技术情况,了解应大修的主设备、重大特殊项目和所需要的主要器材,并结合本单位的实际情况,进行通盘考虑,提出下年度的检修重点和要求,并于当年8月底前通知下属各部门(3分)。

(2)结合本单位情况,合理安排下年度的检修计划,并做好重大特殊项目试验、鉴定和技术经济分析以及设计、施工方案等准备工作(3分)。

(3)验收人员必须深入现场,调查研究,随时掌握检修情况,不失时机地帮助检修人员解决质量问题。同时,必须坚持原则,坚持质量标准,把好质量关(3分)。

24. 答:(1)绝缘物条件:应在干燥条件下检验绝缘性能(2分)。

(2)大气环境条件:检验绝缘性能时周围大气条件应为规定的大气环境条件。

环境温度:15～35℃;相对湿度:45%～75%;大气压力:86～106 kPa(2分)。

(3)绝缘电阻的检验:检验部位如无其他规定,一般对下列部位进行检验:①各带电的导电电路对地(即外壳或外露的非带电金属零件)之间;②无电气联系的各带电电路之间(如独立的输入电路之间,交流电路与直流电路之间等)(2分)。

(4)绝缘电阻检验方法及要求:

1)绝缘电阻值的检验,应在施加表1中规定的测试仪器直流电压之后,至少经5 s达到稳定值时确定(1分)。

表1　绝缘电阻测试仪器电压等级

额定绝缘电压(V)	≤60	≤250	≤500
测试仪器电压等级(V)	250	500	1 000

2)检验用的接线,应保证其导线的绝缘电阻不小于500 MΩ,试验用导线不得绞接(1分)。

(5)绝缘电阻值应符合规定要求(2分)。

25. 答:金属封闭式开关设备的"五防"指的是设备应具有:防止带负荷分、合隔离开关(隔离插头)(2分);防止误分、误合断路器、负荷开关、接触器(允许提示性)(2分);防止接地开关处在闭合位置时关合断路器、负荷开关等开关(2分);防止在带电时误合接地开关;防止误入带电隔室等功能(2分)。上述五项防止电气误操作的内容,简称"五防"(2分)。

26. 答:有以下几点原因:

(1)在中性点不接地系统中发生单相接地时,由于接地持续时间过长而引起阀型避雷器爆炸(2分)。

(2)当电力系统中发生谐振过电压时,有可能引起阀型避雷器爆炸(2分)。

(3)当线路遭受雷击时,因避雷器间隙多次重燃使阀片电阻烧毁而引起爆炸(2分)。

(4)避雷器阀片电阻不合格(2分)。

(5)避雷器瓷套密封不良,因受潮和进水引起爆炸(2分)。

27. 答:计算机控制型高频开关直流电源系统(以下简称"直流屏")是智能化直流电源产

品(具有遥测、遥信、遥控),可实现无人值守,能满足正常运行和保障在事故状态下对继电保护、自动装置、高压断路器的分合闸、事故照明及计算机不间断电源等供给直流电源或在交流失电时,通过逆变装置提供交流电源(6分)。适用于发电厂、变电站、电气化铁路、石化、冶金、开闭所及大型建筑等需要直流供电的场所,从而保证设备安全可靠运行。因此,直流屏被称为变电站的"心脏"(4分)。

28. 答:(1)可靠性、选择性、灵敏性和速动性要求(2分)。

(2)适应电力牵引负荷变化剧烈、频繁的特点(2分)。

(3)配置时钟元件,并与变电所综合自动化系统实现自动对时,上传主控单元的数据带时标(年、月、日、时、分、秒、毫秒)。SOE功能通过负极柜可变程序控制器实现并上传(2分)。

(4)装置具有事件记录和故障录波功能(2分)。

(5)具有与当地 PC 机通信的 RJ45 标准以太网接口和所内综合自动化通信网络进行通信的 Profibus-DP 的 RS485 标准通信接口,实现变电所自动化系统的遥测、遥信、遥控等通信、设定等功能(2分)。

29. 答:企业实施全面生产维护的宗旨是通过提高员工的保全能力和设备的效率,力求达到"零灾害"、"零不良"和"零故障"的目标(3分)。其中,员工的保全能力是指操作人员要有自主保全的能力;保全人员要有高度专业保全的能力;生产技术及管理人员要有提高设备效率的设备管理及设计能力(4分)。设备效率则指综合效率,包括其寿命周期成本和快速批量生产能力(3分)。

30. 答:变电站综合自动化系统是将变电站的二次设备(包括控制、信号、测量、保护、自动装置、远动等)利用计算机技术、现代通信技术,通过功能组合和优化设计,对变电站执行自动监视、测量、控制和调整的一种综合性的自动化系统(6分)。

特点是功能综合化;设备、操作、监视微机化;结构分层分布化;通信网络化、光纤化;运行管理智能化(4分)。

31. 答:(1)设备停电并装设临时接地线,办理工作许可手续(0.5分)。

(2)对被试设备进行外观检查(0.5分)。

(3)登记被试设备铭牌数据(0.5分)。

(4)记录环境状况并填写试验日期(0.5分)。

(5)准备好放电接地线(0.5分)。

(6)连接好试验设备及仪器仪表(0.5分)。

(7)连接测试电源(0.5分)。

(8)检查试验接线是否正确(0.5分)。

(9)设围栏、挂标示牌(0.5分)。

(10)对被试设备进行放电(0.5分)。

(11)进行试验(0.5分)。

(12)放电(0.5分)。

(13)拆除电源线及试验设备(0.5分)。

(14)拆除围栏(0.5分)。

(15)办理工作终结手续(0.5分)。

(16)填写试验报告(0.5分)。

(17)审核试验报告(1分)。

(18)填写试验台账(1分)。

32. 答:事故处理是指在发生危及人身、电网及设备安全的紧急状况或发生电网和设备事故时,为迅速解救人员、隔离故障设备、调整运行方式,以便迅速恢复正常运行的操作过程(6分)。操作种类:试送、强送、限电、拉闸限电、保安电、开放负荷(4分)。

33. 答:(1)发现运行中的继电器内部有异声,接点振动、发热、脱焊及其他故障,可能造成保护误动时,应向值班调度员和工区汇报,要求解除有关保护(2分)。

(2)运行中的电流表、电压表、功率表、电度表等,有卡住、回零,内部有异声,指示异常等现象时,应根据回路中其他仪表的指示综合分析,从而判断是仪表本身的故障还是回路的故障(2分)。

(3)电压表回零或指示异常,应检查保险是否良好(2分)。

(4)电流表回零应检查电流互感器是否开路(2分)。

(5)判明故障原因后,向值班调度员汇报,按其指令处理(2分)。

34. 答:直流装置的运行规定:

(1)直流控制母线电压一般应保持在225~235 V;直流合闸母线电压一般应保持在250 V±5 V(1分)。

(2)充电装置的交流电源应设置两路,并能相互切换(1分)。

(3)直流系统的充电方式,以"浮充"或"均充"的方式进行(1分)。

(4)蓄电池室必须通风良好,排风扇良好,配备灭火器(1分)。

直流系统的事故处理:

(1)直流系统发生接地故障时,应首先判明接地极性和接地电压,检查直流母线和直流设备的外部有无放电、打火、明显接地现象,并向值班调度员汇报(2分)。

(2)查找直流接地前,应首先申请将失去直流电源时可能会误动的保护和自动装置解除。查找和处理直流接地应至少有两人在一起进行(2分)。

(3)用直流接地巡检仪判明直流接地范围,汇报调度(2分)。

35. 答:供配电企业一般实行公司、工区(车间)、班组(变电所)三级管理(2分)。班组是供配电企业管理的最基层。班组实行在工区(车间)主任领导下的班组长(所长)负责制。凡属日常生产或行政工作,由班组长统一指挥。副班长协助班长工作,当班长不在时,代行班长职权(3分)。

班组要建立以班组长为首,有党、工、团小组长,老工人和技术员参加的班组核心。班组的重大问题可由班长主持召开班组核心会和班组民主会广泛听取意见。根据班组大小和实际需要建立政治宣传员、技术培训员、安全员、经济核算员、劳动事务员等工管员,实行班组民主管理。工管员由班组长推荐,班组民主选举产生。工管员应在班组长的领导下,按各自职责范围开展工作,成为班组各项工作骨干。工管员同时接受有关科室和专业管理人员的业务指导(5分)。

变配电室值班电工(初级工)
技能操作考核框架

一、框架说明

1. 依据《国家职业标准》^注，以及中国中车确定的"岗位个性服从于职业共性"的原则，提出变配电室值班电工(初级工)技能操作考核框架(以下简称:技能考核框架)。

2. 本职业等级技能操作考核评分采用百分制。即:满分为 100 分,60 分为及格,低于 60 分为不及格。

3. 实施"技能考核框架"时,考核制件(活动)命题可以选用本企业的加工件(活动项目),也可以结合实际另外组织命题。

4. 实施"技能考核框架"时,考核的时间和场地条件等应依据《国家职业标准》,并结合企业实际确定。

5. 实施"技能考核框架"时,其"职业功能"的分类按以下要求确定:

(1)"运行操作"属于本职业等级技能操作的核心职业活动,其"项目代码"为"E"。

(2)"工艺准备"、"相关技能"属于本职业等级技能操作的辅助性活动,其"项目代码"分别为"D"和"F"。

6. 实施"技能考核框架"时,其"鉴定项目"和"选考数量"按以下要求确定:

(1)按照《国家职业标准》有关技能操作鉴定比重的要求,本职业等级技能操作考核制件的"鉴定项目"应按"D"+"E"+"F"组合,其考核配分比例相应为:"D"占 10 分,"E"占 80 分,"F"占 10 分。

(2)依据中国中车确定的"核心职业活动选取 2/3,并向上取整"的规定,在"E"类鉴定项目——"运行操作"的全部 3 项中,至少选取 2 项。

(3)依据中国中车确定的"其余'鉴定项目'的数量可以任选"的规定,"D"和"F"类鉴定项目——"工艺准备"、"相关技能"中,至少分别选取 1 项。

(4)依据中国中车确定的"确定'选考数量'时,所涉及'鉴定要素'的数量占比,应不低于对应'鉴定项目'范围内'鉴定要素'总数的 60%,并向上取整"的规定,考核制件(活动)的鉴定要素"选考数量"应按以下要求确定:

①在"D"类"鉴定项目"中,在已选定的 1 个鉴定项目中,至少选取已选鉴定项目所对应的全部鉴定要素的 60%项,并向上保留整数。

②在"E"类"鉴定项目"中,在已选定的至少 2 个鉴定项目所包含的全部鉴定要素中,至少选取总数的 60%项,并向上保留整数。

③在"F"类"鉴定项目"中,在已选定的至少 1 个鉴定项目中,至少选取已选鉴定项目所对应的全部鉴定要素的 60%项,并向上保留整数。

举例分析：

按照上述"第6条"要求，若命题时按最少数量选取，即：在"D"类鉴定项目中的选取了"工艺准备"1项，在"E"类鉴定项目中选取了"倒闸操作"、"事故处理"2项，在"F"类鉴定项目中选取了"常用软件应用"1项，则：此考核制件所涉及的"鉴定项目"总数为4项，具体包括："工艺准备"、"倒闸操作"、"事故处理"、"常用软件应用"。

此考核制件所涉及的鉴定要素"选考数量"相应为7项，具体包括："工艺准备"鉴定项目包含的全部2个鉴定要素中的2项，"倒闸操作"、"事故处理"2个鉴定项目包括的全部5个鉴定要素中的4项，"常用软件应用"鉴定项目包含的1个鉴定要素。

7. 本职业等级技能操作需要两人及以上共同作业的，可由鉴定组织机构根据"必要、辅助"的原则，结合实际情况确定协助人员的数量。在整个操作过程中，协助人员只能起必要、简单的辅助作用。否则，每违反一次，至少扣减应考者的技能考核总成绩10分，直至取消其考试资格。

8. 实施"技能考核框架"时，应同时对应考者在质量、安全、工艺纪律、文明生产等方面行为进行考核。对于在技能操作考核过程中出现的违章作业现象，每违反一项（次）至少扣减技能考核总成绩10分，直至取消其考试资格。

注：按照中国中车规定，各《职业技能操作考核框架》的编制依据现行的《国家职业标准》或现行的《行业职业标准》或现行的《中国中车职业标准》的顺序执行。

二、变配电室值班电工（初级工）技能操作鉴定要素细目表

职业功能	鉴定项目		鉴定比重（%）	选考方式	鉴定要素		重要程度
	项目代码	名　称			要素代码	名　称	
工艺准备	D	工艺准备	10	任选	001	能够读懂电气原理图、接线图，并根据图纸正确选择电工仪表、工具、电器及电工材料	Y
					002	能够正确辨别电工仪表、工具、电器及电工材料的好坏	Y
运行操作及维护	E	巡回检查与异常运行监视	80	至少选2项	001	监盘与抄表	X
					002	能进行一次电气设备、设备二次回路的巡回检查，如完成室内配电装置、电压互感器等类似难度的检查	X
					003	能对一次电气设备、设备二次回路的异常运行进行监视，如对真空断路器、变压器等类似难度的异常运行进行监视	X
		倒闸操作			001	填写操作票	X
					002	进行线路停送电操作	X
					003	布置检修前的安全措施	X
		事故处理			001	能对一次电气设备、设备二次回路的故障进行分析和判断，如对变电所继电保护装置、断路器控制回路等类似难度的故障进行分析和判断	X
					002	能对一次电气设备、设备二次回路的故障进行排除，如对变电所继电保护装置、断路器控制回路等类似难度的故障进行排除	X

| 职业功能 | 鉴定项目 | | 鉴定比重（%） | 选考方式 | 鉴定要素 | | 重要程度 |
	项目代码	名　称			要素代码	名　　称	
相关技能	F	常用软件应用	10	任选	001	电力系统综合保护装置软件应用	Y
		钳工技能			001	能了解划线、锯削、钻孔、攻螺纹、套螺纹等钳工基本常识	Y

注：重要程度中 X 表示核心要素，Y 表示一般要素，Z 表示辅助要素。下同。

中国中车
CRRC

变配电室值班电工(初级工) 技能操作考核样题与分析

职 业 名 称：＿＿＿＿＿＿＿＿＿＿＿＿＿＿

考 核 等 级：＿＿＿＿＿＿＿＿＿＿＿＿＿＿

存 档 编 号：＿＿＿＿＿＿＿＿＿＿＿＿＿＿

考核站名称：＿＿＿＿＿＿＿＿＿＿＿＿＿＿

鉴定责任人：＿＿＿＿＿＿＿＿＿＿＿＿＿＿

命题责任人：＿＿＿＿＿＿＿＿＿＿＿＿＿＿

主管负责人：＿＿＿＿＿＿＿＿＿＿＿＿＿＿

中国中车股份有限公司劳动工资部制

职业技能鉴定技能操作考核制件图示或内容

内容一:线路停送电操作。

1. 对 10 kV 供电系统进线进行停电操作。

2. 对 10 kV 供电系统进线进行送电操作。

内容二:灯光监视的具有电磁操动机构的断路器控制回路电气故障排除。(两处故障,时间 60 分钟)

要求:出现劳保用品穿戴、仪表使用不当一次扣 5 分,不规范操作一次扣 5 分,造成严重后果停考。

职业名称	变配电室值班电工
考核等级	初级工
试题名称	停送电操作及电气故障排除
材质等信息	

职业技能鉴定技能操作考核准备单

职业名称	变配电室值班电工
考核等级	初级工
试题名称	停送电操作及电气故障排除

一、材料准备

按材料规格要求准备材料。

二、设备、工、量、卡具准备清单

序号	名称	规格	数量	备注
1	10 kV 验电笔	GSY 型	1 只	
2	10 kV 高压绝缘手套	LD34—92B 型	1 副	
3	10 kV 绝缘靴	执行标准 GB 12011—2000	1 双	
4	高压开关柜	KYN—28	1 台	
5	隔离开关	CN19—12M 型	1 台	
6	电磁操动机构的断路器	ZN28—10 型	1 台	
7	三相接地线	XJ—10 型	1 套	
8	工具套装	09535	1 套	

三、考场准备

1. 根据材料准备清单准备材料
2. 根据设备、工、量、卡具清单准备设备、工、量、卡具
3. 清理考场现场及周边不安全因素

四、考核内容及要求

1. 考核内容(按考核制件图示及要求制作)
按时完成内容一及内容二的操作。

2. 考核时限
内容一:120 分钟;内容二:60 分钟。

3. 考核评分表

职业名称		变配电室值班电工		内容一时间	120 分钟	
试题名称		停送电操作及电气故障排除		内容二时间	60 分钟	
鉴定项目	配分	评定标准		实测结果	扣分	得分
工艺准备及安全文明操作	10	1. 违反安全操作规程,每次扣 1~5 分,发生严重安全事故,取消考试资格。 2. 仪器仪表及工具使用不正确,每处扣 1 分				

鉴定项目	配分	评定标准	实测结果	扣分	得分
灯光监视的具有电磁操动机构的断路器控制回路电气故障排除(内容二)	40	1. 拽线、弄乱布线等不规范操作,每处扣5分。 2. 扩大故障,每处扣5~15分			
填写操作票 (内容一)	5	1. 填写错误视为任务未完成。 2. 没有严格按照操作票标准填写,每处扣1~5分			
操作顺序 (内容一)	5	按操作票逐项操作,顺序错误,每处扣2~5分			
送电前准备工作 (内容一)	5	1. 收回线路检修工作票,遗漏的,每处扣2~5分。 2. 拆除检修用接地线,操作顺序颠倒,每处扣2~5分			
隔离开关的操作 (内容一)	10	1. 操作准备阶段:判断并确认对应高压断路器是断开的,不检查无分,判断错误,每处扣2~5分。 2. 快速阶段:操作不迅速、不果断扣2~5分,合上又拉开,每处扣2~5分。 3. 结束阶段:有冲击,每处扣1~2分,冲击又损坏瓷瓶,每处扣2~5分			
高压断路器的操作 (内容一)	10	1. 熔断器接触不良,致使线路操作失误,每处扣2~5分。 2. 控制开关操作不协调,一次操作不能完成合闸,每处扣2~5分。 3. 操作后对断路器动作正确性判断错误,每处扣2~5分。 4. 操作后不检查合闸线圈通断电流状态,每处扣2~5分。 5. 不能正确处理合闸接触器故障,每处扣2~5分			
保护装置的投入 (内容一)	5	1. 按线路要求投入自动重合闸装置,遗漏项目,每处扣2~5分。 2. 投入有关联锁跳闸压板,遗漏项目,每处扣2~5分			
常用软件应用	10	1. 操作不熟练,不会使用删除、插入、修改、监控或测试指令每项扣2分。 2. 操作错误,不能进入预定目标界面,扣10分			
考核时限	不限	每超时1分钟,扣1分,超时5分钟停止考试			
工艺纪律	不限	依据企业有关工艺纪律管理规定执行,每违反一次扣10分			
劳动保护	不限	依据企业有关劳动保护管理规定执行,每违反一次扣10分			

鉴定项目	配分	评定标准	实测结果	扣分	得分
文明生产	不限	依据企业有关文明生产管理规定执行,每违反一次扣10分			
安全生产	不限	依据企业有关安全生产管理规定执行,每违反一次扣10分,有重大安全事故,取消成绩			
合计					
考评员			专业组长		

职业技能鉴定技能考核制件(内容)分析

职业名称	变配电室值班电工
考核等级	初级工
试题名称	停送电操作及电气故障排除
职业标准依据	国家职业标准

试题中鉴定项目及鉴定要素的分析与确定

分析事项 ＼ 鉴定项目分类	基本技能"D"	专业技能"E"	相关技能"F"	合计	数量与占比说明
鉴定项目总数	1	3	2	6	核心职业活动占比大于2/3
选取的鉴定项目数量	1	2	1	4	
选取的鉴定项目数量占比(%)	100	66.7	50	66.7	
对应选取鉴定项目所包含的鉴定要素总数	2	5	1	8	鉴定要素数量占比大于60%
选取的鉴定要素数量	2	4	1	7	
选取的鉴定要素数量占比(%)	100	80	100	87.5	

所选取鉴定项目及相应鉴定要素分解与说明

鉴定项目类别	鉴定项目名称	国家职业标准规定比重(%)	《框架》中鉴定要素名称	本命题中具体鉴定要素分解	配分	评分标准	考核难点说明
"D"	工艺准备	10	能够正确辨别电工仪表、工具、电器及电工材料的好坏	能够正确辨别电工仪表、工具、电器及电工材料的好坏	10	无法辨别每项扣1分	
			能够读懂电气原理图、接线图,能够根据图纸正确选择电工仪表及工具、低压电器及电工材料	仪器仪表、工具使用		使用不正确,每处扣1分	
"E"	倒闸操作	80	填写操作票	审核工作票内容	40	遗漏或错误,每处扣2~5分	
				填写操作票		(1)填写错误视为任务未完成。(2)没有严格按照操作票标准填写每处扣1~5分	
			进行线路停送电操作	操作顺序		按操作票逐项操作,顺序错误,每处扣2~5分	
				送电前准备工作		(1)收回线路检修工作票,遗漏的每次扣2~5分。(2)拆除检修用接地线,操作顺序颠倒,每次扣2~5分	
				隔离开关的操作		(1)操作准备阶段:判断并确认对应高压断路器是断开的,不检查无分,判断错误,每处扣2~5分。	

鉴定项目类别	鉴定项目名称	国家职业标准规定比重(%)	《框架》中鉴定要素名称	本命题中具体鉴定要素分解	配分	评分标准	考核难点说明
"E"	倒闸操作		进行线路停送电操作	隔离开关的操作		(2)快速阶段:操作不迅速、不果断扣2~5分,合上又拉开,每次扣2~5分。 (3)结束阶段:有冲击,每次扣1~2分,冲击又损坏瓷瓶,每次扣2~5分	
				高压断路器的操作		(1)熔断器接触不良,致使线路操作失误,每处扣2~5分。 (2)控制开关操作不协调,一次操作不能完成合闸,每处扣2~5分。 (3)操作后对断路器动作正确性判断错误,每处扣2~5分。 (4)操作后不检查合闸线圈通断电流状态,每处扣2~5分。 (5)遇合闸接触器故障而不能正确处理扣2~5分	
				保护装置的投入		(1)按线路要求投入自动重合闸装置,遗漏项目,每处扣2~5分。 (2)投入有关联锁跳闸压板,遗漏项目,每处扣2~5分	
	事故处理		能对一次电气设备、设备二次回路的故障进行分析和判断,如对变电所继电保护装置、断路器控制回路等类似难度的故障进行分析和判断	正确识图		不能正确识读电气原理图,扣5分	
				分析、判断故障范围		不会分析、判断故障的可能范围或范围不确切,每处扣5分	
			能对一次电气设备、设备二次回路的故障进行排除,如对变电所继电保护装置、断路器控制回路等类似难度的故障进行排除	规范操作	40	拽线、弄乱布线等不规范操作,每处扣5分	
				扩大故障		扩大故障每处扣5~15分	
				测试方法		测试故障方法、步骤及仪表使用不正确,每次扣2~5分	
				检查、试运行		(1)对实作中拆接线、元件状态及故障恢复情况漏检或检查错误,每处扣2分。 (2)通电试运转步骤、方法错误,每处扣3分。 (3)不能正常运行,每处扣2~5分	

续上表

鉴定项目类别	鉴定项目名称	国家职业标准规定比重(%)	《框架》中鉴定要素名称	本命题中具体鉴定要素分解	配分	评分标准	考核难点说明
"F"	常用软件应用	10	电力系统综合保护装置软件应用	软件应用	10	(1)操作不熟练,不会使用删除、插入、修改、监控或测试指令每项扣2分。 (2)操作错误,不能进入预定目标界面,扣10分	
	质量、安全、工艺纪律、文明生产等综合考核项目			考核时限	不限	每超时1分钟,扣1分,超时5分钟停止考试	
				工艺纪律	不限	依据企业有关工艺纪律管理规定执行,每违反一次扣10分	
				劳动保护	不限	依据企业有关劳动保护管理规定执行,每违反一次扣10分	
				文明生产	不限	依据企业有关文明生产管理规定执行,每违反一次扣10分	
				安全生产	不限	依据企业有关安全生产管理规定执行,每违反一次扣10分,有重大安全事故,取消成绩	

变配电室值班电工(中级工)
技能操作考核框架

一、框架说明

1. 依据《国家职业标准》^注，以及中国中车确定的"岗位个性服从于职业共性"的原则，提出变配电室值班电工(中级工)技能操作考核框架(以下简称:技能考核框架)。

2. 本职业等级技能操作考核评分采用百分制。即:满分为 100 分,60 分为及格,低于 60 分为不及格。

3. 实施"技能考核框架"时,考核制件(活动)命题可以选用本企业的加工件(活动项目),也可以结合实际另外组织命题。

4. 实施"技能考核框架"时,考核的时间和场地条件等应依据《国家职业标准》,并结合企业实际确定。

5. 实施"技能考核框架"时,其"职业功能"的分类按以下要求确定:

(1)"运行操作及维护"属于本职业等级技能操作的核心职业活动,其"项目代码"为"E"。

(2)"工艺准备"、"相关技能"属于本职业等级技能操作的辅助性活动,其"项目代码"分别为"D"和"F"。

6. 实施"技能考核框架"时,其"鉴定项目"和"选考数量"按以下要求确定:

(1)按照《国家职业标准》有关技能操作鉴定比重的要求,本职业等级技能操作考核制件的"鉴定项目"应按"D"+"E"+"F"组合,其考核配分比例相应为:"D"占 10 分,"E"占 80 分,"F"占 10 分。

(2)依据中国中车确定的"核心职业活动选取 2/3,并向上取整"的规定,在"E"类鉴定项目——"运行操作及维护"的全部 3 项中,至少选取 2 项。

(3)依据中国中车确定的"其余'鉴定项目'的数量可以任选"的规定,"D"和"F"类鉴定项目——"工艺准备"、"相关技能"中,至少分别选取 1 项。

(4)依据中国中车确定的"确定'选考数量'时,所涉及'鉴定要素'的数量占比,应不低于对应'鉴定项目'范围内'鉴定要素'总数的 60%,并向上取整"的规定,考核制件(活动)的鉴定要素"选考数量"应按以下要求确定:

①在"D"类"鉴定项目"中,在已选定的 1 个鉴定项目中,至少选取已选鉴定项目所对应的全部鉴定要素的 60%项,并向上保留整数。

②在"E"类"鉴定项目"中,在已选定的至少 2 个鉴定项目所包含的全部鉴定要素中,至少选取总数的 60%项,并向上保留整数。

③在"F"类"鉴定项目"中,在已选定的至少 1 个鉴定项目中,至少选取已选鉴定项目所对应的全部鉴定要素的 60%项,并向上保留整数。

举例分析：

按照上述"第 6 条"要求，若命题时按最少数量选取，即：在"D"类鉴定项目中的选取了"工艺准备"1 项，在"E"类鉴定项目中选取了"巡回检查与倒闸操作"、"异常运行与事故处理" 2 项，在"F"类鉴定项目中选取了"常用软件应用"1 项，则：此考核制件所涉及的"鉴定项目"总数为 4 项，具体包括："工艺准备"、"巡回检查与倒闸操作"、"异常运行与事故处理"、"常用软件应用"。

此考核制件所涉及的鉴定要素"选考数量"相应为 7 项，具体包括："工艺准备"鉴定项目包含的全部 2 个鉴定要素中的 2 项，"巡回检查与倒闸操作"、"异常运行与事故处理" 2 个鉴定项目包括的全部 5 个鉴定要素中的 4 项，"常用软件应用"鉴定项目包含的全部 1 个鉴定要素。

7. 本职业等级技能操作需要两人及以上共同作业的，可由鉴定组织机构根据"必要、辅助"的原则，结合实际情况确定协助人员的数量。在整个操作过程中，协助人员只能起必要、简单的辅助作用。否则，每违反一次，至少扣减应考者的技能考核总成绩 10 分，直至取消其考试资格。

8. 实施"技能考核框架"时，应同时对应考者在质量、安全、工艺纪律、文明生产等方面行为进行考核。对于在技能操作考核过程中出现的违章作业现象，每违反一项（次）至少扣减技能考核总成绩 10 分，直至取消其考试资格。

注：按照中国中车规定，各《职业技能操作考核框架》的编制依据现行的《国家职业标准》或现行的《行业职业标准》或现行的《中国中车职业标准》的顺序执行。

二、变配电室值班电工（中级工）技能操作鉴定要素细目表

职业功能	鉴定项目				鉴定要素		
	项目代码	名　称	鉴定比重（%）	选考方式	要素代码	名　称	重要程度
工艺准备	D	工艺准备	10	任选	001	能够读懂电气原理图、接线图，并根据图纸正确选择电工仪表、工具、电器及电工材料	Z
					002	能够正确辨别电工仪表、工具、电器及电工材料的好坏	Y
运行操作及维护	E	巡回检查与倒闸操作	80	至少选2项	001	检查继电保护及电气二次回路	X
					002	检查直流系统	X
					003	进行变压器、母线等类似难度的倒闸操作	X
		异常运行及事故处理			001	能对一次电气设备、设备二次回路的异常运行进行排除，如对变电所电压降低、单相接地等类似难度的异常运行进行排除处理	X
					002	能对一次电气设备的故障进行排除，如处理变压器、线路等类似难度的故障	X
		低压电器及维护			001	维护低压电器	X
					002	维护照明电路	X
相关技能	F	常用软件应用	10	任选	001	电力系统综合保护装置软件应用	Y
		钳工技能			001	能掌握划线、锯削、钻孔、攻螺纹、套螺纹等钳工基本操作	Y
					002	能正确使用钢尺、圆规、游标卡尺等钳工常用量具	Z

中国中车
CRRC

变配电室值班电工(中级工)
技能操作考核样题与分析

职 业 名 称：_____

考 核 等 级：_____

存 档 编 号：_____

考核站名称：_____

鉴 定 责 任 人：_____

命 题 责 任 人：_____

主 管 负 责 人：_____

中国中车股份有限公司劳动工资部制

职业技能鉴定技能操作考核制件图示或内容

内容一:倒闸操作。

要求:将牵引整流变电所输出电压 DC 1 500 V 转换为 750 V 操作。

内容二:10 kV 供电系统单相接地故障排除。(两处故障,时间 60 分钟)

要求:出现劳保用品穿戴、仪表使用不当一次扣 5 分,不规范操作一次扣 5 分,造成严重后果停考。

职业名称	变配电室值班电工
考核等级	中级工
试题名称	倒闸操作与电气故障排除
材质等信息	

职业技能鉴定技能操作考核准备单

职业名称	变配电室值班电工
考核等级	中级工
试题名称	倒闸操作与电气故障排除

一、材料准备

按材料规格要求准备材料。

二、设备、工、量、卡具准备清单

序号	名称	规格	数量	备注
1	10 kV 验电笔	GSY 型	1 只	
2	10 kV 高压绝缘手套	LD34—92B 型	1 副	
3	10 kV 绝缘靴	执行标准 GB 12011—2000	1 双	
4	直流验电笔	TYD—Z 1.5	1 只	
5	高压开关柜	KYN28	1 台	
6	整流柜	STR 系列	1 台	
7	电压转换柜	STR 系列	1 台	
8	负极柜	STR 系列	1 台	
9	进线柜	STR 系列	1 台	
10	馈线柜	STR 系列	1 台	
11	10 kV 交联电缆线路		1 套	
12	工具套装	09535	1 套	

三、考场准备

1. 根据材料准备清单准备材料
2. 根据设备、工、量、卡具清单准备设备、工、量、卡具
3. 清理考场现场及周边不安全因素

四、考核内容及要求

1. 考核内容(按考核制件图示及要求制作)
按时完成内容一及内容二的操作。
2. 考核时限
内容一:140 分钟;内容二:60 分钟。
3. 考核评分表

职业名称		变配电室值班电工	内容一时间		140 分钟	
试题名称		倒闸操作与电气故障排除	内容二时间		60 分钟	
鉴定项目	配分	评定标准	实测结果	扣分	得分	
工艺准备及安全文明操作	10	1. 违反安全操作规程,每处扣 1~5 分,发生严重安全事故,取消考试资格。 2. 仪器仪表及工具使用不正确,每处扣 1 分				
10 kV 供电系统单相接地故障排除(内容二)	40	1. 查找方式不正确、思路不正确、操作不正确、不规范操作等,每处扣 5 分。 2. 扩大故障,每处扣 5~15 分				
填写操作票(内容一)	4	1. 填写错误视为任务未完成。 2. 没有严格按照操作票标准填写,每处扣 1~2 分				
操作顺序(内容一)	4	按操作票逐项操作,顺序错误,每处扣 2 分				
送电前准备工作(内容一)	4	1. 收回线路检修工作票,遗漏的每处扣 2 分。 2. 拆除检修用接地线,操作顺序颠倒,每处扣 2 分				
高压断路器的操作(内容一)	4	1. 熔断器接触不良,致使线路操作失误,每处扣 2 分。 2. 控制开关操作不协调,一次操作不能完成合闸,每处扣 2 分。 3. 操作后对断路器动作正确性判断错误,每处扣 2 分。 4. 操作后不检查合闸线圈通断电流状态,每处扣 2 分。 5. 遇合闸接触器故障而不能正确处理,每处扣 2 分				
整流柜的操作(内容一)	4	1. 熔断器接触不良,致使线路操作失误,每处扣 2 分。 2. 控制开关操作不协调,一次操作不能完成合闸,每处扣 2 分。 3. 操作后对断路器动作正确性判断错误,每处扣 2 分。 4. 操作后不检查合闸线圈通断电流状态,每处扣 2 分。 5. 遇合闸接触器故障而不能正确处理,每处扣 2 分				
电压转换柜的操作(内容一)	4	1. 熔断器接触不良,致使线路操作失误,每处扣 2 分。 2. 控制开关操作不协调,一次操作不能完成合闸,每处扣 2 分。 3. 操作后对断路器动作正确性判断错误,每处扣 2 分。 4. 操作后不检查合闸线圈通断电流状态,每处扣 2 分。 5. 遇合闸接触器故障而不能正确处理,每处扣 2 分				

鉴定项目	配分	评定标准	实测结果	扣分	得分
直流进线柜的操作（内容一）	4	1. 熔断器接触不良,致使线路操作失误,每处扣2分。 2. 控制开关操作不协调,一次操作不能完成合闸,每处扣2分。 3. 操作后对断路器动作正确性判断错误,每处扣2分。 4. 操作后不检查合闸线圈通断电流状态,每处扣2分。 5. 遇合闸接触器故障而不能正确处理,每处扣2分。			
负极柜的操作（内容一）	4	1. 熔断器接触不良,致使线路操作失误,每处扣2分。 2. 控制开关操作不协调,一次操作不能完成合闸,每处扣2分。 3. 操作后对断路器动作正确性判断错误,每处扣2分。 4. 操作后不检查合闸线圈通断电流状态,每处扣2分。 5. 遇合闸接触器故障而不能正确处理,每处扣2分。			
馈线柜的操作（内容一）	4	1. 熔断器接触不良,致使线路操作失误,每处扣2分。 2. 控制开关操作不协调,一次操作不能完成合闸,每处扣2分。 3. 操作后对断路器动作正确性判断错误,每处扣2分。 4. 操作后不检查合闸线圈通断电流状态,每处扣2分。 5. 遇合闸接触器故障而不能正确处理,每处扣2分			
保护装置的投入（内容一）	4	1. 按线路要求投入自动重合闸装置,遗漏项目,每处扣2分。 2. 投入有关联锁跳闸压板,遗漏项目,每处扣2分			
常用软件应用	10	1. 操作不熟练,不会使用删除、插入、修改、监控或测试指令每项扣2分。 2. 操作错误,不能进入预定目标界面,扣10分			
考核时限	不限	每超时1分钟,扣1分,超时5分钟停止考试			
工艺纪律	不限	依据企业有关工艺纪律管理规定执行,每违反一次扣10分			
劳动保护	不限	依据企业有关劳动保护管理规定执行,每违反一次扣10分			
文明生产	不限	依据企业有关文明生产管理规定执行,每违反一次扣10分			
安全生产	不限	依据企业有关安全生产管理规定执行,每违反一次扣10分,有重大安全事故,取消成绩			
合计					
考评员			专业组长		

职业技能鉴定技能考核制件(内容)分析

职业名称	变配电室值班电工
考核等级	中级工
试题名称	倒闸操作及电气故障排除
职业标准依据	国家职业标准

试题中鉴定项目及鉴定要素的分析与确定

分析事项　　鉴定项目分类	基本技能"D"	专业技能"E"	相关技能"F"	合计	数量与占比说明
鉴定项目总数	1	3	2	6	核心职业活动占比大于2/3
选取的鉴定项目数量	1	2	1	4	
选取的鉴定项目数量占比(%)	100	66.7	50	66.7	
对应选取鉴定项目所包含的鉴定要素总数	2	5	1	8	鉴定要素数量占比大于60%
选取的鉴定要素数量	2	4	1	7	
选取的鉴定要素数量占比(%)	100	80	100	87.5	

所选取鉴定项目及相应鉴定要素分解与说明

鉴定项目类别	鉴定项目名称	国家职业标准规定比重(%)	《框架》中鉴定要素名称	本命题中具体鉴定要素分解	配分	评分标准	考核难点说明
"D"	工艺准备	10	能够正确辨别电工仪表、工具、电器及电工材料的好坏	能够正确辨别电工仪表、工具、电器及电工材料的好坏	10	无法辨别每项扣1分	
			能够读懂电气原理图、接线图,能够根据图纸正确选择电工仪表及工具、低压电器及电工材料	仪器仪表、工具使用		使用不正确,每处扣1分	
"E"	巡回检查与倒闸操作	80	检查直流系统	检查直流系统一次设备	40	遗漏或错误,每处扣2分	
				检查直流系统二次回路		遗漏或错误,每处扣2分	
			进行变压器、母线等类似难度的倒闸操作	操作顺序		按操作票逐项操作,顺序错误,每处扣2分	
				送电前准备工作		(1)收回线路检修工作票,遗漏的每处扣2分。(2)拆除检修用接地线,先拆线路端,后拆接地端,操作顺序颠倒,每处扣2分	
				高压断路器的操作		(1)熔断器接触不良,致使线路操作失误,每处扣2分。(2)控制开关操作不协调,一次操作不能完成合闸,每处扣2分。	

鉴定项目类别	鉴定项目名称	国家职业标准规定比重(%)	《框架》中鉴定要素名称	本命题中具体鉴定要素分解	配分	评分标准	考核难点说明
"E"	巡回检查与倒闸操作		进行变压器、母线等类似难度的倒闸操作	高压断路器的操作		(3)操作后对断路器动作正确性判断错误,每处扣2分。 (4)操作后不检查合闸线圈通断电流状态,每处扣2分。 (5)遇合闸接触器故障而不能正确处理,每处扣2分。	
				整流柜的操作		(1)熔断器接触不良,致使线路操作失误,每处扣2分。 (2)控制开关操作不协调,一次操作不能完成合闸,每处扣2分。 (3)操作后对断路器动作正确性判断错误,每处扣2分。 (4)操作后不检查合闸线圈通断电流状态,每处扣2分。 (5)遇合闸接触器故障而不能正确处理,每处扣2分	
				电压转换柜的操作		(1)熔断器接触不良,致使线路操作失误,每处扣2分。 (2)控制开关操作不协调,一次操作不能完成合闸,每处扣2分。 (3)操作后对断路器动作正确性判断错误,每处扣2分。 (4)操作后不检查合闸线圈通断电流状态,每处扣2分。 (5)遇合闸接触器故障而不能正确处理,每处扣2分	
				直流进线柜的操作		(1)熔断器接触不良,致使线路操作失误,每处扣2分。 (2)控制开关操作不协调,一次操作不能完成合闸,每处扣2分。 (3)操作后对断路器动作正确性判断错误,每处扣2分。 (4)操作后不检查合闸线圈通断电流状态,每处扣2分。 (5)遇合闸接触器故障而不能正确处理,每处扣2分	
				负极柜的操作		(1)熔断器接触不良,致使线路操作失误,每处扣2分。 (2)控制开关操作不协调,一次操作不能完成合闸,每处扣2分。	

续上表

鉴定项目类别	鉴定项目名称	国家职业标准规定比重(%)	《框架》中鉴定要素名称	本命题中具体鉴定要素分解	配分	评分标准	考核难点说明
"E"	巡回检查与倒闸操作		进行变压器、母线等类似难度的倒闸操作	负极柜的操作		(3)操作后对断路器动作正确性判断错误,每处扣2分。 (4)操作后不检查合闸线圈通断电流状态,每处扣2分。 (5)遇合闸接触器故障而不能正确处理,每处扣2分	
				馈线柜的操作		(1)熔断器接触不良,致使线路操作失误,每处扣2分。 (2)控制开关操作不协调,一次操作不能完成合闸,每处扣2分。 (3)操作后对断路器动作正确性判断错误,每处扣2分。 (4)操作后不检查合闸线圈通断电流状态,每处扣2分。 (5)遇合闸接触器故障而不能正确处理,每处扣2分	
				保护装置的投入		(1)按线路要求投入自动重合闸装置,遗漏项目,每处扣2分。 (2)投入有关联锁跳闸压板,遗漏项目,每处扣2分	
	异常运行及事故处理		能对一次电气设备、设备二次回路的异常运行进行排除,如对变电所电压降低、单相接地等类似难度的异常运行进行排除处理	正确识图	40	不能正确识读电气原理图,每处扣5分	
				分析、判断故障范围		不会分析、判断故障的可能范围或范围不确切,每处扣5分	
			能对一次电气设备的故障进行排除,如处理变压器、线路等类似难度的故障	规范操作		拽线、弄乱布线等不规范操作,每处扣5分	
				扩大故障		扩大故障,每处扣5~15分	
				测试方法		测试故障方法、步骤及仪表使用不正确,每次扣5分	
				检查、试运行		(1)对实作中拆接线、元件状态及故障恢复情况漏检或检查错误,每处扣2分。 (2)通电试运转步骤、方法错误,每处扣3分。 (3)不能正常运行,每处扣5分	

鉴定项目类别	鉴定项目名称	国家职业标准规定比重(%)	《框架》中鉴定要素名称	本命题中具体鉴定要素分解	配分	评分标准	考核难点说明
"F"	常用软件应用	10	电力系统综合保护装置软件应用	软件应用	10	(1)操作不熟练,不会使用删除、插入、修改、监控或测试指令每项扣2分。 (2)操作错误,不能进入预定目标界面,扣10分	
质量、安全、工艺纪律、文明生产等综合考核项目				考核时限	不限	每超时1分钟,扣1分,超时5分钟停止考试	
				工艺纪律	不限	依据企业有关工艺纪律管理规定执行,每违反一次扣10分	
				劳动保护	不限	依据企业有关劳动保护管理规定执行,每违反一次扣10分	
				文明生产	不限	依据企业有关文明生产管理规定执行,每违反一次扣10分	
				安全生产	不限	依据企业有关安全生产管理规定执行,每违反一次扣10分,有重大安全事故,取消成绩	

变配电室值班电工(高级工)
技能操作考核框架

一、框架说明

1. 依据《国家职业标准》^注，以及中国中车确定的"岗位个性服从于职业共性"的原则，提出变配电室值班电工(高级工)技能操作考核框架(以下简称:技能考核框架)。

2. 本职业等级技能操作考核评分采用百分制。即:满分为 100 分,60 分为及格,低于 60 分为不及格。

3. 实施"技能考核框架"时,考核制件(活动)命题可以选用本企业的加工件(活动项目),也可以结合实际另外组织命题。

4. 实施"技能考核框架"时,考核的时间和场地条件等应依据《国家职业标准》,并结合企业实际确定。

5. 实施"技能考核框架"时,其"职业功能"的分类按以下要求确定:

(1)"运行操作及维护"属于本职业等级技能操作的核心职业活动,其"项目代码"为"E"。

(2)"工艺准备"、"相关技能"属于本职业等级技能操作的辅助性活动,其"项目代码"分别为"D"和"F"。

6. 实施"技能考核框架"时,其"鉴定项目"和"选考数量"按以下要求确定:

(1)按照《国家职业标准》有关技能操作鉴定比重的要求,本职业等级技能操作考核制件的"鉴定项目"应按"D"＋"E"＋"F"组合,其考核配分比例相应为:"D"占 10 分,"E"占 80 分,"F"占 10 分。

(2)依据中国中车确定的"核心职业活动选取 2/3,并向上取整"的规定,在"E"类鉴定项目——"运行操作及维护"的全部 3 项中,至少选取 2 项。

(3)依据中国中车确定的"其余'鉴定项目'的数量可以任选"的规定,"D"和"F"类鉴定项目——"工艺准备"、"相关技能"中,至少分别选取 1 项。

(4)依据中国中车确定的"确定'选考数量'时,所涉及'鉴定要素'的数量占比,应不低于对应'鉴定项目'范围内'鉴定要素'总数的 60%,并向上取整"的规定,考核制件(活动)的鉴定要素"选考数量"应按以下要求确定:

①在"D"类"鉴定项目"中,在已选定的 1 个鉴定项目中,至少选取已选鉴定项目所对应的全部鉴定要素的 60%项,并向上保留整数。

②在"E"类"鉴定项目"中,在已选定的至少 2 个鉴定项目所包含的全部鉴定要素中,至少选取总数的 60%项,并向上保留整数。

③在"F"类"鉴定项目"中,在已选定的至少 1 个鉴定项目所对应的全部鉴定要素的 60%项,并向上保留整数。

举例分析:

按照上述"第 6 条"要求,若命题时按最少数量选取,即:在"D"类鉴定项目中的选取了"工艺准备"1 项,在"E"类鉴定项目中选取了"倒闸操作"、"异常运行与事故处理"2 项,在"F"类鉴定项目中选取了"常用软件应用"1 项,则:此考核制件所涉及的"鉴定项目"总数为 4 项,具体包括:"工艺准备","倒闸操作"、"异常运行与事故处理","常用软件应用"。

此考核制件所涉及的鉴定要素"选考数量"相应为 8 项,具体包括:"工艺准备"鉴定项目包含的全部 2 个鉴定要素中的 2 项,"倒闸操作"、"异常运行与事故处理"2 个鉴定项目包括的全部 5 个鉴定要素中的 4 项,"常用软件应用"鉴定项目包含的全部 3 个鉴定要素中的 2 项。

7. 本职业等级技能操作需要两人及以上共同作业的,可由鉴定组织机构根据"必要、辅助"的原则,结合实际情况确定协助人员的数量。在整个操作过程中,协助人员只能起必要、简单的辅助作用。否则,每违反一次,至少扣减应考者的技能考核总成绩 10 分,直至取消其考试资格。

8. 实施"技能考核框架"时,应同时对应考者在质量、安全、工艺纪律、文明生产等方面行为进行考核。对于在技能操作考核过程中出现的违章作业现象,每违反一项(次)至少扣减技能考核总成绩 10 分,直至取消其考试资格。

注:按照中国中车规定,各《职业技能操作考核框架》的编制依据现行的《国家职业标准》或现行的《行业职业标准》或现行的《中国中车职业标准》的顺序执行。

二、变配电室值班电工(高级工)技能操作鉴定要素细目表

职业功能	项目代码	名称	鉴定比重(%)	选考方式	要素代码	名称	重要程度
工艺准备	D	工艺准备	10	任选	001	能够读懂电气原理图、接线图,并根据图纸正确选择电工仪表、工具、电器及电工材料	Y
					002	能够正确辨别电工仪表、工具、电器及电工材料的好坏	Y
运行操作及维护	E	倒闸操作	80	至少选2项	001	能够进行单母线带旁路母线、双母线等类似难度的倒闸操作	X
					002	编制运行方式	X
					003	分析运行方式实例	X
		异常运行与事故处理			001	能够处理直流系统、继电保护及电气二次回路等类似难度的异常运行	X
					002	能够处理直流系统、继电保护及电气二次回路等类似难度的故障排除	X
		设备维护			001	维护电动机	Y
					002	维护动力电路	X
					003	做电气试验	X

职业功能	鉴定项目				鉴定要素		
	项目代码	名　称	鉴定比重(%)	选考方式	要素代码	名　称	重要程度
相关技能	F	组织管理	10	任选	001	班组管理	Y
					002	质量管理	Y
		常用软件应用			001	电力报表软件的应用	Y
					002	电力系统综合保护装置软件应用	Y
					003	电力系统监控软件应用	Y
		钳工技能			001	能掌握划线、锯削、钻孔、攻螺纹、套螺纹等钳工基本操作	Y
					002	能掌握钢尺、圆规、游标卡尺等钳工常用量具	Z

中国中车
CRRC

变配电室值班电工(高级工) 技能操作考核样题与分析

职 业 名 称：＿＿＿＿＿＿＿＿＿＿＿＿

考 核 等 级：＿＿＿＿＿＿＿＿＿＿＿＿

存 档 编 号：＿＿＿＿＿＿＿＿＿＿＿＿

考核站名称：＿＿＿＿＿＿＿＿＿＿＿＿

鉴定责任人：＿＿＿＿＿＿＿＿＿＿＿＿

命题责任人：＿＿＿＿＿＿＿＿＿＿＿＿

主管负责人：＿＿＿＿＿＿＿＿＿＿＿＿

中国中车股份有限公司劳动工资部制

职业技能鉴定技能操作考核制件图示或内容

内容一:编制变电所电气一次运行方式。

要求:编制及分析变电所重点关键负载电气一次接线运行方式。

内容二:对 MBS 型 3 000 V 直流开关柜故障排除。(两处故障,时间 50 分钟)

要求:出现劳保用品穿戴、仪表使用不当一次扣 5 分,不规范操作一次扣 5 分,造成严重后果停考。

职业名称	变配电室值班电工
考核等级	高级工
试题名称	编制运行方式与电气故障排除
材质等信息	

职业技能鉴定技能操作考核准备单

职业名称	变配电室值班电工
考核等级	高级工
试题名称	编制运行方式与电气故障排除

一、材料准备

按材料规格准备材料。

二、设备、工、量、卡具准备清单

序号	名称	规格	数量	备注
1	直流验电笔	TYD—Z 1.5	1 只	
2	10 kV 高压绝缘手套	LD34—92B 型	1 副	
3	10 kV 绝缘靴	执行标准 GB 12011—2000	1 双	
4	3 000 V 直流开关柜	MBS 型	1 台	
5	工具套装	09535	1 套	

三、考场准备

1. 根据材料准备清单准备材料
2. 根据设备、工、量、卡具清单准备设备、工、量、卡具
3. 清理考场现场及周边不安全因素

四、考核内容及要求

1. 考核内容(按考核制件图示及要求制作)

按时完成内容一及内容二的操作。

2. 考核时限

内容一:200 分钟;内容二:50 分钟。

3. 考核评分表

职业名称		变配电室值班电工		内容一时间	200 分钟	
试题名称		编制运行方式与电气故障排除		内容二时间	50 分钟	
鉴定项目	配分	评定标准		实测结果	扣分	得分
工艺准备及安全文明操作	10	1. 违反安全操作规程,每处扣 1~5 分,发生严重安全事故,取消考试资格。 2. 仪器仪表及工具使用不正确,每处扣 1 分				
MBS 型 3 000 V 直流开关柜故障排除(内容二)	40	1. 拽线、弄乱布线等不规范操作,每处扣 5 分。 2. 扩大故障,每处扣 5~15 分				

鉴定项目	配分	评定标准	实测结果	扣分	得分
编制及分析变电所重点关键负载电气一次接线运行方式（内容一）	40	1. 按规定格式填写，不正确一处扣5分。 2. 填写内容不全面、遗漏一项扣10分。 3. 填写顺序颠倒一项扣10分。 4. 字迹不清，标点有误扣2～5分			
常用软件应用	10	1. 操作不熟练，不会使用删除、插入、修改、监控或测试指令每项扣2分。 2. 操作错误，不能进入预定目标界面，扣10分			
考核时限	不限	每超时1分钟，扣1分，超时5分钟停止考试			
工艺纪律	不限	依据企业有关工艺纪律管理规定执行，每违反一次扣10分			
劳动保护	不限	依据企业有关劳动保护管理规定执行，每违反一次扣10分			
文明生产	不限	依据企业有关文明生产管理规定执行，每违反一次扣10分			
安全生产	不限	依据企业有关安全生产管理规定执行，每违反一次扣10分，有重大安全事故，取消成绩			
合计					
考评员			专业组长		

职业技能鉴定技能考核制件(内容)分析

职业名称	变配电室值班电工
考核等级	高级工
试题名称	编制运行方式与电气故障排除
职业标准依据	国家职业标准

试题中鉴定项目及鉴定要素的分析与确定

分析事项 \ 鉴定项目分类	基本技能"D"	专业技能"E"	相关技能"F"	合计	数量与占比说明
鉴定项目总数	1	3	3	7	核心职业活动占比大于2/3
选取的鉴定项目数量	1	2	1	4	
选取的鉴定项目数量占比(%)	100	66.7	33.3	57.1	
对应选取鉴定项目所包含的鉴定要素总数	2	5	3	10	鉴定要素数量占比大于60%
选取的鉴定要素数量	2	4	2	8	
选取的鉴定要素数量占比(%)	100	80	66.7	80	

所选取鉴定项目及相应鉴定要素分解与说明

鉴定项目类别	鉴定项目名称	国家职业标准规定比重(%)	《框架》中鉴定要素名称	本命题中具体鉴定要素分解	配分	评分标准	考核难点说明
"D"	工艺准备	10	能够正确辨别电工仪表、工具、电器及电工材料的好坏	能够正确辨别电工仪表、工具、电器及电工材料的好坏	10	无法辨别每项扣1分	
			能够读懂电气原理图、接线图,能够根据图纸正确选择电工仪表及工具、低压电器及电工材料	仪器仪表、工具使用		使用不正确,每处扣1分	
"E"	倒闸操作	80	编制运行方式	能编制变电所的电气一次接线运行方式	40	(1)按规定格式填写,不正确处每处扣5分。(2)填写内容不全面、遗漏,每处扣10分。(3)填写顺序颠倒,每处扣10分。(4)字迹不清,标点有误,每处扣2~5分	
			熟悉电气一次接线图			不能正确识读电气一次接线图每处扣5分	
			分析运行方式实例	变电所电气一次接线运行方式的布置		(1)按规定格式填写,不正确一处扣5分。(2)填写内容不全面、遗漏,每处扣10分。(3)填写顺序颠倒,一项扣10分。(4)字迹不清,标点有误每处扣2~5分	

续上表

鉴定项目类别	鉴定项目名称	国家职业标准规定比重(%)	《框架》中鉴定要素名称	本命题中具体鉴定要素分解	配分	评分标准	考核难点说明
"E"	异常运行及事故处理		能够处理直流系统、继电保护及电气二次回路等类似难度的异常运行	正确识图	40	不能正确识读电气原理图扣5分	
				分析、判断故障范围		不会分析、判断故障的可能范围或范围不确切,每处扣5分	
			能够处理直流系统、继电保护及电气二次回路等类似难度的故障	规范操作		拽线、弄乱布线等不规范操作每处扣5分	
				扩大故障		扩大故障,每处扣5~15分	
				测试方法		测试故障方法、步骤及仪表使用,不正确每项扣5分	
				检查、试运行		(1)对实作中拆接线、元件状态及故障恢复情况漏检或检查错误扣2分。(2)通电试运转步骤、方法错误扣3分。(3)不能正常运行扣5分	
"F"	常用软件应用	10	电力系统综合保护装置软件应用	软件应用	10	1. 操作不熟练,不会使用删除、插入、修改、监控或测试指令每项扣2分。2. 操作错误,不能进入预定目标界面,扣10分	
			电力系统监控软件应用	软件应用			
	质量、安全、工艺纪律、文明生产等综合考核项目			考核时限	不限	每超时1分钟,扣1分,超时5分钟停止考试	
				工艺纪律	不限	依据企业有关工艺纪律管理规定执行,每违反一次扣10分	
				劳动保护	不限	依据企业有关劳动保护管理规定执行,每违反一次扣10分	
				文明生产	不限	依据企业有关文明生产管理规定执行,每违反一次扣10分	
				安全生产	不限	依据企业有关安全生产管理规定执行,每违反一次扣10分,有重大安全事故,取消成绩